高等院校电脑美术教材

CorelDRAW X7 中文版基础教程

张 宇 王明皓 编著

U0215129

清华大学出版社

北京

内 容 简 介

本书是作者根据自己多年平面设计工作经验编写而成的。全书共分 18 章：第 1～11 章分别介绍 CorelDRAW 的基础知识，绘图工具的用法，CorelDRAW X7 的辅助工具，文本处理，填充颜色与填充对象，编辑与造型对象，处理对象与使用图层，为对象添加三维效果，应用透明度与透镜，符号的编辑与应用，位图的操作处理与转换等内容，第 12～18 章列举了实际工作中的综合案例，包括文字排版与设计、企业 VI 设计、宣传单设计、商业包装设计、宣传海报设计、网页设计和户外广告设计。

本书可作为各类职业院校、大中专院校或电脑培训学校的教材，也可作为平面设计制作自学者和爱好者的参考用书。

图书在版编目(CIP)数据

CorelDRAW X7 中文版基础教程/张宇，王明皓编著. --北京：清华大学出版社，2016（2017.11重印）
(高等院校电脑美术教材)
ISBN 978-7-302-42117-7

Ⅰ. ①C… Ⅱ. ①张… ②王… Ⅲ. ①图形软件—高等学校—教材 Ⅳ. ①TP391.41

中国版本图书馆 CIP 数据核字(2015)第 267376 号

责任编辑：张彦青　杨作梅
封面设计：杨玉兰
责任校对：李玉萍
责任印制：刘祎淼

出版发行：清华大学出版社
　　　　　网　　址：http://www.tup.com.cn, http://www.wqbook.com
　　　　　地　　址：北京清华大学学研大厦 A 座　　　邮　　编：100084
　　　　　社 总 机：010-62770175　　　　　　　　　邮　　购：010-62786544
　　　　　投稿与读者服务：010-62776969, c-service@tup.tsinghua.edu.cn
　　　　　质量反馈：010-62772015, zhiliang@tup.tsinghua.edu.cn
　　　　　课件下载：http://www.tup.com.cn, 010-62791865
印 装 者：三河市金元印装有限公司
经　　销：全国新华书店
开　　本：185mm×260mm　　印　张：24　　字　数：584 千字
　　　　　(附 DVD 1 张)
版　　次：2016 年 1 月第 1 版　　　　　　　印　次：2017 年 11 月第 3 次印刷
印　　数：4501～5500
定　　价：49.00 元

产品编号：062006-01

前　　言

1．CorelDRAW X7 中文版简介

CorelDRAW X7 是一款专业图形设计工具，它提供了丰富的像素描绘功能以及顺畅灵活的矢量图编辑功能，因此广泛应用于印刷出版、专业插画、多媒体图像处理和互联网页面的制作等方面。CorelDRAW X7 是业界标准的矢量绘图环境。CorelDRAW X7 可以通过形状、色彩、效果及印刷样式，展现用户的创意和想法。即使处理大型复杂的文案，其速度及稳定性也有保障。

2．本书内容介绍

本书以循序渐进的方式，全面介绍了 CorelDRAW X7 中文版软件的基本操作和功能，详细说明了各种工具的使用方法。本书实例丰富、步骤清晰，与实践结合非常密切，具体内容如下。

第 1 章对 CorelDRAW 进行简单介绍，包括 CorelDRAW 的发展历程、CorelDRAW 的安装与卸载、图形编辑基本概念以及图形的文件格式等基础知识。

第 2 章主要介绍 CorelDRAW X7 的绘图工具，只有掌握了绘图工具的使用方法，才能在创作的过程中运用自如，从而绘制出各种各样的图形。

第 3 章主要介绍 CorelDRAW X7 的辅助工具，包括缩放工具、平移工具、颜色滴管工具、交互式填充工具、标尺功能、辅助线功能、网格功能与动态辅助线等，这些工具可以帮助用户查看与绘制图形，熟练掌握它们可以提高工作效率。

第 4 章主要介绍 CorelDRAW X7 的文本处理功能。CorelDRAW X7 内置的字体识别和文本格式实时预览功能大大方便了操作，使用 CorelDRAW X7 中的文本工具可以方便地对文本进行首字下沉、段落文本排版、文本绕图和将文字填入路径等操作。

第 5 章主要介绍如何为对象填充颜色，为图形选择不同的颜色可以出现不同的效果，因此需要我们熟练掌握颜色的选择与应用。

第 6 章主要介绍在编辑和造形对象时应用的工具。设计师既可以通过基本的绘图工具绘制出基本的图形效果，还可以通过形状工具来使图形发生变形。

第 7 章主要介绍在 CorelDRAW X7 中如何对多个对象进行对齐与分布、排列顺序、群组与取消群组、结合与拆分等操作，以及如何使用对象管理器泊坞窗来创建与管理图层的操作。

第 8 章主要介绍轮廓图工具、立体化工具、透视效果以及阴影工具的使用。

第 9 章主要介绍透明度与透镜的用法。在 CorelDRAW 中可以为对象添加透明效果，从而使该对象后面的对象显示出来。

第 10 章主要介绍符号的编辑与应用。符号只需定义一次，就可以在绘图中多次引用。定义的符号信息都存储在作为 CorelDRAW 文件组成部分的符号管理器中，在绘图中

使用符号有助于减小文件大小。

第 11 章介绍转换和编辑位图的方法，其中包括将矢量图转换为位图、调整位图色彩模式和扩充位图边框等方法。

第 12 章介绍制作画册排版设计和杂志内页排版设计两个案例。画册可以用流畅的线条、和谐的图片或优美的文字组合而成，以全方位展示企业或个人的风貌、理念，宣传产品、品牌形象。杂志分为专业性杂志、行业杂志、消费者杂志等，由于各类杂志的读者群比较明确，因此是各类专业商品广告的良好媒介。

第 13 章介绍企业 VI 的制作，通过本章的学习，可以使读者对企业 VI 设计有个简单的认识。

第 14 章介绍怎样在 CorelDRAW 中制作宣传单，使读者对宣传单有更深入的了解。

第 15 章介绍商业包装设计的方法和技巧，使读者对包装设计有清晰的认识和了解。

第 16 章介绍宣传海报设计的方法与技巧，使读者对海报设计有进一步的了解和认识。

第 17 章介绍网页的制作，其中包括两个案例：一个是商用网页，另一个是个人博客网页。通过本章的学习，可以对网页的制作有一定的了解。

第 18 章介绍户外广告的设计和制作方法，使读者对户外广告的设计与制作有所了解。

3. 本书特色

- 内容全面。几乎覆盖了 CorelDRAW X7 中文版软件中的所有选项和命令。
- 语言通俗易懂，讲解清晰，前后呼应。以最小的篇幅、最易理解的语言来讲述每一项功能和每一个实例。
- 实例丰富，技术含量高，与实践紧密结合。每一个实例都倾注了作者多年的实践经验，每一个功能都经过技术认证。
- 版面美观，图例清晰，并具有针对性。每一个图例都经过作者精心策划和编辑。

4. 本书作者和读者定位

本书主要由张宇、王明皓编写，同时参与编写工作的还有刘蒙蒙、于海宝、高甲斌、任大为、刘鹏磊、白文才、张紫欣、张炜、孟智青、吕晓梦、徐文秀、张炜、王玉、李娜、刘铮、陈月娟、陈月霞、刘希林、黄健、黄永生、田冰、徐昊，北方电脑学校的温振宁、刘德生、宋明、刘景君老师，德州职业技术学院的张锋、相世强老师，在此一并表示感谢。

本书不仅适合图文设计的初学者阅读学习，还是平面设计、广告设计、包装设计等相关行业从业人员理想的参考书，也可以作为大中专院校和培训机构平面设计、广告设计等相关专业的教材。当然，在创作的过程中，由于时间仓促，错误在所难免，希望广大读者能够批评指正。

5. 本书约定

本书以 Windows 7 为操作平台来介绍，不涉及在苹果机上的使用方法，但基本功能和操作，苹果机与 PC 相同。为便于阅读理解，本书做如下约定。

- 本书中出现的中文菜单和命令将用"【】"括起来，以区分其他中文信息。
- 用"+"号连接的两个或三个键，表示组合键，在操作时表示同时按下这两个或三个键。例如，Ctrl+V 是指在按下 Ctrl 键的同时，按下 V 字母键；Ctrl+Alt+F10 是指在按下 Ctrl 和 Alt 键的同时，按下功能键 F10。
- 在没有特殊指定时，单击、双击和拖动是指用鼠标左键单击、双击和拖动；右击是指用鼠标右键单击。

编　者

目 录

第 1 章　CorelDRAW 的基础知识

CorelDRAW 是一个功能强大的矢量绘图工具，也是国内外最流行的平面设计软件之一。CorelDRAW 是集平面设计和电脑绘画功能为一体的专业设计软件，被广泛应用于平面设计、商标设计、标志制作、模型绘制、插图描画、排版及分色输出等诸多领域。

本章在开始讲解 CorelDRAW X7 的强大功能与用途之前，先对一些在该程序中要用到的基础知识、叙述约定及该程序的窗口和文件的操作等内容进行介绍，为后面更好地学习 CorelDRAW 打下坚固的基础。

1.1　CorelDRAW 的发展历程

CorelDRAW 作为图形设计软件的代表，以其杰出和革新的特性赢得了长期的声誉和用户的赞赏。Corel 公司在中国首次推出的中文 CorelDRAW 版本为 8.0，虽然进行了大力的推广，但收益较差，因此 Corel 公司放弃了 9.0 的简体中文版的开发工作。继而，中国某公司开发了该软件的中文汉化版本，但因为汉化的问题，出现了软件的前后不兼容问题。

后来在很长的一段时间后，Corel 公司虽然在开发 10.0 版本的时候，开发了中文平台，但因为 9.0 的影响根深蒂固，10.0 并没有代替 9.0 占领中国市场。之后，于 2003 年和 2004 年又陆续推出了 11 及 12 版本，但一些设计公司还在延续使用英文版 Corel DRAW 9.0。在经历过 CorelDRAW X5 和 CorelDRAW X6 等版本后，现在最新的版本为 CorelDRAW X7，如图 1.1 所示。

图 1.1　CorelDRAW X7

1.2　CorelDRAW 的应用领域

CorelDRAW 的应用涉及平面广告设计、工业设计、企业形象设计、产品包装及造型设计、网页设计、商业插画设计以及印刷制版等多个领域。

1.2.1　在平面广告设计中的应用

平面广告就其形式而言，只是传递信息的一种方式，是广告主与受众间的媒介，其结果是为了达到一定的商业经济目的。CorelDRAW 是一款基于矢量的绘图软件，其所提供的工具能够帮助设计师在平面广告的创作上更加得心应手。使用 CorelDRAW 所设计的平面广告具有充满时代意识的新奇感，在表现手法上也有其独特性，如图 1.2 所示。

1.2.2　在工业设计中的应用

在工业设计方面，CorelDRAW 也广泛应用于工业产品效果图表现方面，如图 1.3 所示。矢量图最大的优势就是修改起来方便快捷，图像处理软件 Photoshop 在处理图像和做各种效果上的优势是毋庸置疑的，但如果面对需要进行多次方案调整的产品效果图而言，与 CorelDRAW 相比就要逊色一些了。CorelDRAW 的功能强大，使用方便，在渐变填色、渐变透明、曲线的绘制与编辑等方面具有突出的优势，而在进行工业产品效果图表现上，这些工具及表现手法也是最常用的。

图 1.2　平面广告设计

图 1.3　工业设计

1.2.3　在企业形象设计中的应用

企业形象设计意在准确表现企业的经营理念、文化素质、经营方针、产品开发、商品流通等有关企业经营的所有因素。在企业形象设计方面，使用 CorelDRAW 所设计的企业Logo、信纸、便笺、名片、工作证、宣传册、文件夹、账票、备忘录、资料袋等企业形象设计产品，能够满足企业形象的表现与宣传要求，如图 1.4 所示。

图 1.4　企业形象设计

1.2.4　在产品包装及造型设计中的应用

产品包装及造型会直接影响顾客的购买心理，产品的包装是最直接的广告，好的包装设计是企业创造利润的重要手段之一。使用 CorelDRAW 进行如图 1.5 所示的产品包装设计，能够提高设计效率及品质，帮助企业在众多竞争品牌中脱颖而出。

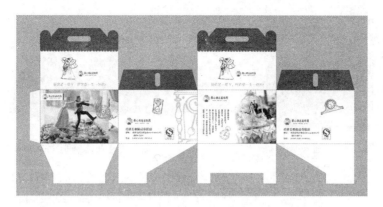

图 1.5　产品包装设计

1.2.5　在网页设计中的应用

随着互联网的迅猛发展，网页设计在网站建设中处于重要地位。好的网页设计能够吸引更多的人浏览网站，从而增加网站流量。CorelDRAW 全方位的设计及网页功能可以使得网站页面更加绚丽夺目，如图 1.6 所示。

图 1.6　网页设计

1.2.6　在商业插画设计中的应用

在商业插画设计中经常会用到 CorelDRAW，如图 1.7 所示。该软件提供的智慧型绘图工具以及新的动态向导可以充分降低用户的操控难度，能够使用户更加容易精确地绘制图形对象。

1.2.7　在印刷制版中的应用

CorelDRAW 在印刷制版中的应用也很广泛，如图 1.8 所示。该软件的实色填充提供了各种模式的调色方案以及专色的应用、渐变、位图、底纹填充，颜色变化与操作方式；而该软件的颜色管理方案可以让显示、打印和印刷的颜色达到一致。

图 1.7 商业插画设计

图 1.8 在印刷制版中的应用

1.3 CorelDRAW 的发展前景

CorelDRAW 与 Photoshop 和 Illustrator 并称为设计领域的三大软件，其拥有功能强大的矢量绘画工具、强悍的版面设计能力、增强数字图像的能力，并能够将位图图像转换为矢量文件。用于商业设计和美术设计的电脑上大都安装了 CorelDRAW，其非凡的设计能力广泛地应用于商标设计、标志制作、模型绘制、插图描画、排版及分色输出等诸多领域。

1.4 基 础 知 识

本节讲解的基础知识主要包括矢量图形、位图图像和颜色模式等内容。

矢量图形与位图图像是在进行平面设计时根据所使用的程序，以及最终存储方式的不同而生成的两种文件类型。在平面设计过程中，了解矢量图形和位图图像所具有的不同性质非常重要。

1.4.1 矢量图形与位图图像

计算机图形主要分为两类：矢量图形和位图图像，如图 1.9 所示。在 CorelDRAW 应用程序中可以将矢量图形转换为位图，然后应用 CorelDRAW 中不能用于矢量图形或对象的特殊效果。在进行转换时，可以选择位图的颜色模式。颜色模式决定构成位图的颜色数量和种类，因此文件大小也会受到影响。

将矢量图形转换为位图时，还可以确定多种设置，例如背景透明度和颜色预置文件等。

图 1.9 矢量图形与位图图像

1. 矢量图形

矢量图形(也称为向量图形)，是指由被称为矢量的数学对象定义的线条和曲线，矢量根据图像的几何特性描绘图像。

矢量图形与分辨率无关，可以将它们缩放到任意尺寸，也可以按任意分辨率打印，都不会丢失细节或降低清晰度。因此，矢量图形在标志设计、插图设计及工程绘图上占有很大的优势。

由于计算机显示器呈现图像的方式是在网格上显示图像，因此，矢量数据和位图数据在屏幕上都会显示为像素。

在平面设计方面，制作矢量图的程序主要有 CorelDRAW、FreeHand、InDesign 和 Illustrator 等。CorelDRAW 程序常用于 PC，FreeHand 程序常用于 Mac(苹果)机，InDesign 和 Illustrator 程序可用于 PC 也可用于苹果机，它们都是处理图形、文字、标志等对象的程序。

2. 位图图像

与矢量图形不同，位图图像(也称为点阵图像)是由许多点组成的，其中的点称为像素，而每个像素都有一个明确的颜色。在处理位图图像时，用户所编辑的是像素，而不是对象或形状。

位图图像是连续色调图像(例如照片或数字绘画)最常用的电子媒介，因为它们可以表现阴影和颜色的细微层次。位图图像与分辨率有关，也就是说，它们包含固定数量的像素。因此，如果对它们进行缩放或以低于创建时的分辨率来打印，会丢失其中的细节，并会呈现锯齿状。

在平面设计方面，制作位图的程序主要是 Adobe 公司推出的 Photoshop 程序与微软公司推出的画图程序，其中 Photoshop 程序是目前平面设计中处理图形图像的首选程序。

1.4.2　颜色模式

在 CorelDRAW 软件中，允许用户使用各种各样符合行业标准的调色板、颜色混合器以及颜色模型来选择和创建颜色；可以创建并编辑自定义调色板，用于存储常用颜色以备将来使用；也可以通过改变色样大小、调色板中的行数和其他属性来自定义调色板在屏幕上的显示方式。

颜色模式定义了组成图像的颜色数量和类别的系统。黑白、灰度、RGB、CMYK 和调色板颜色就是几种不同的颜色模式。

颜色模型是一种简单的颜色图表，它定义了颜色模式中显示的颜色范围。常见的颜色模型有 CMY(青色、品红色和黄色)，CMYK(青色、品红、黄色和黑色)，RGB(红色、绿色和蓝色)，HSB(色度、饱和度和亮度)，HLS(色度、光度和饱和度)，Lab 以及 YIQ，如图 1.10 所示。CMYK 颜色模式由青色(C)、品红色(M)、黄色(Y)和黑色(K)值组成，

图 1.10　颜色模型

RGB 颜色模式由红色(R)、绿色(G)和蓝色(B)值组成。

尽管从屏幕上看不出 CMYK 颜色模式的图像与 RGB 颜色模式的图像之间的差别，但是这两种图像是截然不同的。在图像尺度相同的情况下，RGB 图像的文件大小比 CMYK 图像要小，但 RGB 颜色空间或色谱却可以显示更多的颜色。因此，凡是用于要求有精确色调逼真度的网页或桌面打印机的图像，一般都采用 RGB 模式。在商业印刷机等需要精确打印再现的场合，图像一般采用 CMYK 模式创建。调色板颜色图像在减小文件大小的同时力求保持色调逼真度，因而适合在屏幕上使用。

每次转换图像的颜色模式时都可能会丢失颜色信息。因此，应该先保存编辑好的图像，再将其更改为不同的颜色模式。

CorelDRAW 支持黑白(1 位)、灰度(8 位)、双色调(8 位)、调色板(8 位)、RGB 颜色(24 位)、Lab 颜色(24 位)与 CMYK 颜色(32 位)等颜色模式。

1.5　软件的安装与卸载

下面来介绍 CorelDRAW X7 的安装以及卸载方法。

1.5.1　CorelDRAW X7 的安装

CorelDRAW X7 的安装过程如下。

(1) 运行 CorelDRAW X7 的安装程序，首先屏幕中会弹出【正在初始化安装程序】界面，如图 1.11 所示。

提示

若电脑配置不满足安装的最低系统要求，将弹出如图 1.12 所示界面，单击【继续】按钮可以继续安装。

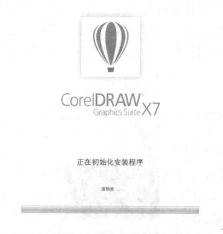

图 1.11　【正在初始化安装程序】界面

图 1.12　单击【继续】按钮

（2）在弹出的界面中，选中【我接受该许可证协议中的条款】复选框，然后单击【下一步】按钮，如图 1.13 所示。

（3）在弹出的界面中输入"用户名"，然后选中【我有一个序列号或订阅代码】单选按钮，并输入序列号，如图 1.14 所示。

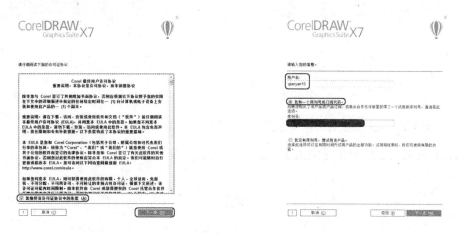

图 1.13　选中【我接受该许可证协议中的条款】复选框　　　图 1.14　输入序列号

（4）单击【下一步】按钮，在弹出的界面中选择【自定义安装】选项，如图 1.15 所示。

（5）在弹出的界面中，选择要安装的程序并单击【下一步】按钮，如图 1.16 所示。

图 1.15　选择【自定义安装】选项　　　图 1.16　选择要安装的程序

（6）在弹出的界面中选择要安装的程序功能，然后单击【下一步】按钮，如图 1.17 所示。

（7）在弹出的界面中选择其他选项，然后单击【下一步】按钮，如图 1.18 所示。

（8）在弹出的界面中单击【更改】按钮，选择程序安装的位置，然后单击【立即安装】按钮，如图 1.19 所示。

（9）程序进入安装界面，如图 1.20 所示。

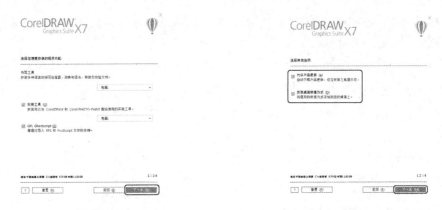

图 1.17　选择要安装的程序功能　　　　图 1.18　选择其他选项

(10) 安装完成后单击【完成】按钮，如图 1.21 所示。

图 1.19　选择程序安装的位置　　　图 1.20　进入安装界面　　　图 1.21　完成安装

1.5.2　CorelDRAW X7 的卸载

CorelDRAW X7 的卸载过程如下。

(1) 在【控制面板】中选择【程序】|【程序和功能】，在弹出的窗口中选择 CorelDRAW Graphics Suite X7 (64-Bit)，用鼠标右键单击，在弹出的快捷菜单中选择【卸载/更改】命令，如图 1.22 所示。

图 1.22　选择【卸载/更改】命令

（2）屏幕中会弹出【正在初始化安装程序】提示界面，如图 1.23 所示。

（3）在弹出的界面中选中【删除】单选按钮，并选中【删除用户文件】复选框，然后单击【删除】按钮，如图 1.24 所示。

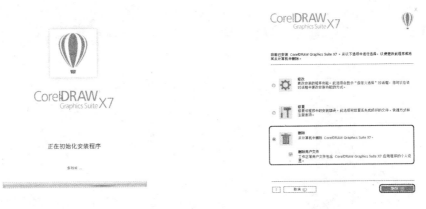

图 1.23　【正在初始化安装程序】提示界面　　　　图 1.24　选中【删除】单选按钮

（4）程序进入卸载删除界面，如图 1.25 所示。卸载完成后，单击【完成】按钮，如图 1.26 所示。

图 1.25　卸载删除界面　　　　　　　　　图 1.26　单击【完成】按钮

1.6　CorelDRAW X7 的启动与界面介绍

在使用 CorelDRAW X7 之前，需要了解如何启动软件，并认识 CorelDRAW X7 的工作界面。

1.6.1　启动程序

如果用户的计算机上已经安装好 CorelDRAW X7 程序，即可启动程序，启动程序的方法如下。

（1）在 Windows 系统的【开始】菜单中选择【所有程序】| CorelDRAW Graphics Suite

X7 | CorelDRAW X7 命令，如图 1.27 所示。

(2) 启动 CorelDRAW X7 后会出现如图 1.28 所示的欢迎屏幕界面，单击【新建空白文档】图标，即可新建一个文件，并进入 CorelDRAW 的工作界面。这样，CorelDRAW X7 程序就启动完成了。

图 1.27　在程序菜单中启动　　　　　　　　　图 1.28　欢迎屏幕界面

1.6.2　CorelDRAW X7 的界面介绍

CorelDRAW X7 的工作界面主要由标题栏、菜单栏、工具栏、属性栏、标尺栏、工具箱、文档导航器、状态栏、绘图窗口(包括绘图页和草稿区)、导航器、泊坞窗和调色板等组成，如图 1.29 所示。

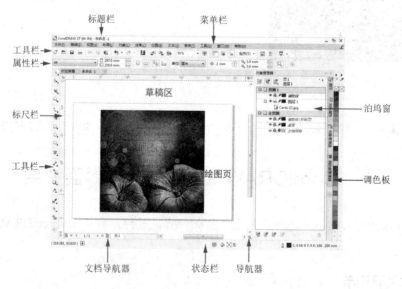

图 1.29　CorelDRAW X7 的工作界面

- 标题栏：显示打开的文档标题。
- 菜单栏：包含下拉菜单和命令选项。

- 工具栏：包含菜单和其他命令的快捷方式。
- 属性栏：包含与活动工具或对象相关的命令。
- 标尺栏：具有标记的校准线，用于确定绘图中对象的大小和位置。
- 工具箱：包含在绘图中创建和修改对象的工具。
- 文档导航器：包含在页面之间移动和添加页面的控件的区域。
- 状态栏：包含有关对象属性(类型、大小、颜色、填充和分辨率)的信息，同时显示鼠标的当前位置。
- 绘图页：指绘图窗口中可打印的区域。
- 草稿区：以滚动条和应用程序控件为边界的区域，包含绘图页面和周围区域。
- 导航器：可打开一个较小的显示窗口，用于在绘图上进行移动操作。
- 泊坞窗：包含与特定工具或任务相关的可用命令和设置窗口。
- 调色板：包含色样的泊坞栏。

窗口控制按钮的功能如下。

- 【最小化】按钮 ﹣：在程序窗口中单击该按钮，可以将窗口缩小并存放到 Windows 的任务栏中，如果在任务栏中单击 按钮，则会将程序窗口还原。
- 【还原】按钮 ▢：单击 ▢ 按钮，窗口缩小为一部分并显示在屏幕中间，当该按钮变成 ▢ 时称为最大化按钮，单击 ▢ 按钮，则窗口放大并且覆盖整个屏幕。
- 【关闭】按钮 ✕：单击该按钮可以关闭窗口或对话框。

1.7　文档的操作

本节将介绍 CorelDRAW X7 程序文档的新建、打开、保存、关闭、退出等一些基本操作，同时对于用到的对话框以及按钮会进行说明。通过学习本节内容可掌握管理对象文档的方法。

启动程序后在欢迎屏幕中可以直接单击相应的图标来新建、打开或查看相关的文档。

1.7.1　新建文档

在使用 CorelDRAW 进行绘图前，必须新建一个文档，新建文档就好比画画前先准备一张白纸一样。新建文档有不同的方法，在 CorelDRAW X7 中就包括【新建文档】与【从模板新建】两种新建方式，下面分别对它们进行介绍。

> **提　示**
>
> 在第一次启动 CorelDRAW X7 程序时会显示欢迎屏幕界面，如果用户此时取消选中【启动时始终显示欢迎屏幕】复选框，则下次启动 CorelDRAW X7 时不会显示欢迎屏幕界面。

1. 新建空白文档

新建空白文档的方法如下。

(1) 在【欢迎屏幕】界面单击【新建文档】按钮。在一般情况下也可以使用以下任意一种方法新建文档。

- 在菜单栏中选择【文件】|【新建】命令。
- 在工具栏中单击【新建】按钮 。
- 按 Ctrl+N 组合键，执行【新建】命令。

只要执行上述任意一种方法即可弹出【创建新文档】对话框，如图 1.30 所示，然后单击【确定】按钮即可新建文档。

(2) 对新建文档的属性进行设置。在属性栏中的【页面大小】下拉列表框 A4 中可以选择纸张的类型；通过【页面度量】微调框 可以自定义纸张的大小。这里将纸张类型设置为 A4，如图 1.31 所示。

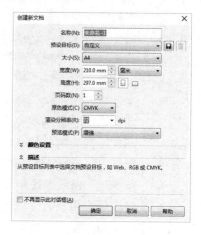

图 1.30 【创建新文档】对话框

图 1.31 属性栏

(3) 在默认状态下，新建的文件以纵向的页面方向摆放图纸，如果想变更页面的方向，可以单击属性栏中的【纵向】按钮 与【横向】按钮 进行切换。如图 1.32 所示为单击【横向】按钮 后出现的效果。

(4) 在属性栏的【单位】下拉列表框中，可以更改绘图时使用的单位，其中包括英寸、毫米、点、像素、英尺等单位，如图 1.33 所示。

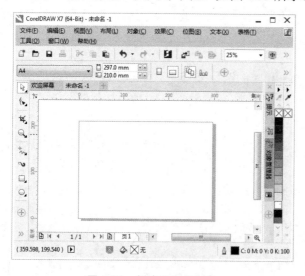

图 1.32 新建的横向文件

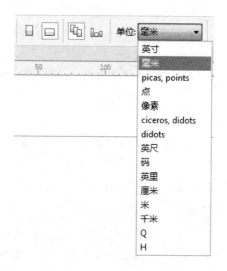

图 1.33 【单位】下拉列表

2. 从模板新建

CorelDRAW X7 提供了多种预设模板，这些模板已经添加了各种图形或者对象，可以在它们的基础上建立新的图形文件，然后对文件进行更深一层的编辑处理，以便更快、更好地达到预期效果。

从模板新建文件的方法如下。

(1) 在【欢迎屏幕】界面中单击【从模板新建】图标，或者执行【文件】|【从模板新建】命令，弹出【从模板新建】对话框，如图 1.34 所示。

(2) 【从模板新建】对话框中提供了多种类型的模板文件，这里选择【小册子】下的 Dentist NA-Brochure.cdt 模板，单击【打开】按钮，如图 1.35 所示。

(3) 由模板新建的文件如图 1.36 所示，用户可以在该模板的基础上进行编辑、输入相关文字或执行绘图操作。

图 1.34　【从模板新建】对话框

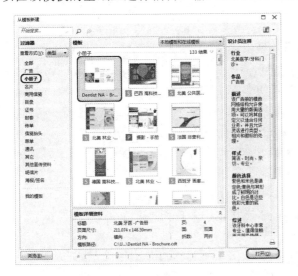

图 1.35　选择模板

图 1.36　模板效果

1.7.2　打开文档

在菜单栏中选择【文件】|【打开】命令或单击工具栏中的【打开】按钮，弹出如图 1.37 所示的【打开绘图】对话框，在【查找范围】下拉列表中选择文件所在的文件夹，再在文件夹中选择所需的文件，然后单击【打开】按钮，也可以直接双击要打开的文件，即可将选择的文件在程序窗口中打开。

如果要同时打开多个文件，可以在【打开绘图】对话框中按住 Ctrl 或 Shift 键后用鼠标左键单击所需打开的文件，然后单击【打开】按钮。

图 1.37　【打开绘图】对话框

13

1.7.3 文档窗口的切换

如果用户在程序窗口中打开了多个文件，就存在了文件窗口的切换问题。

一种方式是从【窗口】菜单中选择要进行编辑的文件名称；另一种方式是在【窗口】菜单中执行【垂直平铺】或【水平平铺】命令，将打开的多个文件平铺，然后直接单击要进行编辑的绘图窗口，即可使该文件成为当前可编辑的文件，如图1.38所示。

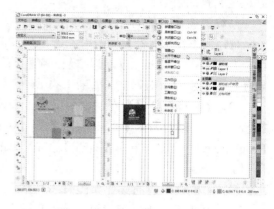

图1.38　垂直平铺多个文件效果

1.7.4 关闭文档

编辑好一个文档后，需要将其关闭，具体情况如下。

- 如果文档经过编辑后已经保存了，则只需在菜单栏中执行【文件】|【关闭】命令或在绘图窗口的标题栏中单击【关闭】按钮 ✕，即可将文档关闭。

- 如果文档经过编辑后，尚未进行保存，则在菜单栏中执行【文件】|【关闭】命令，会弹出如图 1.39 所示的提示对话框。如果需要保存编辑后的内容，单击【是】按钮；如果不需要保存编辑后的内容，单击【否】按钮；如果不想关闭文件，单击【取消】按钮。

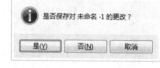

图1.39　提示对话框

1.7.5 退出程序

退出 CorelDRAW X7 程序的情况如下。

- 如果程序窗口中的文档已经全部关闭，则在【文件】菜单中执行【退出】命令，即可直接将 CorelDRAW X7 程序关闭。

- 如果程序窗口中还有文件没有保存，并且需要保存时，请先将其保存；如果不需要保存，则可以在【文件】菜单中执行【退出】命令，在弹出的提示对话框中单击【否】按钮，退出 CorelDRAW X7 程序。

1.8 页面设置

页面设置是指设置页面打印区域(即绘图窗口中有阴影的矩形区域)的大小、方向、背景、版面等。因为只有这部分区域的图形才会被打印输出，所以称其为页面打印区域。

绘图可以从指定页面的大小、方向与布局样式设置开始。用户指定页面布局时选择的选项可以作为创建所有新绘图的默认值。

页面大小可以通过【预设页面大小】和【自定义页面大小】两种方法设置。

页面既可以是横向的，也可以是纵向的。在横向页面中，绘图的宽度大于高度；而在纵向页面中，绘图的高度大于宽度。添加到绘图项目中的页面默认采用当前方向，但用户可以为绘图项目中的每个页面指定不同的方向。

准备好打印时，应用程序将自动按打印和装订的要求排列页面。可以选择来自不同标签制造商预设的 800 种以上的标签格式，可以预览标签的尺度并查看它们如何适合打印的页面。如果 CorelDRAW 未提供满足要求的标签样式，则可以修改现有的样式或者创建并保存自己原创的样式。

若要对页面进行设置，可以按 Ctrl+N 组合键新建一个文件，再在菜单中执行【布局】|【页面设置】命令，弹出如图 1.40 所示的对话框，然后在【文档】项目中设置所需的页面尺寸、标签、背景与辅助线等。

图 1.40　【选项】对话框

1.8.1　页面大小与方向设置

在【选项】对话框的左边栏中选择【页面尺寸】，在右边栏中就会显示与它相关的设置参数。可以在【大小】下拉列表中选择所需的预设页面大小，如图 1.41 所示；也可以在【宽度】与【高度】文本框中输入所需的数值，自定义页面大小；如果只需调整当前页面大小，选中【只将大小应用到当前页面】复选框；如果需要从打印机设置，单击【从打印机获取页面尺寸】按钮；如果需要添加页框，单击【添加页框】按钮；如果要将页面设为横向，单击【横向】按钮。

图 1.41　【大小】下拉列表

1.8.2　页面布局设置

在【选项】对话框的左边栏中选择【布局】，就会在右边栏中显示它的相关设置参数，如图 1.42 所示。可以在【布局】下拉列表中选择所需的布局版式，如图 1.43 所示，如果需要对开页，可以选中【对开页】复选框。

图 1.42　布局设置

图 1.43　【布局】下拉列表

1.8.3　页面背景设置

在【选项】对话框的左边栏中选择【背景】，就会在右边栏中显示它的相关设置参数，如图 1.44 所示。可以选中【纯色】或【位图】单选按钮来设置所需的背景颜色或图案，默认状态下为无背景。

如果选中【纯色】单选按钮，其后的按钮呈活动状态，这时可以打开调色板，在其中选择所需的背景颜色，如图 1.45 所示。选择好后在【选项】对话框中单击【确定】按钮，即可将页面背景设为所选的颜色。

图 1.44　背景设置

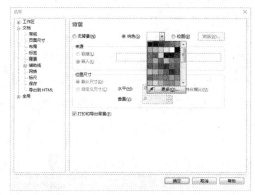

图 1.45　设置纯色背景颜色

如果选中【位图】单选按钮，其后的【浏览】按钮呈活动状态，单击该按钮会弹出【导入】对话框，可以在其中选择要作为背景的文件，然后单击【导入】按钮。返回至【选项】对话框，其中的【来源】选项会变为活动状态，并且还显示了导入位图的路径，如图 1.46 所示。单击【确定】按钮，即可将选择的文件导入新建文件中，并自动排列为文件的背景，如图 1.47 所示。

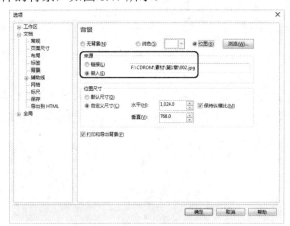

图 1.46　显示导入位图路径

图 1.47　设置完背景后的效果

1.9　图形对象的导出与导入

当完成一个作品的制作之后，可以将其导出或者打印。导出与导入对象都是应用程序间交换信息的途径。在导入或导出文件时，必须把该文件转换成其他程序所能支持的格式。

1.9.1　导入文件

由于 CorelDRAW X7 是一款矢量绘图软件，一些文件无法用【打开】命令将其打开，此时就必须使用【导入】命令，将相关的位图打开。此外，矢量图形也可使用导入的方式打开。

导入文件的操作如下。

(1) 新建一个空白文件，再执行【文件】|【导入】命令，或者按下 Ctrl+I 组合键，又或者在工具栏中单击【导入】按钮，都可以弹出【导入】对话框。

(2) 在【导入】对话框中选择要导入的文件，然后单击【导入】按钮，如图 1.48 所示。

图 1.48　【导入】对话框

(3) 出现如图 1.49 所示的文件大小等信息，将左上角的定点图标移至图纸的左上角，单击并按住鼠标左键不放，然后拖动鼠标指针至图纸的右下角，在合适位置释放鼠标左键即可确定导入图像的大小与位置，如图 1.50 所示。

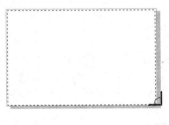

图 1.49　显示文件大小等信息

图 1.50　确定导入图像的大小和位置

> **提示**
>
> 　如果用户需要将图片正好导入绘图页的中心，则在指定导入图像位置时，按 Enter 键即可实现。

(4) 导入的效果如图 1.51 所示，此时拖动图片周边的控制点亦可调整其大小。在导入文件时，如果只需要导入图片中的某个区域或者要重新设置图片的大小、分辨率等属性时，可以在【导入】对话框右下角的下拉列表框中选择【重新取样并装入】或【裁剪并装入】选项，如图 1.52 所示。

图 1.51　导入的图片　　　　　　　　　　　图 1.52　下拉列表框

1.9.2　导出文件

在 CorelDRAW 中完成文件的编辑后，使用【导出】命令可以将它保存为指定的格式类型。具体操作如下。

执行【文件】|【导出】命令，或按 Ctrl+E 组合键，或单击工具栏中的【导出】按钮 ，弹出如图 1.53 所示的【导出】对话框，在【导出】对话框中指定文件导出的位置，在【保存类型】下拉列表框中选择要导出的格式，在【文件名】文本框中输入导出文件名。若设置的【保存类型】为 EPS，设置完成后单击【导出】按钮，将弹出【EPS 导出】对话框，如图 1.54 所示，在该对话框中设置相应的参数，最后单击【确定】按钮即可完成导出。

图 1.53　【导出】对话框　　　　　　　　　图 1.54　【EPS 导出】对话框

1.10　颜 色 设 置

CorelDRAW X7 提供了多种颜色设置方式，用户可以根据自身需要使用任意一种方式对图形对象进行颜色填充。

1.10.1　利用默认调色板填充对象

默认调色板停放在程序窗口的最右边，其包含了颜色模型中的 99 种颜色。用户也可根据自己的情况将其拖动到程序窗口中的任意位置，以便更快、更直接地单击或右击所需的颜色。给选择的对象填充颜色和轮廓颜色后，在状态栏中会显示它的颜色样式。

1. 利用默认调色板给对象填充颜色

在工具箱中选择【标题形状工具】![icon]，然后在属性栏中选择一种标题形状，移动鼠标指针到绘图窗口中的适当位置按下左键并向对角拖动，到达所需大小后松开左键，即可绘制出一个标题形状，如图 1.55 所示；选中对象后在【默认调色板】中用鼠标左键单击 CMYK 值为 100、20、0、0 的天蓝色色块，即可将形状填充为天蓝色，如图 1.56 所示。

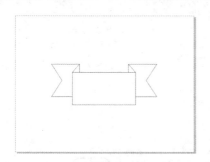

图 1.55　绘制标题形状

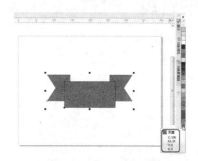

图 1.56　填充颜色

2. 利用默认调色板设置对象轮廓色

以上面绘制的标题形状为例，先将形状的【轮廓宽度】设置为 10px，如图 1.57 所示，然后在【默认调色板】中右击 CMYK 值为 100、100、0、0 的蓝色色块，即可将轮廓色改为蓝色，如图 1.58 所示。

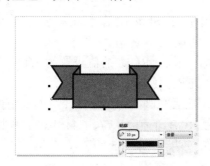

图 1.57　设置轮廓宽度

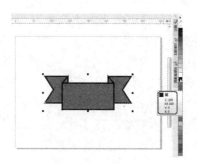

图 1.58　为对象填充轮廓色

3. 设置新对象颜色

如果在绘图区中无对象或没有选择任何对象，则在调色板中单击或右击时，可以设置新对象的填充颜色或轮廓色。当在调色板中单击或右击时，会弹出如图 1.59 所示的【更改文档默认值】对话框。选中【图形】复选框，然后单击【确定】按钮，则绘制新对象后，对象的填充颜色或轮廓色将显示为设置好的颜色。

图 1.59　【更改文档默认值】对话框

1.10.2　利用颜色泊坞窗填充对象

除了可以使用调色板设置对象的填充颜色与轮廓色外，还可以利用【颜色】泊坞窗来设置对象的填充颜色与轮廓色。

(1) 按 Ctrl+O 组合键打开随书附带光盘中的 CDROM\素材\第 1 章\纸鸽子.cdr 文件，如图 1.60 所示。

(2) 要使用【彩色】泊坞窗来填充对象，需要将【颜色泊坞窗】打开。在菜单栏中选择【窗口】|【泊坞窗】|【彩色】命令，打开【颜色泊坞窗】，如图 1.61 所示。

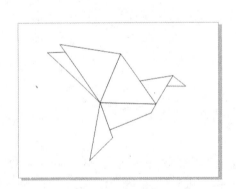

图 1.60　场景文件

图 1.61　打开【颜色泊坞窗】

(3) 在工具箱中选中【选择工具】，在画面中按住 Shift 键选择如图 1.62 所示要填充颜色的多个图形对象。

(4) 在【颜色泊坞窗】中设置颜色模式为 RGB，并将 RGB 的值设置为 148、152、199，然后单击【填充】按钮，即可为选择的对象填充该颜色，如图 1.63 所示。

(5) 先在画面空白处单击取消对象的选择状态，然后在画面中选择如图 1.64 所示要填充颜色的图形对象；在【颜色泊坞窗】中设置颜色 RGB 的值为 77、84、161，单击【填充】按钮，即可为选择的对象填充该颜色，填充后的效果如图 1.65 所示。

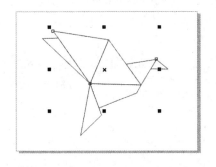

图 1.62　选择要填充颜色的图形对象(1)

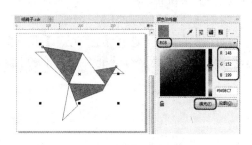

图 1.63　填充后的效果(1)

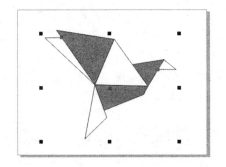

图 1.64　选择要填充颜色的图形对象(2)

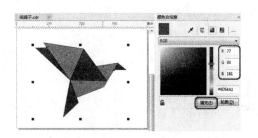

图 1.65　填充后的效果(2)

(6) 先在画面空白处单击取消对象的选择状态，然后在绘图页选择所有图形对象，如图 1.66 所示，在【颜色泊坞窗】中将颜色的 RGB 值设置为 255、255、255，再单击【轮廓】按钮，即可为选择对象的轮廓设置该颜色，填充后的效果如图 1.67 所示。

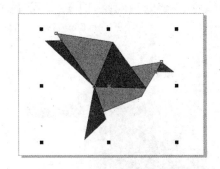

图 1.66　选择所有图形对象

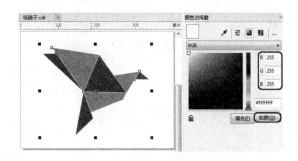

图 1.67　填充轮廓色后的效果

1.10.3　自定义调色板

自定义调色板是用户保存的颜色的集合，可以包含任何颜色模型中的颜色(包括专色)或调色板库中的调色板的颜色。用户可以创建一个自定义调色板来保存当前项目或将来项目需要使用的所有颜色。自定义调色板可以从调色板管理器中的【我的调色板】文件夹中访问。通过手动选择每种颜色或者使用所选对象或整个文档中的颜色可以创建自定义调色板。用户还可以编辑、重命名和删除自定义调色板。

默认情况下，调色板直接存放在 C:\Users\Administrator\Documents\我的调色板文件夹中，其中的 Administrator 是用户名，它会根据安装计算机时命名的不同而不同。

下面来讲解如何自定义一个调色板。

(1) 在菜单栏中选择【窗口】|【调色板】|【调色板编辑器】命令，如图 1.68 所示，弹出【调色板编辑器】对话框，如图 1.69 所示。

图 1.68　选择【调色板编辑器】命令　　　　图 1.69　【调色板编辑器】对话框

(2) 在【调色板编辑器】对话框中单击【新建调色板】按钮，弹出【新建调色板】对话框，用户可以直接在【文件名】文本框中输入所需的名称后单击【保存】按钮，将自定义调色板存放在默认位置中，如图 1.70 所示。

(3) 在【调色板编辑器】对话框中单击【添加颜色】按钮，在弹出的【选择颜色】对话框中选择所需的颜色，如图 1.71 所示。

图 1.70　【新建调色板】对话框　　　　　　图 1.71　选择所需的颜色

(4) 在【选择颜色】对话框中单击【加到调色板】按钮，然后单击【确定】按钮，即可向自定义调色板中添加一个色块，如图 1.72 所示。

(5) 使用相同的方法，单击【添加颜色】按钮，在弹出的【选择颜色】对话框中移动光圈选择一种颜色，然后单击【加到调色板】按钮并单击【确定】按钮。多次重复操作，添加多个颜色，如图 1.73 所示。

图 1.72　添加到调色板

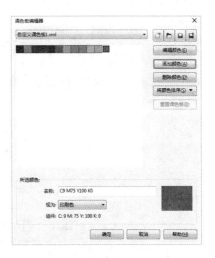
图 1.73　添加多个颜色

提　示

可一边移动光圈一边看右边的新建颜色区域，也可以在 C、M、Y、K 文本框中输入所需的颜色数值。

(6) 在【调色板编辑器】对话框中，单击【保存调色板】按钮，如图 1.74 所示，再单击【确定】按钮完成调色板编辑。

(7) 如果要打开自定义的调色板，在菜单中执行【窗口】|【调色板】|【打开调色板】命令，如图 1.75 所示。

图 1.74　保存调色板

图 1.75　选择【打开调色板】命令

提　示

用户也可以在【模型】下拉列表框中选择所需的颜色模型（例如 RGB、灰度等），然后再设置所需的颜色。

(8) 弹出【打开调色板】对话框，选择"自定义调色板 1.xml"文件，单击【打开】按钮，如图 1.76 所示。

(9) 打开的自定义调色板自动位于程序窗口的右侧，如图 1.77 所示。

图 1.76 【打开调色板】对话框

图 1.77 自定义调色板 1

1.11 插 入 条 码

条码是将宽度不等的多个黑条和空白，按照一定的编码规则排列，用以表达一组信息的图形标识符。条码技术是一种用以收集数据的识别方法。CorelDRAW 的条码向导可以生成各个行业标准格式的条码。用户可以更改行业标准属性，设置条码的高级选项，以及更改文本和条码选项。更改条码选项将会改变符号的整体外观。

插入条码的方法如下。

(1) 按 Ctrl+O 组合键，打开随书附带光盘中的 CDROM\素材\第 1 章\吊牌.cdr 文件，如图 1.78 所示。

(2) 在菜单栏中选择【对象】|【插入条码】命令，弹出【条码向导】对话框。在行业标准格式中选择 Code25，并输入数字 123456789101112，然后单击【下一步】按钮，如图 1.79 所示。

图 1.78 素材图形

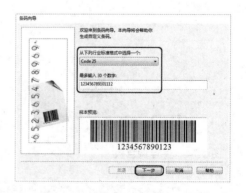

图 1.79 【条码向导】对话框

(3) 在弹出的对话框中将【缩放比例】设置为 90%，然后单击【下一步】按钮，如图 1.80 所示。

(4) 在打开的对话框中选择所需的字体、大小与对齐方式，也可以选择文字置于顶部、显示起始/结束字母。此处将【字体】设置为 8514oem，【大小】设置为 16，然后单击【完成】按钮，如图 1.81 所示。

图 1.80　设置缩放比例　　　　　　　　图 1.81　设置字体和大小

(5) 条码将插入到页面的中心，如图 1.82 所示。将其移动后的效果如图 1.83 所示。

图 1.82　插入条码　　　　　　　　图 1.83　完成后的效果

思　考　题

1. CMYK 颜色模式的图像与 RGB 颜色模式的图像有何不同？

2. 如何设置页面背景？

3. 如何利用默认调色板设置图形填充颜色和轮廓色？

第2章　绘图工具的用法

CorelDRAW 软件中的各种绘图工具，是创建图形的基本工具，只有掌握了绘图工具的使用方法，才能在创作图形的过程中运用自如，从而绘制出各种各样的图形，并提高工作效率。

2.1　手　绘　工　具

使用手绘工具可以绘制出各种图形，就像用铅笔绘制图样一样，在绘制的过程中如果出了错，可以立即擦除不需要的部分并继续绘图。绘制直线或线段时，可以将它们限制为垂直直线或水平直线。在绘制线条之前可以设定轮廓的样式与宽度，以绘制所需的图形与线条。

2.1.1　用手绘工具绘制曲线

使用手绘工具绘制曲线的操作步骤如下。

(1) 新建一个空白文档，在工具箱中选择【手绘工具】，如图 2.1 所示。

(2) 将鼠标指针移动到画面中按下左键进行拖动，得到所需的长度与形状后松开左键，即可绘制出需要的曲线或图形(此时绘制的图形处于选择状态，可以方便用户对其进行修改)，如图 2.2 所示。

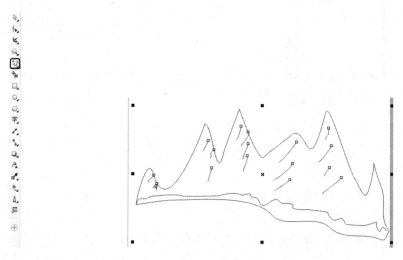

图 2.1　选择手绘工具　　　　　　　图 2.2　绘制图形

2.1.2　用手绘工具绘制直线与箭头

用手绘工具绘制直线的操作步骤如下。

（1）在工具箱中选择【手绘工具】。

（2）将鼠标指针移动到画面中，在适当位置单击确定起点，然后将鼠标指针移动到第二点处单击，即可完成直线的绘制，如图 2.3 所示。

> **提 示**
>
> 　　使用手绘工具绘制直线的过程中，如果配合键盘上的 Ctrl 键或者 Shift 键进行绘制，即可使手绘工具创建的线条按预定义的角度进行绘制。绘制垂直直线和水平直线时，此功能非常有用。配合 Ctrl 键绘制的直线效果如图 2.4 所示。

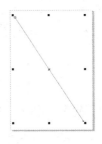

图 2.3　绘制直线

图 2.4　配合 Ctrl 键绘制的直线

用手绘工具绘制箭头的操作步骤如下。

（1）在工具箱中选择【手绘工具】，在属性栏中选择合适的轮廓宽度，然后在【终止箭头】下拉列表中选择需要的箭头，如图 2.5 所示。

（2）选择好箭头后将弹出【更改文档默认值】对话框，单击【确定】按钮即可，如图 2.6 所示。

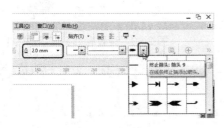

图 2.5　选择箭头

图 2.6　【更改文档默认值】对话框

（3）移动鼠标指针到绘图页中，在适当的位置处单击，确定起点，再移动鼠标指针到终点处单击，即可完成直线箭头的绘制，如图 2.7 所示。

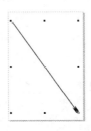

图 2.7　绘制箭头

提示

如果要将选择的直线或曲线改为箭头，可以在选择对象以后直接在属性栏的起始或终止箭头选择器中选择所需的箭头类型。

2.1.3 修改对象属性

使用手绘工具绘制完图形后，在它的属性栏中可以设置绘制图形的相关参数，如图 2.8 所示。在属性栏中可以随时更改对象的属性，例如大小、位置、旋转角度、轮廓宽度等。

图 2.8 属性栏

下面介绍如何更改图形属性。

(1) 以前面绘制的箭头为例，在属性栏中选择合适的轮廓宽度，如图 2.9 所示，即可改变箭头的轮廓宽度，效果如图 2.10 所示。

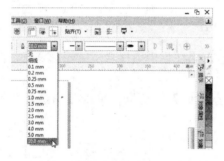

图 2.9 设定轮廓宽度   图 2.10 设置轮廓宽度后的效果

(2) 在属性栏的【旋转角度】文本框中输入 180°后按 Enter 键，可将箭头旋转 180°，效果如图 2.11 所示。

(3) 在绘图窗口右侧的【默认 CMYK 调色板】中的【绿】色块上右击鼠标，即可将图形的轮廓颜色改为绿色，效果如图 2.12 所示。

图 2.11 旋转角度后的效果   图 2.12 设置轮廓颜色后的效果

(4) 在属性栏的【线条样式】下拉列表中选择一种虚线，即可将实线箭头改为虚线箭头，如图 2.13 所示。

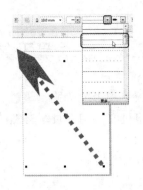

图 2.13　设置轮廓样式后的效果

2.2　贝塞尔工具

贝塞尔曲线也被称为贝兹曲线或贝济埃曲线，是由法国数学家 Pierre E.Bezier(皮埃尔·贝塞尔)发现的。贝塞尔曲线是计算机图形学中非常重要的参数曲线，无论是直线或曲线都能通过数学表达式予以描述。由此为计算机矢量图形学奠定了基础。如图 2.14 所示为贝塞尔原理。

使用贝塞尔工具的操作步骤如下。

(1) 单击工具箱中的【贝塞尔工具】按钮，在工作区中的任意位置单击确定起点，然后在其他位置单击并拖动添加第二点，即可绘制出曲线路径。

(2) 使用该工具绘制曲线后，可以通过【形状工具】调整曲线，图 2.14 调整后的效果如图 2.15 所示。

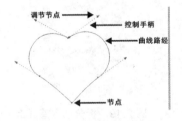

图 2.14　贝塞尔原理

图 2.15　绘制曲线路径

(3) 在工具箱中选择【贝塞尔工具】，在工作区中的不同位置直接单击，即可绘制出直线图形，如图 2.16 所示。

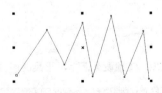

图 2.16　绘制直线路径

2.3 艺术笔工具

【艺术笔工具】 包含基于矢量图形的笔刷、笔触、喷射、书法效果，是创作图形不可缺少的工具之一。它可以创作出过渡均匀并且很自然的艺术图案，可以大大提高设计图形的工作效率。

可以通过以下方法来使用艺术笔工具。

- 在工具箱中选择【艺术笔工具】 ，如图 2.17 所示。
- 按 I 键，即可使用【艺术笔工具】 。

在选择【艺术笔工具】 绘制图形时，鼠标指针会变成 形状。此时在工作区单击，即可开始绘制各种图形。

在【艺术笔工具】的属性栏中包括【预设】 、【笔刷】 、【喷涂】 、【书法】 和【压力】 5 种艺术笔效果。

绘制一种艺术笔效果后，使用【选择工具】拖动它，就会出现花边，如图 2.18 所示。选中图形后按 Ctrl+K 组合键，或在图形上右键单击并选择【拆分艺术笔群组】命令，可以解除曲线和艺术效果之间的关联，将它们分离，效果如图 2.19 所示。

图 2.17 选择艺术笔工具

图 2.18 移动艺术笔效果

图 2.19 拆分艺术笔群组

2.3.1 预设工具

【预设】艺术笔是【艺术笔工具】的效果之一，如图 2.20 所示为【预设】艺术笔工具的属性栏，其中各选项的功能如下。

图 2.20 【预设】艺术笔工具的属性栏

- 【预设】 ：艺术笔工具的效果之一，使用预设矢量形状绘制曲线。
- 【手绘平滑】 ：在创建手绘曲线时主要用于控制笔触的平滑度，其数值范围为 0~100。数值越低，笔触路径就越曲折，节点就越多；反之，笔触路径就越圆滑，节点就越少，如图 2.21 所示。

- 【笔触宽度】 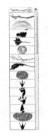 50.0 mm ：用于调整笔触的宽度。调整范围为 0.762～254mm。将笔触宽度分别设置为 10mm 和 50mm 的笔刷效果如图 2.22 所示。
- 【预设笔触】 ：CorelDRAW X7 提供了 23 种不同的艺术笔触效果，可以充分释放用户的创作灵感，如图 2.23 所示。

图 2.21　不同手绘平滑度的效果　　　图 2.22　不同笔触宽度的笔刷效果　　　图 2.23　预设笔触列表

2.3.2　笔刷工具

在工具箱中选择【艺术笔工具】 ，在属性栏中单击【笔刷】按钮 ，在右侧将显示它的相关选项，其中各选项的功能如下。

- 【笔刷】 ：绘制与着色的笔刷笔触相似的曲线。
- 【类别】 符号 ：为所选的艺术笔工具选择一个类别，如图 2.24 所示。
- 【笔刷笔触】 ：可以选择想要应用的笔刷笔触效果，如图 2.25 所示。

图 2.24　【类别】下拉菜单　　　　　图 2.25　笔刷笔触

- 【浏览】 ：单击该按钮即可弹出【浏览文件夹】对话框，如图 2.26 所示，可以选择外部自定义的艺术画笔笔触文件夹。
- 【保存艺术笔触】 ：将当前绘图页中，选中的图形另存为自定义笔触，单击该按钮即可弹出【另存为】对话框，如图 2.27 所示。
- 【删除】 ：删除自定义的艺术笔触。
- 【手绘平滑】 ：在创建手绘曲线时主要用于控制笔触的平滑度，其数值范围为 0～100，数值越低笔触路径就越曲折，节点就越多；反之，笔触路径就越圆滑，节点就越少，路径就越平滑。
- 【笔触宽度】 50.0 mm ：用于调整笔触的宽度。调整范围是 0.762～254mm。

图 2.26 【浏览文件夹】对话框

图 2.27 【另存为】对话框

2.3.3 喷涂工具

选择工具箱中的【艺术笔工具】，在属性栏中单击【喷涂】按钮，在右侧将显示它的相关选项。下面介绍喷涂工具的使用方法。

(1) 新建一个文档，选择工具箱中的【艺术笔工具】，在属性栏中单击【喷涂】按钮，将【喷涂类别】定义为【植物】，将【喷射图样】设置为绿色的树，将【喷涂顺序】定义为【顺序】，然后在绘图页中绘制图形，如图 2.28 所示。

(2) 将【喷涂顺序】定义为【随机】，然后在绘图页中绘制其他图形，如图 2.29 所示。

图 2.28 绘制图形

图 2.29 绘制其他图形

2.3.4 书法工具

在【艺术笔工具】的属性栏中单击【书法】按钮，可以在绘制线条时模拟钢笔书法的效果。在绘制书法线条时，其粗细会随着笔头的角度和方向的改变而改变。使用【形状工具】可以改变所选书法控制点的角度，从而改变绘制线条的角度，并控制书法线条的粗细。

下面介绍书法工具的使用方法。

(1) 新建一个文件，选择工具箱中的【艺术笔工具】，在属性栏中单击【书法】按钮，将【书法角度】设置为30°，在绘图页中书写文字，如图 2.30 所示。

(2) 确定新书写的文字处于选择状态，在默认调色板中为其填充颜色，如图 2.31 所示。

(3) 在绘图页的空白处单击鼠标，取消对象的选择。

图 2.30 书写文字

图 2.31 填充颜色

2.3.5 压力工具

选择【艺术笔工具】后，在属性栏中单击【压力】按钮 ，可以模拟使用压力感笔画的绘图效果。其绘制的线条带有曲边，压力工具与书法工具的属性栏类似，只是缺少了【书法角度】设置项。设置的宽度代表线条的最大宽度。

使用压力工具绘图的方法如下。

(1) 新建一个文件，选择工具箱中的【艺术笔工具】 ，在属性栏中单击【压力】按钮 ，在绘图页中书写文字，并将【笔触宽度】设置为 10，如图 2.32 所示。

(2) 在工具箱中选择【选择工具】 ，选择绘图页中的所有文字；然后在默认的 CMYK 调色板中单击色块，为绘制的文字填充颜色；最后在空白处单击鼠标，取消选择，如图 2.33 所示。

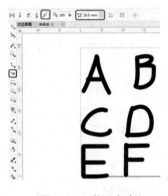

图 2.32 书写文字

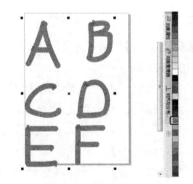

图 2.33 完成后的效果

2.4 钢 笔 工 具

使用【钢笔工具】 可以绘制各种线段、曲线和复杂的图形，也可以对绘制的图形进行修改。

在工具箱中选择【钢笔工具】，如果未在绘图页中选择或绘制任何对象，其属性栏中的部分选项为不可用状态，只有在绘图页面中绘制并选中对象后，其属性栏中的一些不可用的选项才会成为可用选项，如图 2.34 所示。

| X: 12.393 mm | ↔ 17.639 mm | 100.0 % | | ↶ .0 | | 山 昌 淇 邶 | △ .2 mm |
| Y: 238.031 mm | ↕ 14.111 mm | 100.0 % | | | | | |

图2.34 选择对象后的属性栏

钢笔工具的基本操作有以下两种。

(1) 绘制直线。

在绘图页中单击一点作为直线的第一点，移动鼠标指针至其他位置再次单击作为第二点，即可绘制出一条直线。继续单击可以绘制连续的直线，双击或者按 Esc 键均可结束绘制，如图2.35所示。

(2) 绘制曲线。

创建第一点后，按住鼠标左键并拖曳鼠标指针可以绘制曲线，同时将显示控制柄和控制点以便调节曲线的方向，双击或者按 Esc 键均可结束绘制，如图2.36所示。

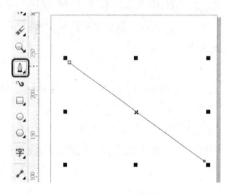

图2.35 绘制直线   图2.36 绘制曲线

用【钢笔工具】绘制完图形后，可以在属性栏中对绘制的图形进行设置。属性栏中的各项功能介绍如下。

- 【对象远点】：定位或缩放对象时，设置要使用的参考点。在绘制图形后，在该按钮图标的任意定位点单击，可以更改绘制的图形参考点。
- 【对象位置】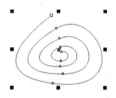：通过设置 x 和 y 坐标确定对象在页面中的位置。
- 【对象大小】：设置对象的宽度和高度。
- 【缩放因子】：以百分比的形式更改对象的大小。
- 【锁定比率】：当缩放和调整对象大小时，保留原来的宽高比率。
- 【旋转角度】：设置选中对象的旋转角度。
- 【水平镜像】：从左至右翻转对象。
- 【垂直镜像】：从上至下翻转对象。
- 【预览模式】：画线段时对其进行预览。
- 【自动添加或删除节点】：单击线段时可添加节点，单击节点时可删除节点。
- 【轮廓宽度】：设置对象的轮廓宽度。

2.5 使用折线工具绘图

使用折线工具可以绘制各种直线段、曲线与各种形状的复杂图形。

与钢笔工具不同的是：折线工具可以像使用手绘工具一样按下左键一直拖动，以绘制出所需的曲线，也可以通过不同位置的两次单击得到一条直线段。而钢笔工具则只能通过单击并移动或单击并拖动来绘制直线段、曲线与各种形状的图形，并且它在绘制的同时可以在曲线上添加锚点，同时按住 Ctrl 键还可以调整锚点的位置以达到调整曲线形状的目的。

> **注 意**
>
> 使用手绘工具时，在按下鼠标左键并将鼠标指针一直拖至所需的位置，松开左键即可完成绘制；而使用折线工具时，在按下鼠标左键并将鼠标指针拖至所需的位置松开左键后，还可以继续绘制，直到返回到起点处单击或双击为止。

在工具箱中选择【折线工具】 🖊️，即可在属性栏中显示它的相关选项，如图 2.37 所示。【折线工具】与【手绘工具】的属性栏基本相同，只是【手绘平滑】选项不可用。

图 2.37 折线工具属性栏

折线工具的使用方法如下。

(1) 按 Ctrl+N 组合键新建一个文档，在工具箱中选择【折线工具】 🖊️，绘制八角星图形，如图 2.38 所示。

(2) 在右侧的默认调色板中单击黄色色块，即可为绘制的图形填充颜色，如图 2.39 所示。

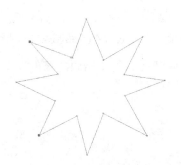

图 2.38 绘制图形

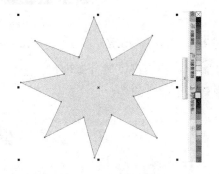

图 2.39 设置填充颜色

(3) 在色块上右击，即可为绘制的图形设置轮廓的颜色，如图 2.40 所示。

(4) 在工具箱中选择【形状工具】 🖊️，按住 Ctrl 键调整图形的锚点，如图 2.41 所示。

(5) 制作完成后，按住 Ctrl+S 组合键将场景文件保存。

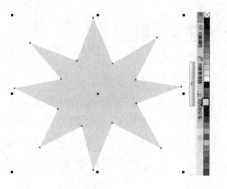

图 2.40　设置轮廓颜色　　　　　　　　　　图 2.41　调整后的效果

2.6　3 点曲线工具

使用【3 点曲线工具】可以绘制各种弧度的曲线或饼形。【3 点曲线工具】的具体操作方式如下。

在工具箱中选择【3 点曲线工具】，然后根据需要在属性栏中设置轮廓宽度，在绘图页中的适当位置按下左键并向所需方向拖动鼠标指针，如图 2.42 所示，达到所需的长度后松开左键，再向直线两旁的任意位置移动，如图 2.43 所示，得到所需的弧度后单击，即可绘制完成这条曲线，效果如图 2.44 所示。

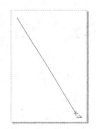　　　　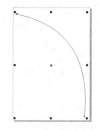

图 2.42　定义弧线位置　　　图 2.43　定义弧线宽度　　　图 2.44　绘制完成的弧线效果

绘制好曲线后可以通过属性栏改变它的属性，也可以在默认 CMYK 调色板或颜色泊坞窗中直接更改它的颜色。

2.7　智　能　工　具

使用【智能填充工具】可以很容易地为两个图形的重叠部分填充颜色，同时可以将填充颜色的区域创建成一个新的对象，即通过填充创建新对象，如图 2.45 所示。

使用工具箱中的【智能绘图工具】可以将手绘笔触转换为基本形状或平滑的曲线，在属性栏中设置【形状识别等级】和【智能平滑等级】可以对使用【智能填充工具】绘制的笔触进行不同级别的优化，并将它们转换为对象。

在属性栏中设置【轮廓宽度】数值后，使用【智能填充工具】绘制笔触时，【智能填充工具】将根据设置的【轮廓宽度】进行绘制，在对笔触进行优化并将笔触转换为对象时，将会增大绘制的笔触轮廓。例如，设置【轮廓宽度】为 10，然后在绘图页中绘制一个矩形，则优化后将会增大轮廓宽度，如图 2.46 所示。

图 2.45　智能填充颜色

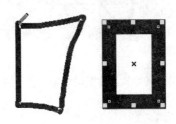

图 2.46　智能工具绘制的图形

2.7.1　智能填充工具属性栏

在工具箱中选择【智能填充工具】 后，属性栏中就会显示它的相关选项，如图 2.47 所示。在属性栏的【填充选项】和【轮廓】中均包括【使用默认值】、【指定】、【无】三个选项，选择【指定】可以在属性栏中直接设置【填充选项】或【轮廓】的颜色以及【轮廓宽度】。

图 2.47　智能填充工具属性栏

2.7.2　使用智能填充工具为复杂图像填充颜色

使用【智能填充工具】 的方法如下。

(1) 按住 Ctrl+N 组合键，创建一个空白文档，在工具箱中选择【智能填充工具】，绘制一个图形，如图 2.48 所示。

(2) 在工具箱中选择【智能填充工具】 ，在属性栏中单击【填充色】下拉按钮 ，选择要填充的颜色，如图 2.49 所示。在弹出的颜色面板中单击【更多】按钮，可以选择更多的颜色。

图 2.48　绘制图形

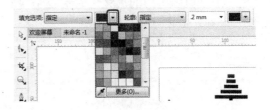

图 2.49　选择颜色

(3) 将鼠标指针移动到图形中的空白区域单击，即可将此空白区域填充为设置的颜色，效果如图 2.50 所示。

(4) 使用相同的方法为其他区域填充颜色，填充后的效果如图 2.51 所示。

图 2.50　为指定区域填充颜色

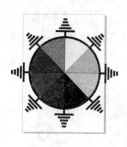

图 2.51　完成后的效果

(5) 制作完成后，按 Ctrl+S 组合键将场景保存。

2.7.3　使用智能绘图工具绘图

在工具箱中选择【智能绘图工具】  ，在属性栏将显示它的相关选项，如图 2.52 所示。

图 2.52　智能绘图工具属性栏

使用智能绘图工具绘制圆形与正方形的方法如下。

(1) 在工具箱中选择【智能绘图工具】 ，在属性栏中单击【形状识别等级】下拉按钮，选择【最高】，然后将鼠标指针移动到绘图页中，按下鼠标左键并拖动绘制一个近似圆的形状，如图 2.53 所示。松开左键后系统将会自动将其识别为圆形，如图 2.54 所示。

图 2.53　绘制近似圆形的图形

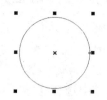

图 2.54　识别为圆形

(2) 绘制一个近似四边形的形状，如图 2.55 所示，松开鼠标左键后系统会自动将其识别为正方形，如图 2.56 所示。

图 2.55　绘制一个近似四边形

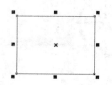

图 2.56　识别为正方形

2.8 矩形工具组

使用【矩形工具】 ▢ 绘制图形的方法是，沿对角线拖动鼠标来绘制。矩形绘制完成后，可以在属性栏中设置宽度和高度精确调整矩形的大小，还可以在属性栏中将某个或所有边角变成圆角的形状，从而制作圆角矩形对象。使用【3 点矩形工具】 ▱ 可以绘制出菱形与平行四边形。

2.8.1 矩形工具

在工具箱中选择【矩形工具】 ▢ ，在属性栏中设置矩形的边角圆滑度与轮廓宽度，然后在绘图页中按下鼠标左键向右下方向拖动鼠标，拖动到所需的大小后松开鼠标左键，即可得到所需的矩形。

> **提 示**
>
> 配合键盘上的 Ctrl 键进行绘制，即可绘制正方形。

2.8.2 3 点矩形工具

使用【3 点矩形工具】 ▱ 可以通过 3 个点来确定矩形的长度、宽度与旋转位置，其中前两个点可以指定矩形的一条边长与旋转角度，最后一点用来确定矩形宽度。此工具的属性栏与【矩形工具】的属性栏完全相同。

下面练习【3 点矩形工具】的操作方法。

(1) 新建一个文档，在工具箱中选择【3 点矩形工具】 ▱ ，然后按住 Ctrl 键的同时在绘图页中按下鼠标左键不放，拖动鼠标指针至矩形的第二点，如图 2.57 所示。

(2) 继续按住 Ctrl 键，松开鼠标并移动鼠标指针至第三点的位置单击，如图 2.58 所示。

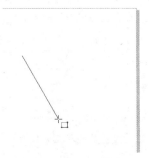

图 2.57　确定矩形的两个点

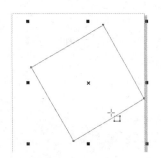

图 2.58　确定矩形的高度

(3) 在属性栏中将【旋转角度】设置为 45°，如图 2.59 所示。

(4) 在默认调色板中单击红色色块，为其填充颜色，并将其轮廓设置为黑色，如图 2.60 所示。

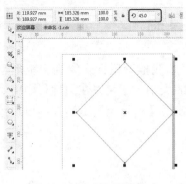

图 2.59　确定矩形的宽度

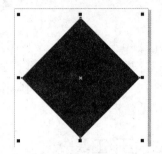

图 2.60　为绘制的矩形填充颜色

提示

使用【3点矩形工具】拖动鼠标指针时按住 Ctrl 键，可以强制基线的角度以 15°的增量变化。

2.9　椭圆形工具组

使用【椭圆形工具】可以绘制椭圆、圆形、饼图和弧线。在工具箱中选择【椭圆形工具】，在属性栏中即可显示它的选项参数。

下面通过绘制一个简单图形介绍椭圆工具的使用方式。

(1) 新建一个文档，在工具栏中单击【椭圆形工具】按钮，按住 Ctrl 键的同时拖动鼠标指针，在绘图页中绘制一个圆，如图 2.61 所示。

(2) 在属性栏中，将起始和结束角度分别设置为 350°、300°，然后单击【饼图】按钮，如图 2.62 所示。

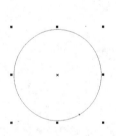

图 2.61　绘制圆形

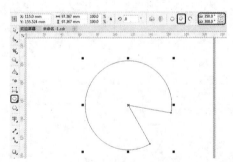

图 2.62　设置起始和结束角度

(3) 在默认调色板中，单击洋红色色块，然后右击洋红色色块，为绘制的圆形填充颜色和轮廓颜色，如图 2.63 所示。

(4) 再次在工具箱中单击【椭圆形工具】按钮，按住 Ctrl 键在绘图页中绘制一个圆，并调整其位置，如图 2.64 所示。

(5) 在默认调色板中，单击黑色色块，为绘制的圆填充颜色，在空白处单击鼠标，取消绘制图形的选择状态，效果如图 2.65 所示。

图 2.63 填充颜色

图 2.64 绘制圆

图 2.65 完成后的修改

下面介绍弧的绘制方法。

(1) 选择工具箱中的【椭圆形工具】 ◯ ，在属性栏中将【轮廓宽度】设置为 2mm，在绘图页中绘制椭圆，如图 2.66 所示。

(2) 确定新绘制的形状处于选择状态，在属性栏中单击【弧】按钮 ◯ ，在属性栏中将起始和结束角度分别设置为 45°、135°，然后调整图形的位置，完成后的效果如图 2.67 所示。

图 2.66 绘制椭圆

图 2.67 设置弧的角度并调整位置

下面介绍【3 点椭圆形工具】的使用方法。

【3 点椭圆形工具】与【3 点矩形工具】的绘制方法类似，使用【3 点椭圆形工具】 ◯ ，可以快速地绘制出任意角度的椭圆形。

(1) 新建一个文档，在工具箱中选择【3 点椭圆形工具】 ◯ ，在绘图页中单击并拖动，松开鼠标确定椭圆的第二点，如图 2.68 所示。

(2) 再次拖动鼠标确定椭圆的宽度，单击鼠标完成椭圆的绘制，并填充任意颜色，如图 2.69 所示。

图 2.68 确定椭圆的两点

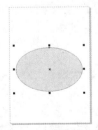

图 2.69 确定椭圆的宽度

2.10   多边形工具组

使用【多边形工具】可以绘制等边多边形。在工具箱中选择【多边形工具】，在属性栏中将显示【多边形工具】的选项参数，既可以先在属性栏中进行设置，然后再在绘图页中绘制，也可以直接在绘图页中拖动出一个多边形后再更改参数。

下面介绍【多边形工具】的使用方法。

(1) 新建一个文档，在工具箱中单击【多边形工具】按钮，在属性栏中将【点数或边数】设置为 6，然后在绘图页中单击指定第一点并按住鼠标左键拖动鼠标指针，如图 2.70 所示。

(2) 将多边形调整至合适的大小后松开鼠标，在默认调色板中单击黄色色块，为图形填充颜色，然后右击橘红色色块设置轮廓颜色，效果如图 2.71 所示。

(3) 确定图形处于选择状态，按数字键盘区中的+键复制图形，对其进行多次复制，然后使用【选择工具】调整复制图形的位置，效果如图 2.72 所示。

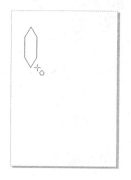

图 2.70　绘制多边形

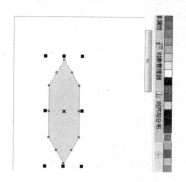

图 2.71　填充颜色

图 2.72　复制并调整后的效果

2.11   星形工具组

【星形工具】组主要包括【星形工具】和【复杂星形工具】。在工具箱中选择【星形工具】后，在属性栏中将显示其选项参数。

2.11.1 使用星形工具绘图

下面介绍【星形工具】 ⚝ 的使用方式。

(1) 新建一个文档，在工具箱中按住【多边形工具】不放，在弹出的快捷菜单中选择【星形工具】 ⚝，然后在绘图页中的适当位置单击并向对角拖曳，绘制星形，如图 2.73 所示。到适当的位置松开鼠标左键，完成后的效果如图 2.74 所示。

图 2.73　拖曳鼠标绘制星形

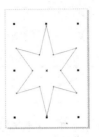

图 2.74　松开鼠标绘制完成

(2) 确定新绘制的图形处于选择状态，在默认调色板中单击黄色色块，然后右击绿色色块，完成后的效果如图 2.75 所示。

(3) 在属性栏中将【点数或边数】设置为 9，将【锐度】设置为 90，如图 2.76 所示。

图 2.75　设置填充颜色和轮廓颜色

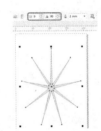

图 2.76　设置星形属性

2.11.2 使用复杂星形工具绘图

下面再来介绍复杂星形工具的基本用法。

(1) 启动软件后按 Ctrl+O 组合键，在打开的对话框中选择 CDROM\素材\第 2 章\六芒星.cdr 素材文件。在工具箱中选择【多边形工具】，在弹出的快捷菜单中选择【复杂星形工具】 ✿，按住 Ctrl+Shift 组合键，在绘图页中图形的中心处按下鼠标左键进行拖动，绘制图形，如图 2.77 所示。到适当的位置松开鼠标左键，完成后的效果如图 2.78 所示。

图 2.77　绘制图形

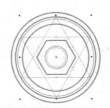

图 2.78　绘制完图形后的效果

(2) 确定新绘制的图形处于选择状态，在属性栏中将【点数或边数】设置为 6，将【轮廓宽度】设置为 2mm，如图 2.79 所示。

(3) 在默认调色板中右击青色色块，为图形设置轮廓颜色，完成后的效果如图 2.80 所示。

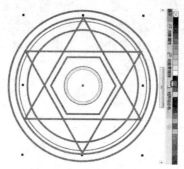

图 2.79　设置属性　　　　　　　　　图 2.80　设置轮廓颜色

2.12　图纸工具与螺纹工具

2.12.1　绘制网格

使用【图纸工具】可以绘制网格。在工具箱中选择【图纸工具】，在属性栏中将显其选项参数，如图 2.81 所示。在【图纸行和列数】微调框中输入所需的行数与列数，在绘制时将根据设置的属性绘制出表格。

图 2.81　【图纸工具】的属性栏

下面通过绘制成绩单介绍【图纸工具】的用法。

(1) 按住 Ctrl+N 组合键，新建一个空白文档，在属性栏中将图纸的行和列分别设置为 3 和 6，按 Enter 键确定，然后在绘图区绘制一个网格，如图 2.82 所示。

(2) 在工具箱中选择【文字工具】，在文档中输入文字，并设置文字的参数，设置后的效果如图 2.83 所示。

(3) 继续使用【文字工具】输入其他的文字以及数字，完成后的效果如图 2.84 所示。

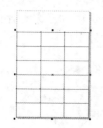

图 2.82　绘制网格　　　　图 2.83　输入文字　　　　图 2.84　最终效果

2.12.2　绘制螺纹线

使用【螺纹工具】 可以绘制螺纹线，下面简单介绍绘制螺纹的步骤。

(1) 新建文件后，在工具箱中选择【螺纹工具】 ，在绘图页中按下鼠标并拖动，拖动至合适的位置松开鼠标，螺纹线效果如图 2.85 所示。

(2) 按 F12 键打开【轮廓笔】对话框，在弹出的对话框中将【颜色】设置为【绿色】，设置完成后单击【确定】按钮，如图 2.86 所示。设置完成后的效果如图 2.87 所示。

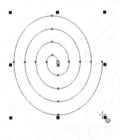

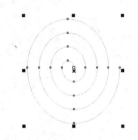

图 2.85　螺纹线效果　　　　　图 2.86　设置轮廓参数　　　　图 2.87　设置完轮廓后的效果

2.13　度 量 工 具

使用度量工具，可以测量绘制图形的长度、宽度、角度，为我们在绘图过程中提供参考信息。

2.13.1　测量对象的宽度

在工具箱中单击【平行度量】按钮 ，在属性栏中将显示其选项参数，如图 2.88 所示。

图 2.88　【平行度量】工具的属性栏

使用该工具可以测量任意方向的图形尺寸，如水平的图形、垂直的图形、倾斜的图形。例如，使用该工具测量一个三角形的尺寸，如图 2.89 所示。

使用该工具时，应在被测量图形的一点上单击鼠标并拖动至目标点，如图 2.90 所示。在目标点松开鼠标，即可完成测量，如图 2.91 所示。

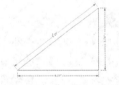

图 2.89　使用【平行度量】工具测量

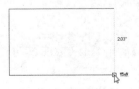

图 2.90　拖至目标点

图 2.91　测量后的效果

下面介绍使用【水平或垂直度量】工具 进行测量的步骤。

(1) 按 Ctrl+N 键组合，新建一个空白文档，并在文档中绘制一个图形，如图 2.92 所示。

(2) 在工具箱中选择【水平或垂直度量】工具，将鼠标指针移动到图形的测量起点，此时会出现一个蓝色小方块或圆圈，如图 2.93 所示，捕捉到第一点后，单击鼠标左键确定第一点的位置。

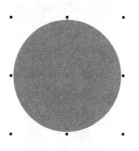

图 2.92　绘制的图形　　　　　　　　　　图 2.93　自定义起点

(3) 在第一点按住鼠标左键并将鼠标指针拖曳到另一个顶点，如图 2.94 所示。在该点上单击后向左侧移动到适当位置，如图 2.95 所示，再次单击即可绘制一条标注线，同时还会用文字进行标注，效果如图 2.96 所示。

(4) 使用【选择工具】 可以调整完成后的度量标注，并可以在属性栏中进行相关的设置。

图 2.94　拖曳到另一个点　　　图 2.95　向左移动鼠标指针　　　图 2.96　单击完成度量

提 示

用户可以为标注添加前缀或后缀，在【尺寸的前缀】文本框中可以输入尺度的前缀，在【尺寸的后缀】文本框中可以输入尺度的后缀。【水平或垂直度量】工具与【平行度量】工具的操作方法都类似于自动度量工具的操作方法。

2.13.2　测量对象的角度

下面来介绍如何测量对象的角度。

(1) 继续上面的操作，在工具箱中选择【角度工具】，对刚标注过的对象进行角度标注，将鼠标指针移到圆心处捕捉圆心，如图 2.97 所示。

(2) 捕捉到圆心后按住鼠标左键并拖动，捕捉圆形的边缘确定第一点，如图 2.98 所示，松开鼠标即可确定角度线的长度。

图 2.97 捕捉圆心

图 2.98 确定角度线的长度

(3) 继续捕捉圆形边缘上的其他点，如图 2.99 所示，单击即可确定。

(4) 向圆形图形的右下方继续拖动鼠标指针，确定标注的距离，如图 2.100 所示，然后单击鼠标即可完成该角度的测量。

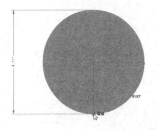

图 2.99 捕捉第二条角度线的点

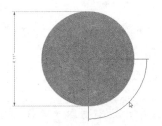

图 2.100 确定标注的距离

2.13.3 对相关对象进行标注说明

下面介绍对相关对象进行标注说明的操作。

(1) 继续上节所讲的内容进行操作，选择【3 点标注工具】 ，将鼠标指针移至要进行标注说明的对象上按住鼠标左键并拖动，如图 2.101 所示。

(2) 拖动鼠标指针至想要放置标注拉伸引线的位置松开鼠标，在水平方向移动一段距离，确定输入文字的起点位置，如图 2.102 所示，最后单击确定位置。

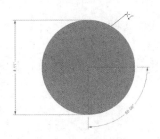

图 2.101 确定标注位置

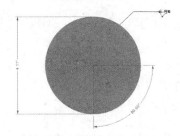

图 2.102 设置文字后的效果

(3) 确定文字输入起点后会出现提示文本输入的光标，如图 2.103 所示；接着输入文字，标注说明就完成了。

(4) 选中标注说明的文字，可以在属性栏中对文字的字体和大小、颜色等格式进行设置。使用【选择工具】 ，分别选中标注线和文字，在默认调色板中单击和右击色块，为标注线与文字填充不同的颜色，效果如图 2.104 所示。

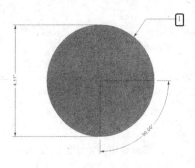

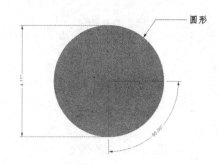

图 2.103　确定文字输入起点　　　　　图 2.104　设置标注颜色

2.14　使用交互式连线工具绘图

使用【直线连接器】、【直角连接器】、【圆直角连接符】工具，连接不同图形的操作如下。

(1) 按 Ctrl+N 组合键，新建一个空白文档，在绘图区绘制几个图形并填充颜色，如图 2.105 所示。

(2) 在工具箱中选择【直线连接器】，在绘图页中的黄色矩形的连接点按下鼠标左键，将鼠标指针拖至红色圆形的连接点上松开鼠标，如图 2.106 所示。

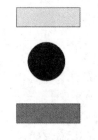

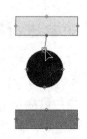

图 2.105　绘制图形　　　　　　　图 2.106　连接图形

(3) 使用同样的方法，分别使用【直角连接器】、【圆直角连接符】工具对图形进行连接，效果如图 2.107 所示。

(4) 在工具箱中选择【选择工具】，对图形位置进行调整，可以看到连接器会跟随移动，效果如图 2.108 所示。

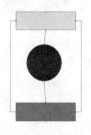

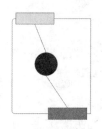

图 2.107　连接图形效果　　　　　图 2.108　调整图形的位置

2.15　基本形状的绘制

使用基本形状工具可以绘制各种各样的基本图形，如箭头形状、流程图形状、标题形状、标注形状等。

按住鼠标左键在画面上拖动可以创建一个对象；按住 Ctrl 键的同时按下鼠标左键拖动可以限制纵横比；按住 Shift 键的同时按住鼠标左键可以从中心开始绘制图形。

2.15.1　使用基本形状工具绘图

使用【基本形状】工具绘图的操作如下。

(1) 在工具箱中按住【多边形工具】，在弹出的快捷菜单中选择【基本形状工具】，然后在其属性栏中单击【完美形状】按钮，在弹出的面板中选择一种图形，如图 2.109 所示

(2) 在绘图区按住左键并拖动，将鼠标指针拖至合适的大小后松开左键，即可绘制一个形状，如图 2.110 所示。

(3) 在默认调色板中右击橘红色块，为其添加橘红色外轮廓，然后使用【智能填充工具】为如图 2.111 所示的区域填充橘红色。

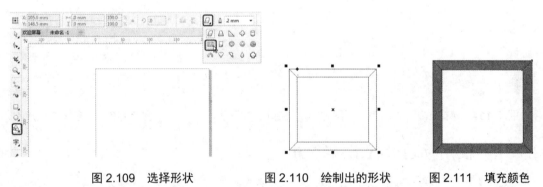

图 2.109　选择形状　　　　图 2.110　绘制出的形状　　　　图 2.111　填充颜色

2.15.2　使用箭头形状工具绘图

使用【箭头形状工具】绘制图形的步骤如下。

(1) 继续上一节绘制的图形进行操作，在工具箱中选择【箭头形状工具】，在属性栏中单击【完美形状】按钮，在弹出的面板中选择一种形状，如图 2.112 所示。

(2) 在绘图页中的图形中，按下鼠标左键拖动绘制图形，并为其填充洋红色块，效果如图 2.113 所示。

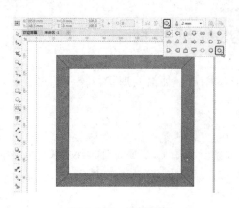

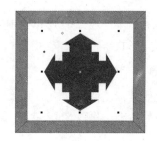

图 2.112　选择形状　　　　　　　　　　　图 2.113　绘制图形并填充

2.15.3　使用流程图形状工具绘图

使用【流程图形状工具】绘制图形的操作如下。

(1) 新建文件后，在工具箱中选择【流程图形状工具】，并在属性栏中单击【完美形状】按钮，在弹出的面板中选择一种形状，如图 2.114 所示。

(2) 在绘图页中，按下鼠标左键并拖动鼠标指针至适当的位置松开鼠标，即可绘制出一个形状，如图 2.115 所示。

(3) 在默认调色板中，为绘制的形状填充黄色，效果如图 2.116 所示。

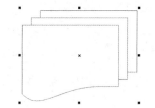

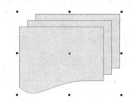

图 2.114　选择形状　　　　　图 2.115　绘制出的形状　　　　图 2.116　为形状填充颜色

2.15.4　使用标题形状工具绘图

使用【标题形状工具】绘制图形并输入文字的操作如下。

(1) 在工具箱中选择【标题形状工具】，并在其属性栏中单击【完美形状】按钮，在弹出的面板中选择一种形状，如图 2.117 所示。

(2) 在绘图页中按下鼠标左键并拖动，将鼠标指针拖至合适的位置松开鼠标，绘制的图形如图 2.118 所示。

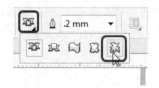

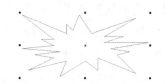

图 2.117　选择形状　　　　　　　　图 2.118　绘制出的形状效果

（3）为绘制的形状填充黄色，将其轮廓设置为红色，效果如图 2.119 所示。

（4）在工具箱中选择【文字工具】字，在图形中输入文字，在其属性栏中设置【字体列表】和【字体大小】，然后为文字填充红色，效果如图 2.120 所示。

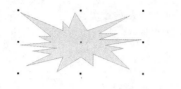

图 2.119　为形状填充颜色效果

图 2.120　最终效果

2.16　上　机　实　践

通过前面对基础知识的学习，用户应该对常用绘制工具有了简单的认识，下面通过实例练习来巩固基础知识的学习。

2.16.1　制作足球

本例将介绍足球的制作，该例的制作比较简单，主要使用【椭圆形工具】◯、【形状工具】、【多边形工具】◯、【阴影工具】◻，完成后的效果如图 2.121 所示。

（1）新建一个宽度、高度分别为 219mm、141mm 的横向文档，然后单击【确定】按钮，如图 2.122 所示。

图 2.121　最终效果

（2）在工具箱中选择【椭圆形工具】◯，在绘图页中拖出一个椭圆，在属性栏中将【对象大小】的宽度设置为 82.432mm、高度设置为 81.477mm，在默认调色板中单击填充任意颜色，并将轮廓颜色设置为无，如图 2.123 所示。

图 2.122　创建横向文档

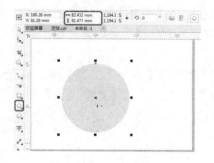

图 2.123　绘制椭圆

（3）在工具箱中选择【多边形工具】◯，在绘图区绘制一个多边形，在属性栏中将【对象大小】的宽度设置为 28.87mm、高度设置为 27.691mm，将 X 设置为 100.535mm、Y 设置为 66.109mm，将【点数或边数】设置为 5，如图 2.124 所示。

（4）在工具箱中选择【形状工具】，在绘图页中选中多边形的一个控制点，如图 2.125 所示，按 Delete 键删除控制点。

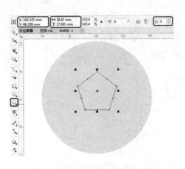

图 2.124　绘制多边形

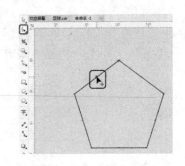

图 2.125　删除控制点

（5）使用【选择工具】选择绘制的多边形，按 Ctrl+Q 组合键将图形转换为曲线。然后使用【形状工具】选中多边形上的一个控制点，在属性栏中单击【转换为曲线】按钮，如图 2.126 所示。

（6）将多边形转换为曲线后，即可显示控制点的控制柄，使用【形状工具】通过控制柄对图形进行调整，效果如图 2.127 所示。

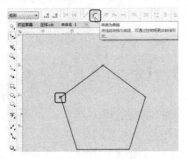

图 2.126　单击【转换为曲线】按钮

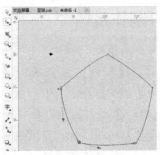

图 2.127　调整曲线

（7）选中图形后按 F11 键，打开【编辑填充】对话框，在该对话框中单击【均匀填充】按钮，将【模型】设置为 CMYK，在右侧将 CMYK 值设置为 100、100、100、100，设置完成后单击【确定】按钮，如图 2.128 所示，然后在默认调色板中将曲线的轮廓颜色设置为无。

（8）继续使用【多边形工具】，在绘图区绘制一个多边形，在属性面板中将【旋转角度】设置为 90°，将【对象大小】的宽度设置为 34.61mm、高度设置为 27.133mm，将 X 设置为 100.51mm、Y 设置为 39.525mm，将【点数或边数】设置为 6，如图 2.129 所示。

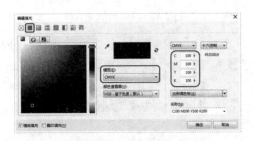

图 2.128　编辑填充颜色

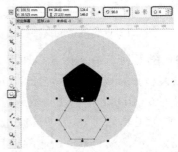

图 2.129　绘制并设置多边形

(9) 使用【形状工具】 ，选中多边形两角点之间的控制点，如图 2.130 所示，按 Delete 键删除。

(10) 使用【选择工具】选择绘制的多边形，按 Ctrl+Q 组合键将图形转换为曲线。然后使用【形状工具】选中多边形的任意控制点，在属性栏中单击【转换为曲线】按钮 ，并使用【形状工具】 调整控制点，如图 2.131 所示。

(11) 按 F11 键打开【编辑填充】对话框，在该对话框中单击【渐变填充】按钮 ，在渐变条上通过双击添加色标，色标的位置分别为 19%、47%、69%、99%，如图 2.132 所示。

(12) 将 0%位置处色标的 CMYK 值设置为 27、11、14、75，将 19%位置处色标的 CMYK 值设置为 15、7、8、54，将 47%位置处色标的 CMYK 值设置为 4、3、3、33，将 69%位置处色标的 CMYK 值设置为 2、2、2、16，将 99%位置处色标的 CMYK 值设置为 1、1、2、4，将 100%位置处色标的 CMYK 值设置为 2、3、4、7。在【类型】区域下单击【椭圆形渐变填充】按钮 ，取消选中【自由缩放和倾斜】复选框，将【填充宽度】设置为 407.825%，将 X 设置为 42%、Y 设置为 163%，如图 2.133 所示，然后取消它的轮廓颜色。

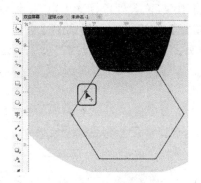

图 2.130　删除控制点

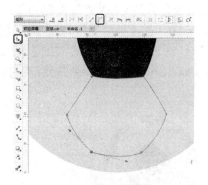

图 2.131　调整控制点

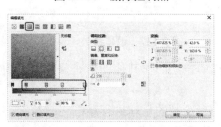

图 2.132　添加滑块

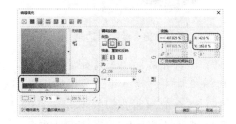

图 2.133　设置参数

(13) 设置完成后单击【确定】按钮，使用同样的方法制作其他图形对象并填充颜色，效果如图 2.134 所示。

(14) 打开【对象管理器】泊坞窗，选择【图层 1】中除椭圆形以外的所有曲线，按 Ctrl+G 组合键即可组合对象，如图 2.135 所示。

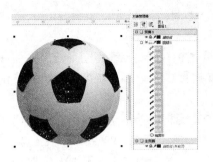

图 2.134　制作其他对象

图 2.135　组合对象

(15) 在位于足球顶端的黑色六边形区域内使用相同的方法绘制一个六边形，按 F11 键打开【编辑填充】对话框，在该对话框中单击【渐变填充】按钮 ，在渐变条上通过双击添加色标，色标的位置分别为 11%、28%、59%，如图 2.136 所示。

(16) 将 0%位置处色标的 CMYK 值设置为 27、11、14、75，将 11%位置处色标的 CMYK 值设置为 15、7、8、54，将 28%位置处色标的 CMYK 值设置为 4、3、3、33，将 59%位置处色标的 CMYK 值设置为 2、2、2、16，将 100%位置处色标的 CMYK 值设置为 0、0、0、0。在【类型】区域下单击【椭圆形渐变填充】按钮 ，取消选中【自由缩放和倾斜】复选框，将【填充宽度】设置为 668.375%，将 X 设置为 47%、Y 设置为 171.001%，如图 2.137 示，然后取消它的轮廓颜色。

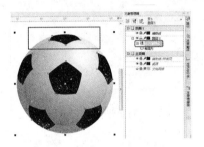

图 2.136　绘制六边形

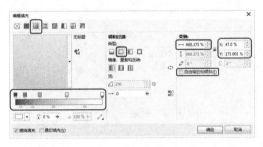

图 2.137　设置参数

(17) 设置完成后单击【确定】按钮，使用同样的方法制作其他图形对象并填充颜色，然后将新绘制的对象合并，效果如图 2.138 所示。

(18) 综合前面所介绍的不同工具的使用方法，对绘制的足球进行精细化，绘制出高光与阴影区域的过渡效果，使它更具有立体感，效果如图 2.139 所示。

图 2.138　制作其他对象

图 2.139　制作足球的高光阴影过渡效果

(19) 在【对象管理器】泊坞窗中，选择【图层 1】中最底层的【椭圆形】，然后在工具箱中选择【阴影工具】 ，在椭圆形的中心处水平向右拖动至椭圆形的边缘，即可拖出阴影，在属性栏中将【阴影的不透明度】设置为 100，如图 2.140 所示。

至此，足球就制作完成了，对文档进行保存即可。

图 2.140　添加阴影

2.16.2　绘制风景

本例将使用【选择工具】、【形状工具】、【钢笔工具】、【矩形工具】、【椭圆工具】、【多边形工具】来绘制风景，效果如图 2.141 所示。

(1) 新建一个宽度为 420mm、高度为 297mm 的文档，然后单击【确定】按钮，如图 2.142 所示。

(2) 在工具箱中选择【矩形工具】 ，在绘图页中绘制一个矩形，在属性栏中将【对象大小】的宽度设置为 420mm、高度设置为 254mm，将 X 设置为 210mm、Y 设置为 170mm，如图 2.143 所示。

图 2.141　最终效果

图 2.142　新建文档

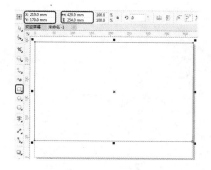

图 2.143　绘制矩形

(3) 按 F11 键打开【编辑填充】对话框，单击【渐变填充】按钮 ，将渐变条最左侧的色标设置为白色，将右侧色标的 CMYK 值设置为 85、0、0、0，在【变换】区域下取消选中【自由缩放和倾斜】复选框，将【填充宽度】设置为 90.833%，将 X 设置为 0、Y 设置为 4.583%，将【旋转】设置为 90°，然后选中【缠绕填充】复选框，单击【确定】按钮，如图 2.144 所示，然后取消轮廓颜色的填充。

(4) 在工具箱中选择【折线工具】 ，在绘图页中绘制对象，绘制完成后，在属性栏中将【对象大小】的宽度设置为 320.655mm、高度设置为 69.161mm，将 X 设置为 259.672mm、Y 设置为 34.342mm，效果如图 2.145 所示。

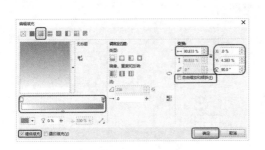

图 2.144　设置参数

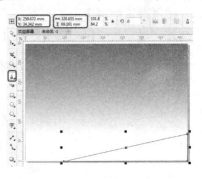

图 2.145　绘制折线

（5）在工具箱中选择【形状工具】 ，在绘图页中选中折线对象的任意控制点，在属性栏中单击【转换为曲线】按钮 ，继续使用【形状工具】 调整曲线的控制点，调整后的效果如图 2.146 所示。

（6）使用【选择工具】选中曲线，按 F11 键打开【编辑填充】对话框，单击【渐变填充】按钮 ，将 0%位置处色标的 CMYK 值设置为 54、0、100、30，将 100%位置处色标的 CMYK 值设置为 36、0、100、16，取消中选【自由缩放和倾斜】复选框，在【变换】区域下将【填充宽度】设置为 112.159%，将 X 设置为 7.754%、Y 设置为 54.421%，将【旋转】设置为 81.9°，选中【缠绕填充】复选框，然后单击【确定】按钮，如图 2.147 所示。

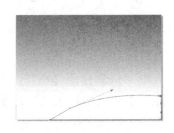

图 2.146　绘制矩形

（7）取消曲线的轮廓填充，使用同样的方法制作另一个相似的对象，完成后的效果如图 2.148 所示。

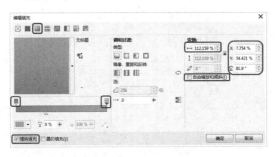

图 2.147　设置参数

图 2.148　制作相似对象

（8）在工具箱中选择【矩形工具】 ，在绘图页中绘制矩形，按 Ctrl+Q 组合键将其转换为曲线，在工具箱中选择【形状工具】 ，在绘图页中选中矩形的任意控制点，在属性栏中单击【转换为曲线】按钮 ，然后继续使用【形状工具】 调整曲线的控制点，调整后的效果如图 2.149 所示。

（9）按 F11 键打开【编辑填充】对话框，单击【均匀填充】按钮 ，将【模型】设置为 CMYK，将 CMYK 值设置为 43、52、80、38，选中【缠绕填充】复选框，然后单击【确定】按钮，如图 2.150 所示，最后将轮廓颜色设置为无。

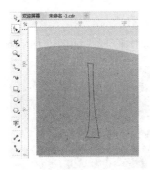

图 2.149　绘制矩形并调整

图 2.150　设置编辑填充参数

(10) 使用选择工具选中对象，在属性栏中，将【对象大小】的宽度设置为 15.902mm、高度设置为 82.256mm，将 X 设置为 63.528mm、Y 设置为 60.017mm，如图 2.151 所示。

(11) 在工具箱中选择【多边形工具】，在绘图页中绘制多边形，在属性栏中将【点数或边数】设置为 11，按 Ctrl+Q 组合键将其转换为曲线，然后使用【形状工具】选中多边形对象的任意两个控制点，在属性栏中单击【转换为曲线】按钮，并调整控制点和控制柄，调整后的效果如图 2.152 所示。

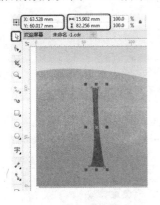

图 2.151　调整对象位置和大小

图 2.152　绘制多边形并调整

(12) 按 F11 键打开【编辑填充】对话框，单击【均匀填充】按钮，将【模型】设置为 CMYK，将 CMYK 值设置为 47、0、100、20，选中【缠绕填充】复选框，然后单击【确定】按钮，如图 2.153 所示，最后将轮廓颜色设置为无。

(13) 使用【椭圆工具】绘制一个圆形并填充白色，将轮廓颜色设置为无，效果如图 2.154 所示。

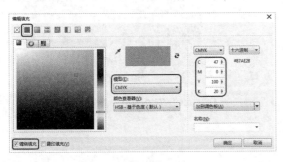

图 2.153　编辑填充颜色

图 2.154　绘制其他图形

(14) 使用同样的方法制作其他的效果，如图 2.155 所示。

(15) 在工具箱中选择【钢笔工具】 ，然后在绘图页中绘制图形，如图 2.156 所示。

图 2.155　制作其他效果

图 2.156　绘制对象

(16) 在工具箱中选择【形状工具】调整刚绘制图形的控制点，调整后的效果如图 2.157 所示。

(17) 按 F11 键打开【编辑填充】对话框，单击【均匀填充】按钮 ，将【模型】设置为 CMYK，将 CMYK 值设置为 0、0、100、0，选中【缠绕填充】复选框，然后单击【确定】按钮，如图 2.158 所示，最后将轮廓颜色设置为无。

图 2.157　调整对象

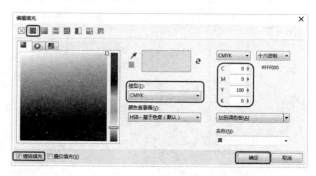

图 2.158　设置参数

(18) 使用同样的方法，绘制其他图形并填充不同的颜色，完成后的效果如图 2.159 所示。

(19) 综合前面介绍的方法，绘制其他图形，完成后的效果如图 2.160 所示。

图 2.159　绘制图形并填充颜色

图 2.160　最终效果

思 考 题

1. 贝塞尔工具与钢笔工具有哪些不同之处？
2. 用椭圆形工具组是否可以绘制出正圆？
3. 在绘制直线的过程中按住什么键可以捕捉角度？

第 3 章　CorelDRAW X7 的辅助工具

CorelDRAW 程序中的【缩放工具】、【平移工具】、【颜色滴管工具】、【交互式填充工具】、标尺功能、辅助线功能、网格功能与动态辅助线等是帮助用户查看与绘制图形的工具，熟练掌握它们可以提高工作效率。

3.1　缩 放 工 具

利用【缩放工具】可以对当前页面中的对象进行缩放操作，下面通过实例操作来介绍缩放工具的应用。

(1) 选择【文件】|【导入】命令，将随书附带光盘中的 CDROM\素材\第 3 章\LPL01.jpg文件导入场景，如图 3.1 所示。

(2) 选择工具箱中的【缩放工具】，将鼠标指针移动到绘图区域中的素材上，此时鼠标指针变为放大状态，如图 3.2 所示。

图 3.1　导入的素材文件　　　　　　　　图 3.2　鼠标呈现放大状态

(3) 在素材上单击鼠标左键即可将素材放大，放大后的效果如图 3.3 所示。也可以单击属性栏中的【放大】按钮，将素材放大显示。

(4) 按下鼠标右键，鼠标指针变为缩小状态，如图 3.4 所示。松开鼠标右键后单击素材即可将其缩小，缩小后的效果如图 3.5 所示。也可以单击属性栏中的【缩小】按钮来缩小素材。

图 3.3　放大图像后的效果　　　　图 3.4　鼠标呈现 状态　　　　图 3.5　缩放图像后的效果

3.2　平 移 工 具

平移工具的主要作用是平移窗口，单击工具箱中的【平移工具】按钮，此时鼠标指针会变成手的形状，按住鼠标左键并拖曳，即可移动窗口中的图像。具体的操作步骤如下。

(1) 按 Ctrl+I 组合键执行导入命令，将随书附带光盘中的 CDROM\素材\第 3 章\LPL02.jpg 文件导入场景，如图 3.6 所示。

图 3.6　导入的素材文件

(2) 使用工具箱中的【缩放工具】，将导入的素材放大显示，如图 3.7 所示。

(3) 选择工具箱中的【平移工具】，在图形上单击并按住鼠标左键拖动，即可在绘图区移动图形，如图 3.8 所示。

图 3.7　放大图像

图 3.8　移动图像

3.3　颜色滴管工具与交互式填充工具

滴管工具分为两种，一种是颜色滴管工具，另一种是属性滴管工具。使用滴管工具可以为对象拾取需要填充的颜色，而使用交互式填充工具可以根据需要为对象设置颜色。

3.3.1　颜色滴管工具

下面通过实例介绍颜色滴管工具的用法。

(1) 按 Ctrl+I 组合键执行导入命令，将随书附带光盘中的 CDROM\素材\第 3 章\LPL03.jpg 文件导入场景，并调整素材的位置，如图 3.9 所示。

(2) 选择工具箱中的【基本形状工具】，在属性栏中选择完美形状定义心形形状，在绘图页中绘制图形，完成后的效果如图 3.10 所示。

图 3.9　导入素材

图 3.10　绘制心形

(3) 选择工具箱中的【颜色滴管工具】，此时鼠标指针变成 形状，在如图 3.11 所示的位置处拾取颜色。

(4) 拾取完成后，将鼠标指针移至绘制的图形上，此时鼠标指针变成 形状，单击鼠标左键，即可将拾取的颜色填充到新绘制的图形上，如图 3.12 所示。

图 3.11　拾取颜色

图 3.12　填充颜色

3.3.2　交互式填充工具

下面通过实例介绍交互式填充工具的用法。

(1) 按 Ctrl+I 组合键执行导入命令，将随书附带光盘中的 CDROM\素材\第 3 章\LPL03.jpg 文件导入场景，并调整素材的位置。选择工具箱中的【基本形状工具】 ，在属性栏中将完美形状定义为心形 形状，在绘图页中绘制图形，完成后的效果如图 3.13 所示。

(2) 选择工具箱中的【交互式填充工具】 ，在属性面板中单击【均匀填充】按钮，单击【填充色】按钮，在弹出的下拉列表中将颜色模式设置为 CMYK，将 CMYK 值设置为 2、66、51、0，即可为绘制的图形填充刚刚设置的颜色，效果如图 3.14 所示。

图 3.13　绘制形状

图 3.14　填充颜色

3.4　使　用　标　尺

默认情况下，标尺显示在绘图窗口的左侧和顶部，按住 Ctrl+Shift 组合键并在标尺上按住鼠标左键拖动，即可移动标尺，如图 3.15 所示。

图 3.15　移动标尺

3.4.1　更改标尺原点

更改标尺原点的方法如下。

(1) 按 Ctrl+I 组合键，打开【导入】对话框，在该对话框中选择随书附带光盘中的 CDROM\素材\第 3 章\LPL04.jpg 文件，如图 3.16 所示。

图 3.16　【导入】对话框

(2) 在标尺栏左上角的交叉点处按住鼠标左键拖动，在拖动时会出现一个十字线，如图 3.17 所示。

(3) 到达特定点后松开鼠标左键，该特定点即成为标尺的新原点，如图 3.18 所示。

图 3.17　拖动标尺

图 3.18　定义新原点位置后的效果

3.4.2　更改标尺设置

标尺设置的更改方法如下。

(1) 继续使用上节的案例进行介绍，在标尺栏上双击，即可弹出【选项】对话框，如图 3.19 所示。在其中可以设置标尺的单位、原点位置、记号划分以及微调距离等。

(2) 在【单位】选项组中将【水平】单位设置为【厘米】，如图 3.20 所示，其他为默认值，单击【确定】按钮，即可更改标尺的单位，如图 3.21 所示。

图 3.19 【选项】面板

图 3.20 设置单位

图 3.21 改变【标尺】单位后的效果

3.5 使用辅助线与网格

辅助线是可以放置在绘图窗口中任意位置的线条，用来帮助放置对象。辅助线分为三种类型：水平、垂直和倾斜。可以显示/隐藏添加到绘图窗口中的辅助线。添加辅助线后，还可对辅助线进行选择、移动、旋转、锁定或删除操作。

辅助线总是使用为标尺指定的测量单位。

网格就是一系列交叉的虚线或点，可用于在绘图窗口中精确地对齐和定位对象。通过指定频率或间距，可以设置网格线或网格点之间的距离。频率是指在水平和垂直单位之间显示的线数或点数。间距是指每条线或每个点之间的精确距离。高频率值或低间距值有利于更精确地对齐和定位对象。

3.5.1 设置辅助线

通过标尺设置辅助线的步骤如下。

(1) 按 Ctrl+I 组合键导入随书附带光盘中的 CDROM\素材\第 3 章\LPL05.jpg 素材文件，移动鼠标指针到水平标尺上，按住鼠标左键不放并向下拖曳，如图 3.22 所示。

(2) 释放鼠标即可创建一条水平的辅助线，如图 3.23 所示。

通过【选项】对话框设置辅助线的步骤如下。

(1) 在标尺上双击，即可打开【选项】对话框，如图 3.24 所示。

(2) 在左边的目录栏中选择【辅助线】选项下的【水平】选项，在右边的【水平】栏的第一个文本框中输入 120，单击【添加】按钮，即可将该数值添加到下方的列表框中，如图 3.25 所示。

图 3.22　向下拖曳标尺　　　　　　　　图 3.23　创建辅助线

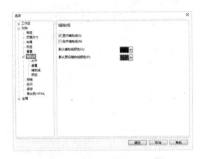

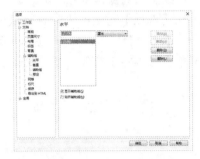

图 3.24　【选项】对话框　　　　　　　　图 3.25　设置水平辅助线参数

　　(3) 在左边的目录栏中单击【垂直】选项，在右边的【垂直】栏的第一个文本框中输入 120，单击【添加】按钮，即可将该数值添加到下方的列表框中，如图 3.26 所示。

　　(4) 设置完成后单击【确定】按钮，即可在相应的位置添加辅助线，完成后的效果如图 3.27 所示。

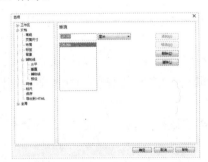

图 3.26　设置垂直辅助线参数　　　　　　图 3.27　设置完成后的效果

3.5.2　移动辅助线

　　移动辅助线的方法有两种，具体的操作如下。

　　(1) 选择工具箱中的【选择工具】 ，然后移动鼠标指针到辅助线上，此时鼠标指针变为如图 3.28 所示的形状。

　　(2) 按住鼠标左键向右拖动，如图 3.29 所示。松开鼠标左键即可完成辅助线的移动，完成后的效果如图 3.30 所示。

图 3.28　将鼠标指针移动到辅助线上　　图 3.29　移动辅助线　　图 3.30　移动辅助线后的效果

下面再来介绍另一种移动辅助线的方法。

(1) 继续上面的操作进行移动，确定垂直的辅助线处于选择状态。

(2) 在【选项】对话框中，选择【辅助线】选项下的【垂直】选项，在文本框中输入 300，单击【移动】按钮，如图 3.31 所示。

(3) 单击【确定】按钮，即可将辅助线移动到 300 位置处，完成后的效果如图 3.32 所示。

图 3.31　设置垂直移动距离　　　　　　图 3.32　移动后的效果

3.5.3　旋转辅助线

下面我们来讲解如何旋转辅助线。

(1) 打素材文件 LPLC1.cdr，任意拖曳出两条辅助线，单击垂直的辅助线，即可出现辅助线旋转的状态，如图 3.33 所示。

(2) 将鼠标指针移动到辅助线的旋转坐标上，按住鼠标左键进行旋转，如图 3.34 所示。旋转后的效果如图 3.35 所示。

图 3.33　辅助线处于旋转状态　　图 3.34　旋转垂直辅助线　　图 3.35　旋转后的效果

3.5.4　显示或隐藏辅助线

继续上一节的操作进行讲解。

(1) 在空白处单击鼠标，取消辅助线的选择状态，如图 3.36 所示。

(2) 选择菜单栏中的【视图】|【辅助线】命令，即可隐藏辅助线，如图 3.37 所示。

图 3.36　取消辅助线的选择状态

图 3.37　隐藏辅助线后的效果

3.5.5　删除辅助线

要删除辅助线，应首先选择工具箱中的选择工具，然后在绘图页中选择想要删除的辅助线，等辅助线变成红色后(表示选择了这条辅助线)，按 Delete 键即可。

提示

在【选项】对话框中单击【删除】按钮，也可以将辅助线删除。如果要选择多条辅助线，可以配合键盘上的 Shift 键单击辅助线。

3.5.6　显示或隐藏网格

在菜单栏中执行【视图】|【网格】|【文档网格】命令，可以显示/隐藏网格。如图 3.38 所示为显示网格时的状态。

3.5.7　设置网格

下面介绍网格的设置。

(1) 在标尺上双击，弹出【选项】对话框，如图 3.39 所示，可以在该对话框中对网格进行详细设置。

图 3.38　显示网格效果

图 3.39　【选项】对话框

(2) 选择【网格】选项，在【文档网格】选项组中选中【将网格显示为点】单选按钮，其余参数使用默认设置，如图 3.40 所示。单击【确定】按钮，即可将网格以点的形式显示在绘图窗口中，效果如图 3.41 所示。

图 3.40　选中【将网格显示为点】单选按钮　　　　图 3.41　网格以点的形式显示

3.6　使用动态辅助线

在 CorelDRAW X7 中，可以使用动态辅助线准确地移动、对齐和绘制对象。动态辅助线是临时辅助线，可以从对象的中心、节点、象限和文本基线中生成。

3.6.1　启用与禁止动态辅助线

在菜单栏中选择【视图】|【动态辅助线】命令，可以显示/隐藏动态辅助线。当【动态辅助线】命令前显示对号时，表示已经启用了动态辅助线，如图 3.42 所示；如果【动态辅助线】命令前没有对号，则表示已经禁用了动态辅助线，如图 3.43 所示。

图 5.42　启用动态辅助线命令　　　　图 5.43　禁用动态辅助线命令

3.6.2　使用动态辅助线

下面介绍动态辅助线的使用方法。

(1) 选择菜单栏中的【视图】|【动态辅助线】命令，如图 3.44 所示。

(2) 选择工具箱中的【艺术笔工具】 ，在属性栏中单击【喷涂】按钮 ，在喷涂列表中选择一种喷涂笔刷，然后在绘图页中绘制图形，如图 3.45 所示。

图 3.44　选择【动态辅助线】命令　　　　　　图 3.45　绘制图形

(3) 选择【选择工具】 ，沿动态辅助线拖动对象，可以查看对象与用于创建动态辅助线的贴齐点之间的距离，如图 3.46 所示。

(4) 松开鼠标左键完成图形的移动，如图 3.47 所示。

图 3.46　沿动态辅助线拖动对象　　　　　　图 3.47　移动后的对象

思　考　题

1. 滴管工具分为几种？分别是什么？
2. 辅助线有几种？分别是什么？添加辅助线后可对辅助线进行哪些操作？
3. 如何利用缩放工具对对象进行放大和缩小？

第4章 文 本 处 理

CorelDRAW X7 具有强大的文本处理功能。使用 CorelDRAW X7 中的【文本工具】字可以方便地对文本进行首字下沉、段落文本排版、文本绕图和将文字填入路径等操作。

4.1 创 建 文 本

在工具箱中选择【文本工具】字，在属性栏中就会显示出与其相关的选项。其属性栏中各选项的说明如下。

- 字体列表：在绘图窗口中选择文本后，可以直接在该下拉列表中选择所需的字体。
- 字体大小列表：在绘图窗口中选择文本后，可以直接在字体大小列表中选择所需的字体大小；也可以直接在该文本框中输入 1～3000 之间的数字来设置字体的大小。
- 【粗体】按钮 B：单击选中该按钮，可以将选择的文字或将输入的文字加粗。
- 【斜体】按钮 I：单击选中该按钮，可以将选择的文字倾斜；取消该按钮的选择，可以将选择的倾斜文字还原。
- 【下划线】按钮 U：单击选中该按钮，可以为选择的文字或之后输入的文字添加下划线；取消该按钮的选择，可以为选择的下划线文字清除下划线。
- 【文本对齐】按钮 ：单击该按钮，可以选择所需的对齐方式。
- 【项目符号列表】按钮 ：单击选中该按钮，可以为所选的段落添加项目符号，再次单击该按钮取消选择状态，即可隐藏项目符号。
- 【首字下沉】按钮 ：单击该按钮呈选择状态时，可以将所选段落的首字下沉；再次单击该按钮取消选择状态时，可取消首字下沉。
- 【文本属性】按钮 A：单击该按钮，弹出【字符格式化】泊坞窗，可以在其中为字符进行格式化。
- 【编辑文本】按钮 abl：单击该按钮，弹出【编辑文本】对话框，可以在其中对文本进行编辑。
- 【将文本更改为水平方向】按钮 和【将文本更改为垂直方向】按钮 ：用于设置使文本呈水平方向排列或呈竖直方向排列。

下面通过一个小实例来介绍文本工具的使用方法。

(1) 按 Ctrl+N 组合键，在弹出的对话框中将【宽度】、【高度】分别设置为1024mm、768mm，将页面设置为横向，将【渲染分辨率】设置为 72dpi，单击【确定】按钮，如图 4.1 所示。

(2) 按 Ctrl+I 组合键，在弹出的对话框中选择随书附带光盘中的 CDROM\素材\第 4 章\WB1.jpg 素材图片，单击【导入】按钮，如图 4.2 所示。

图 4.1　新建文档　　　　　　　　　　　　　图 4.2　【导入】对话框

(3) 在工具箱中单击【文本工具】按钮，在绘图区中单击鼠标，在绘图页中输入文本"田园风光"，使用【选择工具】选择文字，然后在属性栏中单击【将文本更改为垂直方向】按钮，如图 4.3 所示。

(4) 选择新创建的文本，在属性栏中将【字体】设置为【汉仪中楷简】，将【字体大小】设置为 100pt，然后调整文本的位置，效果如图 4.4 所示。

(5) 在工具箱中单击【交互式填充工具】按钮，在属性栏中单击【均匀填充】按钮，将填充色的 CMYK 值设置为 0、60、80、0，完成后的效果如图 4.5 所示。

图 4.3　输入文本　　　　　图 4.4　设置文本后的效果　　　　图 4.5　填充完渐变颜色后的效果

4.2　编　辑　文　本

在菜单栏中选择【文本】|【编辑文本】命令，在弹出的【编辑文本】对话框中可以对文本进行编辑，编辑文本的操作步骤如下。

(1) 使用【文本工具】，在绘图页中创建文本，如图 4.6 所示。

(2) 选择工具箱中的【选择工具】，然后选择绘图页中刚创建的文本，单击属性栏中的【编辑文本】按钮，弹出【编辑文本】对话框，如图 4.7 所示。

(3) 在对话框中选择所有的文字，将【字体】设置为【华文新魏】，将【字体大小】设置为 35pt，单击　　按钮，在弹出的下拉列表中选择【中】选项，如图 4.8 所示。

(4) 设置完成后单击【确定】按钮，效果如图 4.9 所示。

依稀忆恋，温暖的双手托起成长的天空。晨光熠熠，泥土的芳香伴随着厨间飘逸的饭菜香味，阵阵袭来。美满的早晨就在妈妈轻手轻脚的摆弄中开始。每天，都能闻到幸福的味道。

图 4.6　创建文本

图 4.7　【编辑文本】对话框

依稀忆恋，温暖的双手托起成长的天空。晨光熠熠，泥土的芳香伴随着厨间飘逸的饭菜香味，阵阵袭来。美满的早晨就在妈妈轻手轻脚的摆弄中开始。每天，都能闻到幸福的味道。

图 4.8　编辑文本

图 4.9　设置完成后的效果

4.3　段 落 文 本

为了适应编排各种复杂版面的需要，CorelDRAW 中的段落文本应用了排版系统的框架理念，可以任意地缩放、移动文字框架。

4.3.1　输入段落文本

输入段落文本之前必须先画一个段落文本框。段落文本框可以是一个任意大小的矩形虚线框，输入的文本受文本框大小的限制。输入段落文本时如果文字超过了文本框的宽度，文字将自动换行。如果输入的文字量超过了文本框所能容纳的大小，那么超出的部分将会隐藏起来。输入段落文本的具体操作步骤如下。

(1) 选择工具箱中的【文本工具】字，将鼠标指针移动到页面上的适当位置，按住鼠标左键拖曳出一个矩形框。释放鼠标，这时在文本框的左上角将显示一个文本光标，如图 4.10 所示。

(2) 输入所需要的文本，在此文本框内输入的文本即为段落文本，如图 4.11 所示。

> **提 示**
>
> 按键盘上的 F8 键也可以启用文本工具。

(3) 选择工具箱中的【选择工具】，然后在页面的空白位置单击即可结束段落文本的操作，如图 4.12 所示。

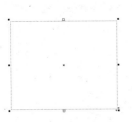

图 4.10　绘制文本框 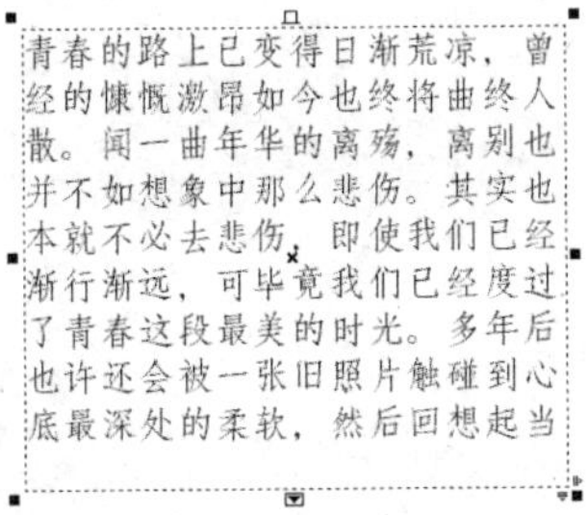　　　　　图 4.11　输入文本 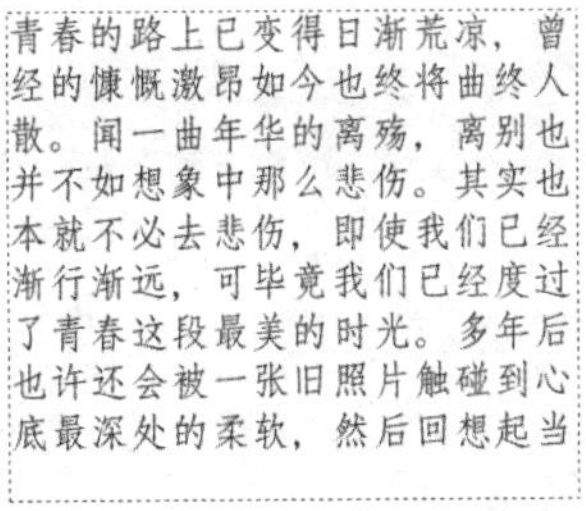　　　　　图 4.12　输入的段落文本效果

4.3.2　段落文本框的调整

如果创建的文本框不能容纳所输入的文字内容，则可通过调整文本框来解决，具体的操作步骤如下。

(1) 选择工具箱中的【选择工具】，单击段落文本，将文本框的范围和控制点显示出来。

(2) 在文本框的控制点 □ 按住鼠标左键拖曳，即可增加或者缩短文本框的长度，也可以拖曳其他的控制点来调整文本框的大小。

(3) 如果文本框下方中间的控制点变成 ▼ 形状，则表示文本框中的文字没有完全显示出来，如图 4.13 所示；若文本框下方中间的控制点变成 □ 形状，则表示文本框内的文字已全部显示出来了，如图 4.14 所示。

图 4.13　文字没有完全显示出来的效果 　　　　　图 4.14　文字全部显示出来的效果

4.3.3　文本框文字的链接

将一个框架中隐藏的段落文本放到另一个框架中的具体操作步骤如下。

(1) 输入段落文本，并且文本框中的文字没有全部显示出来，如图 4.15 所示。

(2) 使用【选择工具】，在文本框下方中间的控制点 ▼ 上单击，等指针变成 形状后，在页面的适当位置按下鼠标左键拖曳出一个矩形，如图 4.16 所示。

(3) 松开鼠标后，会出现另一个文本框，未完全显示的文字会自动地流向新的文本框，如图 4.17 所示。

青春的路上已变得日渐荒凉，曾经的慷慨激昂如今也终将曲终人散。闻一曲年华的离殇，离别也并不如想象中那么悲伤。其实也本就不必去悲伤，即使我们已经渐行渐远，可毕竟我们已经度过了青春这段最美的时光。多年后

青春的路上已变得日渐荒凉，曾经的慷慨激昂如今也终将曲终人散。闻一曲年华的离殇，离别也并不如想象中那么悲伤。其实也本就不必去悲伤，即使我们已经渐行渐远，可毕竟我们已经度过了青春这段最美的时光。多年后

也许还会被一张旧照片触碰到心底最深处的柔软，然后回想起当初我们青涩的模样，那时真的会忍不住感叹时光的力量，它让曾经最亲近的我们如今天各一方。

图 4.15　创建的段落文本　　　　图 4.16　拖曳矩形框　　　　图 4.17　完成后的效果

4.4　使文本适合路径

使用 CorelDRAW 中的文本适合路径功能，可以将文本对象嵌入不同类型的路径中，使文字具有更多变化的外观。此外，还可以设置文字排列的方式、文字的走向及位置等。

4.4.1　直接将文字填入路径

直接将文字填入路径的操作步骤如下。

(1) 选择工具箱中的【钢笔工具】，在绘图页中绘制一条曲线，并对曲线进行调整，调整后的效果如图 4.18 所示。

(2) 选择工具箱中的【文本工具】字，然后将鼠标指针移动到曲线上，等指针变成如图 4.19 所示的状态后单击。

(3) 输入所需文字，这时文字会随着曲线的弧度变化，如图 4.20 所示。

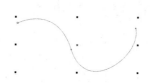

图 4.18　绘制并调整曲线　　　图 4.19　移动鼠标指针到曲线上　　　图 4.20　输入完成后的效果

4.4.2　用鼠标将文字填入路径

通过拖曳鼠标右键的方式将文字填入路径的操作步骤如下。

(1) 选择工具箱中的【钢笔工具】，在绘图页中绘制一条曲线，如图 4.21 所示。

(2) 选择工具箱中的【文本工具】字，在曲线的下方输入一段文字，如图 4.22 所示。

(3) 选择工具箱中的【选择工具】，将鼠标指针移动到文字上，然后按住鼠标右键将其拖曳到曲线上，鼠标指针将变成如图 4.23 所示的形状。

(4) 松开鼠标右键，在弹出的快捷菜单中选择【使文本适合路径】命令，如图 4.24 所示。

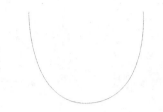

图 4.21　绘制曲线

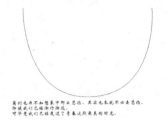

图 4.22　输入文字

图 4.23　将文字拖曳至曲线上

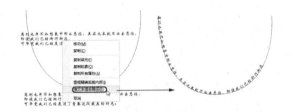

图 4.24　选择【使文本适合路径】命令

(5) 使用【文本工具】在绘图页中选定文本，然后在属性栏中将【字体大小】设置为 39pt，如图 4.25 所示。

(6) 使用【选择工具】在空白处单击，取消文字的选择，观察文字路径的效果，如图 4.26 所示。

图 4.25　调整字体大小

图 4.26　完成后的效果

4.4.3　使用传统方式将文字填入路径

使用传统方式将文字填入路径的操作步骤如下。

(1) 将绘图区颜色的 CMYK 值设置为 0、20、100、0，选择工具箱中的【椭圆形工具】，在绘图页中绘制椭圆，如图 4.27 所示。

(2) 选择工具箱中的【文本工具】，在椭圆形的下方输入一段文字，将字体设置为【华文新魏】，将字体大小设置为 45pt，如图 4.28 所示。

(3) 确定文字处于选择状态，选择菜单栏中的【文本】|【使文本适合路径】命令，然后将鼠标指针放置到椭圆形路径上，如图 4.29 所示。

(4) 在椭圆形路径上单击鼠标，即可将文字沿椭圆形路径放置，完成后的效果如图 4.30 所示。

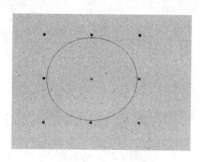

图 4.27　绘制椭圆

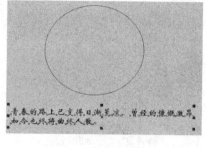

图 4.28　输入文本

图 4.29　鼠标指针放置到椭圆形路径上

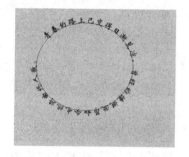

图 4.30　沿椭圆形路径放置文本的效果

4.5　文本适配图文框

在段落文本框或者图形对象中输入文字后，其中的文字大小不会自动随文本框或图形对象的大小进行变化，这时可以通过【使文本适合框架】命令或者调整图形对象来让文本适合框架。

4.5.1　使段落文本适合框架

要使段落文本适合框架，既可以通过改变字体大小使文字将框架填满，也可以通过选择菜单栏中的【文本】|【段落文本框】|【使文本适合框架】命令来实现。选择【使文本适合框架】命令时，如果文字超出了文本框的范围，文字会自动缩小以适应框架；如果文字未填满文本框，文字会自动放大来填满框架；如果在段落文本里使用了不同的字体大小，将保留差别并相应地调整大小以填满框架；如果有链接的文本框使用该项命令，将调整所有链接的文本框中的文字直到填满这些文本框。具体的操作步骤如下。

(1) 选择工具箱中的【文本工具】，在属性栏中设置好字体和字体大小，然后在页面中输入段落文本，如图 4.31 所示。

(2) 确定新创建的文本处于选择状态，执行菜单栏中的【文本】|【段落文本框】|【使文本适合框架】命令，此时系统会按一定的缩放比例自动调整文本框中文字的大小，使文本对象适合文本框架，如图 4.32 所示。

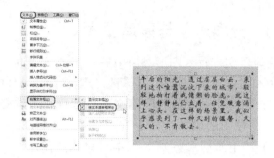

图 4.31　输入文本　　　　　图 4.32　使文本适合框架后的效果

4.5.2　将段落文本置入对象中

将段落文本置入对象中，就是将段落文本嵌入封闭的图形对象中，这样可以使文字的编排更加灵活多样。在图形对象中输入的文本对象，其属性和其他的文本对象一样。具体的操作步骤如下。

(1) 继续使用上面的段落文本进行介绍，选择工具箱中的【基本形状工具】 ，在属性栏中将完美形状定义为 ，然后在段落文本的下方绘制图形，如图 4.33 所示。

(2) 选择工具箱中的【选择工具】 ，将鼠标指针移动到文本对象上，按住鼠标右键将文本对象拖曳到绘制的图形上，当鼠标指针变成如图 4.34 所示的十字环状后释放鼠标，在弹出的快捷菜单中选择【内置文本】命令，如图 4.35 所示。

图 4.33　绘制图形　　　图 4.34　移动文本到图形上　　图 4.35　选择【内置文本】命令

(3) 此时段落文本便会置入图形对象中，如图 4.36 所示。在图中可以看出其中的文本并没有完全显示出来，可以配合 Shift 键调整图形的大小，直至图形中的文字全部显示出来，完成后的效果如图 4.37 所示。

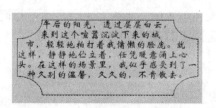

图 4.36　将文本置入图形中　　　　　图 4.37　调整图形的大小

4.5.3　分离对象与段落文本

将段落文本置入图形对象中后，文字将会随着图形对象的变化而变化。如果不想让图形对象和文本对象一起移动，可以分隔它们，具体的操作步骤如下。

（1）继续使用上节的段落文本进行讲解，选择段落文本，执行菜单栏中的【对象】|【拆分路径内的段落文本】命令，将文本和图形分离，如图4.38所示。

（2）接下来即可分别对文本对象或者图形对象进行操作，使用工具箱中的【选择工具】，在绘图页中选择图形，将其向下移动，如图4.39所示。

（3）移动到适当位置处松开鼠标，如图4.40所示。

图4.38　选择【拆分路径内的
段落文本】命令

图4.39　调整图形的位置

图4.40　分离后的效果

4.6　文　本　链　接

在前面已经介绍过使用文本适配图文框的方法，将文本框中的文字完全显示出来。另外，还可以将文本框中没有显示的内容链接到另一个文本框中或者图形对象中，将文本对象完全显示出来。

4.6.1　链接段落文本框

链接段落文本框可以使排版更加方便容易。用户可以根据页面的具体情况，使用段落文本框将版面上的文字的摆放位置事先安排好，然后再将这些文本框链接起来，以使文本对象完全显示。链接文本框中的文本对象的属性是相同的，改变其中的一个文本框的大小，其他文本框中的文本内容也会自动进行调整。具体的操作步骤如下。

（1）选择工具箱中的【文本工具】，在属性栏中将【字体】设置为【汉仪中楷简】，将【字体大小】设置为 40pt，然后在页面中创建一个段落文本框，并输入文字，如图4.41所示。

（2）按 Ctrl+I 组合键，在弹出的对话框中选择随书附带光盘中的 CDROM\素材\第 4 章\WB2.jpg 素材文件，将选择的文件导入页面中，并调整图像的大小和位置，然后在属性栏中单击【文本换行】按钮，在弹出的快捷菜单中选择【跨式文本】命令，如图4.42所示。

（3）使用【选择工具】选择页面中的文本，可以看到文本内容已经超出了文本框的显示范围，如图 4.43 所示。

（4）选择工具箱中的【文本工具】字，在合适的位置再创建两个段落文本框，如图 4.44 所示。

图 4.41　创建文本

图 4.42　选择【跨式文本】命令

图 4.43　选择文本

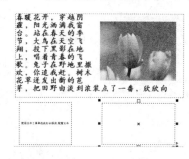

图 4.44　创建文本框

（5）单击上面文本框底部的实心按钮，指针会变成插入链接状态，此时移动鼠标指针到无文本对象的文本框中，指针将变成粗黑色箭头，如图 4.45 所示。

（6）在空白的文本框中单击鼠标左键，即可将隐藏的文本链接到这个文本框中，如图 4.46 所示。

图 4.45　链接文本

图 4.46　链接文本后的效果

（7）选择链接的文本框，单击底端的实心按钮，然后将鼠标指针移动到右下方的文本框上，此时鼠标指针会变成粗黑色箭头的形状，如图 4.47 所示。

（8）在文本框中单击鼠标左键，即可将隐藏的文本链接到这个文本框中，并用一个箭头表示它们之间的链接方向，如图 4.48 所示。

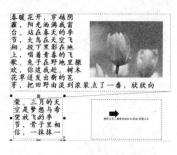

图 4.47   单击实心按钮   图 4.48   链接后的效果

4.6.2   将段落文本框与图形对象链接

文本对象的链接不只限于段落文本框之间，段落文本框和图形对象之间也可以进行链接。当段落文本框中的文本与未闭合路径的图形对象链接时，文本对象将会沿路径进行链接；当段落文本框中的文本内容与闭合路径的图形对象链接时，则会将图形对象作为文本框使用。具体的操作步骤如下。

(1) 使用上一节的文本框和素材图片，如图 4.49 所示。

(2) 选择工具箱中的【矩形工具】，在绘图页中绘制矩形，如图 4.50 所示。

图 4.49   文本框内容   图 4.50   绘制矩形

(3) 单击上面文本框底部的实心按钮，鼠标指针将变成插入链接状态，然后移动鼠标指针到绘制的图形对象内，此时指针将变成粗黑色箭头，如图 4.51 所示。

(4) 在图形内单击，隐藏的文件内容就会流向此图形，并会用一个箭头表示它们之间的链接方向，如图 4.52 所示。

图 4.51   将指针移动到矩形上   图 4.52   链接后的效果

4.6.3   解除对象之间的链接

段落文本框之间或者段落文本框和图形对象之间的链接也可以解除，具体操作如下。

(1) 继续使用前面的链接效果进行讲解，在绘图页中选择文本框对象，如图 4.53 所示。

(2) 执行菜单栏中的【对象】|【拆分段落文本】命令，即可解除文本链接，完成后的
效果如图 4.54 所示。

图 4.53　选择文本

图 4.54　解除链接后的效果

4.7　上　机　实　践

下面通过两个实例来巩固本章所学的内容。

4.7.1　制作房地产广告宣传单

本例将介绍房地产广告宣传单的制作，将段落文本
置入对象中，完成后的效果如图 4.55 所示。

(1) 按 Ctrl+N 组合键，在弹出的对话框中将【宽
度】、【高度】分别设置为 100mm、135mm、将【渲染
分辨率】设置为 300dpi，如图 4.56 所示。

(2) 在工具箱中选择【矩形工具】，在属性栏中单击
【锁定比率】按钮，将绘制矩形的宽和高分别设置为

图 4.55　婚纱影楼活动宣传单效果

49mm、24mm，将 X、Y 分别设置为 28.533mm、120.294mm，如图 4.57 所示。

图 4.56　【创建新文档】对话框

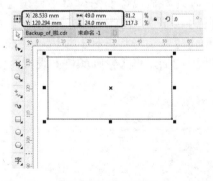

图 4.57　设置矩形

(3) 单击【交互式填充工具】按钮，在属性栏中单击【均匀填充】按钮，然后单
击【填充色】按钮，在弹出的下拉列表中将【颜色模型】设置为 CMYK，将 CMYK 值设
置为 7、23、89、0，如图 4.58 所示。

(4) 在【对象属性】泊坞窗中单击【轮廓】按钮 🖉，将【轮廓宽度】设置为无，完成后的效果如图 4.59 所示。

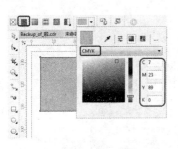

图 4.58　设置填充颜色　　　　　　　　图 4.59　设置轮廓

(5) 单击【文本工具】按钮 字，在绘图区中单击鼠标并输入文字"爱一人 恋一家"，在属性栏中将字体设置为【微软雅黑】，将字体大小设置为 10pt，在【对象属性】泊坞窗中将【均匀填充】设置为白色，然后调整其位置，完成后的效果如图 4.60 所示。

(6) 继续使用【文本工具】，在绘图区中输入文字 Love a person Love a home，在属性栏中将字体设置为【微软雅黑】，将字体大小设置为 10pt，将字体颜色设置为白色。在【对象属性】泊坞窗中单击【段落】按钮 ，将【字符间距】设置为-25%，然后调整文字的位置，效果如图 4.61 所示。

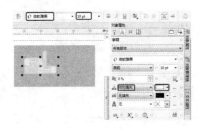

图 4.60　输入汉字并进行调整　　　　　　图 4.61　输入英文并进行调整

(7) 在工具箱中选择【椭圆形工具】 ，按住 Ctrl 键绘制正圆，将宽度、高度都设置为 6mm，在【对象属性】泊坞窗中单击【轮廓】按钮，将【轮廓宽度】设置为 3px，将【轮廓颜色】设置为白色，完成后的效果如图 4.62 所示。

(8) 单击【箭头形状工具】按钮 ，在属性栏中将【完美形状】设置为 ，将【轮廓宽度】设置为 3px，将【轮廓颜色】设置为白色，如图 4.63 所示。

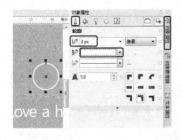

图 4.62　绘制正圆　　　　　　　　　　图 4.63　绘制箭头

(9) 单击【钢笔工具】按钮，绘制图形，完成后的效果如图 4.64 所示。

(10) 按 Ctrl+I 组合键，在弹出的对话框中选择随书附带光盘中的 CDROM\素材\第 4 章\LPL01.jpg 文件，如图 4.65 所示。

图 4.64　绘制完成后的效果

图 4.65　选择素材图片

(11) 单击【导入】按钮，然后在绘图区中选择并调整导入图片的位置和大小，效果如图 4.66 所示。

(12) 选择导入的图片，在菜单栏中选择【对象】|【图框精确剪裁】|【置于图文框内侧】命令，此时鼠标指针变成黑色箭头，将鼠标指针移至刚刚绘制的图形内侧，单击鼠标，在【对象属性】泊坞窗中单击【轮廓】按钮，将【轮廓宽度】设置为无，完成后的效果如图 4.67 所示。

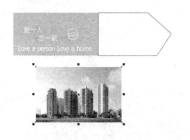

图 4.66　导入图片

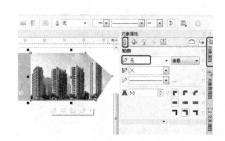

图 4.67　完成后的效果

(13) 在工具箱中选择【文本工具】，在绘图区中输入文字"巢之恋·红星家园"，在属性栏中将字体设置为【微软雅黑】，选择"巢之恋·"文字，将字体大小设置为 15pt，选择"红星家园"文字，将字体大小设置为 12pt，完成后的效果如图 4.68 所示。

(14) 按 Ctrl+I 组合键，在弹出的对话框中选择随书附带光盘中的 CDROM\素材\第 4 章\LPL02.jpg 文件，单击【导入】按钮，如图 4.69 所示。

图 4.68　输入文本后的效果

图 4.69　选择导入的文件

(15) 在绘图区中绘制矩形框，确定图片的大小及位置，完成后的效果如图 4.70 所示。

(16) 在工具箱中选择【矩形工具】，在导入的图片右侧绘制矩形，效果如图 4.71 所示。

图 4.70　导入图片后的效果

图 4.71　绘制矩形

(17) 在工具箱中单击【文本工具】按钮，在绘图区中绘制文本框并输入文本。选择输入的文本，将字体设置为【微软雅黑】，将字体大小设置为 5pt。使用【选择工具】，单击鼠标右键，将文字拖至矩形框内，松开鼠标，在弹出的快捷菜单中选择【内置文本】命令，如图 4.72 所示。

(18) 选择绘制的矩形，在【对象属性】泊坞窗中将【轮廓宽度】设置为无。选择矩形框内的文字，单击【对象属性】泊坞窗中的【段落】按钮，将【行间距】设置为140%，完成后的效果如图 4.73 所示。

图 4.72　选择【内置文本】命令

图 4.73　设置完成后的效果

(19) 使用【矩形工具】，在绘图区中绘制矩形，在属性栏中将宽度、高度分别设置为47mm、5mm。在【对象属性】泊坞窗中单击【填充】按钮，将 CMYK 值设置为 65、24、100、0，如图 4.74 所示。

(20) 选择【文本工具】，在绘图区中输入文字"城市主场 让爱做主"。选中文字，在属性栏中将字体设置为【微软雅黑】，将字体大小设置为 8pt，在调色板中单击，为文字填充白色，然后调整文字的位置，效果如图 4.75 所示。

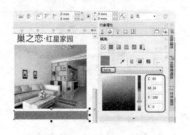

图 4.74　填充颜色

图 4.75　设置文字

(21) 按 Ctrl+I 组合键，在弹出的对话框中选择随书附带光盘中的 CDROM\素材\第 4 章\LPL03.jpg 文件，如图 4.76 所示。

(22) 在绘图区中绘制矩形框确定导入图片的大小和位置，效果如图 4.77 所示。

图 4.76 【导入】对话框

图 4.77 导入图片后的效果

(23) 使用文本工具绘制文本框，然后在文本框中输入文本。选择输入的文本，在属性栏中将字体设置为【微软雅黑】，将字体大小设置为 5pt，完成后的效果如图 4.78 所示。

(24) 使用同样的方法设置其他矩形和文字，完成后的效果如图 4.79 所示。

图 4.78 输入文字

图 4.79 完成后的效果

(25) 按 Ctrl+I 组合键，在弹出的对话框选择 LPL05.png 素材图片，单击【导入】按钮，然后在绘图区中调整导入图片的位置和大小，效果如图 4.80 所示。

(26) 使用文本工具输入文字，选择输入的文字，将其字体设置为【微软雅黑】，将字体大小设置为 6pt，完成后的效果如图 4.55 所示。

(27) 至此，宣传单就制作完成了，将场景导出即可。

图 4.80 导入图片后的效果

4.7.2 制作咖啡生活馆招聘简章

本例将介绍如何制作咖啡生活馆招聘简章，主要使用文本工具创建段落文字，以及使用【钢笔工具】绘制图形，完成后的效果如图 4.81 所示。

(1) 按 Ctrl+N 组合键，在弹出的对话框中将文件名设置为"咖啡生活馆招聘简章"，将【宽度】、【高度】分别设置为 500mm、700mm，将【原色模式】设置为 CMYK，将【渲染分辨率】设置为 300dpi，如图 4.82 所示。

(2) 单击【确定】按钮，在菜单栏中选择【布局】|【页面背景】命令，打开【选项】对话框，选中【纯色】单选按钮，单击右侧的颜色块，在弹出的下拉列表中选择【更多】选项，在弹出的对话框中将模型设置为 CMYK，将 CMYK 值设置为 40、70、100、50，单击【确定】按钮，如图 4.83 所示。

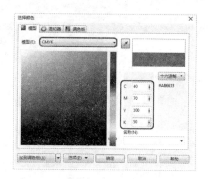

图 4.81　咖啡生活馆招聘简章　　　　图 4.82　新建文档　　　　　　　图 4.83　设置颜色

(3) 单击【确定】按钮，返回到【选项】对话框中，单击【确定】按钮，此时页面更改为刚刚设置的颜色，效果如图 4.84 所示。

(4) 在工具箱中选择【钢笔工具】，在绘图区中绘制如图 4.85 所示的图形。

图 4.84　更改完成后的效果　　　　　　图 4.85　绘制图形

(5) 使用【选择工具】选择刚刚绘制的图形，在【对象属性】泊坞窗中单击【轮廓】按钮，将【轮廓宽度】设置为无，单击【填充】按钮，单击【均匀填充】按钮，将【颜色模型】设置为 CMYK，将 CMYK 值设置为 5、12、33、0，如图 4.86 所示。

(6) 继续使用【钢笔工具】绘制图形，将【轮廓宽度】设置为无，将填充颜色的 CMYK 值设置为 40、70、100、50，完成后的效果如图 4.87 所示。

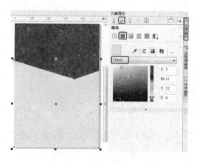

图 4.86　绘制图形并进行填充　　　　　图 4.87　设置完成后的效果

(7) 按 Ctrl+I 组合键，在弹出的对话框中选择素材图片 CF01.png，单击【导入】按钮，如图 4.88 所示。

图 4.88　选择素材图片

(8) 在绘图区上单击鼠标，然后调整导入图片的位置，完成后的效果如图 4.89 所示。

(9) 在工具箱中选择【椭圆形工具】，在绘图区中按住 Ctrl 键绘制正圆，将宽度、高度均设置为 140mm，将【轮廓宽度】设置为 40px，将【轮廓颜色】设置为白色，完成后的效果如图 4.90 所示。

图 4.89　导入图片并调整其位置

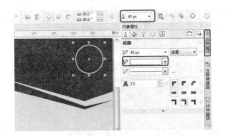

图 4.90　绘制圆并进行设置

(10) 使用【文本工具】在绘图区中输入文字"聘"，在属性栏中将字体设置为【方正行楷简体】，将字体大小设置为 350pt，将【旋转角度】设置为 20°，将字体颜色设置为白色，效果如图 4.91 所示。

(11) 选择绘制的圆和文字，在菜单栏中选择【对象】|【合并】命令，即可将文字与圆形合并，然后调整图形的位置，完成后的效果如图 4.92 所示。

图 4.91　输入并设置文字

图 4.92　合并后的效果

(12) 按 Ctrl+I 组合键，在弹出的对话框中选择 CF02.png、CF03.png 素材图片，单击【导入】按钮，然后在绘图区中单击鼠标，确定导入图片，之后调整导入图片的大小和位置，完成后的效果如图 4.93 所示。

(13) 在工具箱中选择【文本工具】，在再绘制图区中输入文字。选择输入的文字，在属性栏中将字体设置为【汉仪中楷简】，将字体大小设置为 40pt，将字体颜色设置为白色，将【行间距】设置为 130，完成后的效果如图 4.94 所示。

(14) 使用同样的方法输入文本，设置不同的文字颜色，并在属性栏中调整文字的旋转角度，完成后的效果如图 4.95 所示。

(15) 使用【文本工具】在绘图区中输入如图 4.96 所示的文字。选择输入的文字，将字体设置为【汉仪中楷简】，将字体大小设置为 50pt，将文本颜色的 CMYK 值设置为 40、70、100、50，如图 4.96 所示。

图 4.93　导入素材图片

图 4.94　输入文字

图 4.95　完成后的效果

图 4.96　输入文字后的效果

(16) 使用【文本工具】在绘图区中绘制文本框，在菜单栏中选择【文本】|【项目符号】命令，弹出【项目符号】对话框，选中【使用项目符号】复选框，将【符号】设置为如图 4.97 所示的形状。

(17) 在文本框中输入文字，选中项目符号和文字，在属性栏中将字体设置为【方正中等线简体】，将大小设置为 35pt。在【对象属性】泊坞窗中单击【填充】按钮，将文本颜色的 CMYK 值设置为 40、70、100、50，完成后的效果如图 4.98 所示。

图 4.97　【项目符号】对话框

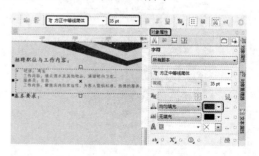

图 4.98　设置文字属性

(18) 使用同样的方法制作其他文字效果，完成后的效果如图 4.99 所示。

(19) 按 Ctrl+I 组合键，在弹出的对话框中选择 CF04.png 素材图片，在绘图区中单击鼠标导入图片，然后调整图片的位置和大小，效果如图 4.100 所示。至此，招聘简章就制作完成了，将场景导出即可。

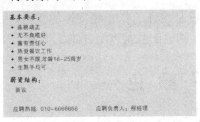　　　　　

图 4.99　输入其他文字后的效果　　　　图 4.100　导入图片后的效果

思　考　题

1. 将文本填入路径有几种方法，分别是什么？
2. 如何将文本与对象解除链接？

第 5 章　选择颜色与填充对象

在创作设计的过程中，选择颜色与填充颜色是设计工作者经常做的工作，因此需要我们熟练掌握颜色的选择与应用，本章将介绍选择颜色的几种方法并为图形填充颜色。

5.1　选　择　颜　色

标准填充是 CorelDRAW X7 中最基本的填充方式，它默认的调色板模式为 CMYK 模式。【窗口】|【调色板】子菜单中集合了全部的 CorelDRAW 调色板，从中选择一项后，调色板就会在窗口的右侧出现。

用户可以通过使用固定或自定义调色板、颜色查看器，为对象选择填充颜色和轮廓颜色。如果用户要使用对象或文档中已有的颜色可以使用滴管工具对颜色取样，然后使用颜料桶工具进行填充以达到完全匹配的效果。

5.1.1　使用默认调色板

使用默认调色板选择颜色会有以下三种不同的情况。

- 在画面中若已经选择了一个或多个矢量对象，那么直接在默认的调色板中单击某个颜色块，则会为选择的对象填充该颜色；如果直接在默认的调色板中，右击某个颜色块，则会将该对象的轮廓设置为该颜色。
- 若在画面中没有选择任何对象，那么直接在默认调色板中单击某个颜色，会弹出如图 5.1 所示的【更改文档默认值】对话框，用户可根据需要选择所需的选项，选择完成后单击【确定】按钮，即可将选择的对象填充该颜色。如果直接在默认的调色板中右击某个颜色，也会弹出如图 5.1 所示的【更改文档默认值】对话框，用户可根据需要选择所需的选项，选择完成后单击【确定】按钮，即可将所选的对象轮廓色设置为右击的颜色。
- 如果想要选择与默认调色板中颜色相似的颜色，则需要在默认的调色板中单击该颜色，打开与所选颜色相似的颜色面板，如图 5.2 所示，然后将鼠标指针移动至所需的颜色上单击或右击，即可将单击或右击的颜色设置为对象的填充颜色或轮廓颜色。

图 5.1　【更改文档默认值】对话框

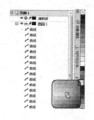

图 5.2　相似的颜色面板

5.1.2　使用自定义调色板

下面通过实例介绍自定义调色板的用法。

(1) 按 Ctrl+O 组合键，在弹出的对话框中选择随书附带光盘中的 CDROM\素材\第 5 章\草莓.cdr 文件，打开后的效果如图 5.3 所示。

(2) 在工具箱中选择【选择工具】 ，在绘图页中选中图形对象，如图 5.4 所示。

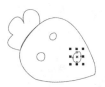

图 5.3　素材　　　　　　　　　　　　　　图 5.4　选择对象

(3) 在工具箱中选择【智能填充工具】 ，在属性栏中单击【填充色】按钮 ，在弹出的下拉列表中单击【更多】按钮，如图 5.5 所示。

(4) 在弹出的【选择颜色】对话框中的【模型】选项卡下单击【模型】右侧的按钮，在弹出的下拉列表中选择 CMYK，如图 5.6 所示。

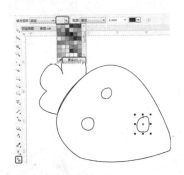

图 5.5　单击属性栏中的【更多】按钮　　　　图 5.6　选择 CMYK 选项

(5) 将 C、M、Y、K 均设置为 100，并单击【确定】按钮，如图 5.7 所示。

(6) 在属性栏中单击【轮廓】右侧的按钮，在弹出的下拉列表中选择【无轮廓】，然后在绘图页中选中图形对象并单击鼠标，即可为对象填充颜色，效果如图 5.8 所示。

(7) 使用同样的方法为其他对象填充颜色，完成后的效果如图 5.9 所示。

图 5.7　设置 CMYK 参数　　　　图 5.8　为对象填充颜色　　　图 5.9　填充颜色后的效果

5.1.3 使用颜色查看器

继续以前一小节的素材为例，介绍颜色查看器的用法。

(1) 任意选择一个填充了颜色的对象，按 Shift+F11 组合键，即可弹出【编辑填充】对话框，如图 5.10 所示。

(2) 在该对话框中单击【颜色查看器】下的按钮，在弹出的下拉列表中选择【RGB-三维加色】选项，如图 5.11 所示。

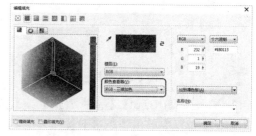

图 5.10　【编辑填充】对话框　　　　图 5.11　选择【RGB-三维加色】选项

(3) 在 RGB-三维加色查看器中通过调整控制点选择所需的颜色，设置完成后单击【确定】按钮，如图 5.12 所示。

(4) 通过查看器为对象选择颜色后，效果如图 5.13 所示。

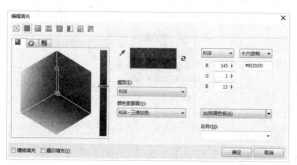

图 5.12　通过查看器选择颜色　　　　　　图 5.13　更改颜色后的效果

5.1.4 使用颜色和谐

继续以前一小节的素材为例，介绍颜色和谐的用法。

(1) 在绘图页中选中对象，按 Shift+F11 组合键打开【编辑填充】对话框，然后单击按钮，如图 5.14 所示。

(2) 将【混合器】设置为【颜色和谐】，根据喜好选择一种颜色，如图 5.15 所示。

(3) 单击【确定】按钮，在绘图页中即可查看效果。

 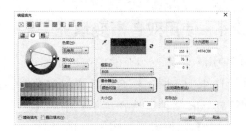

图 5.14　【编辑填充】对话框　　　　图 5.15　通过颜色和谐选择颜色

5.1.5　使用颜色调和

继续以前一小节的素材为例，介绍颜色调和的用法。

(1) 在绘图页中选中对象，按 Shift+F11 组合键打开【编辑填充】对话框，然后单击 按钮，如图 5.16 所示。

(2) 将【混合器】设置为【颜色调和】，根据喜好选择一种颜色，如图 5.17 所示。

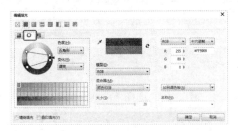 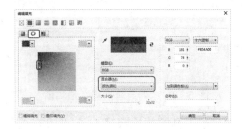

图 5.16　【编辑填充】对话框　　　　图 5.17　通过颜色调和选择颜色

(3) 单击【确定】按钮，在绘图页中即可查看效果。

5.2　渐　变　填　充

渐变填充是给对象添加两种或多种颜色的平滑过渡。渐变填充有 4 种类型：线性渐变、椭圆形渐变、圆锥形渐变和矩形渐变。线性渐变是沿对象作直线方向的过渡填充，椭圆形渐变填充是从对象中心向外辐射，圆锥形渐变填充产生光线落在圆锥上的效果，而矩形渐变填充则是以同心方形的形式从对象中心向外扩散。

在文档中可以为对象应用预设渐变填充、双色渐变填充和自定义渐变填充。自定义渐变填充可以包含两种或两种以上的颜色，用户可以在对象的任意位置填充渐变颜色。创建自定义渐变填充之后，可以将其保存为预设。

应用渐变填充时，可以指定所选填充类型的属性。例如，可以设置填充的颜色调和方向、填充的角度、边界和中点，还可以通过指定渐变步长来调整渐变填充时的打印和显示质量。默认情况下，渐变步长设置处于锁定状态，因此渐变填充的打印质量由打印设置中的指定值决定，而显示质量由设定的默认值决定。但是，在应用渐变填充时，可以解除锁定渐变步长值的设置，并指定一个适用于打印与显示质量的填充值。

5.2.1 使用双色渐变填充

使用双色渐变填充的操作步骤如下。

(1) 按 Ctrl+O 组合键，在弹出的对话框中打开随书附带光盘中的 CDROM\素材\第 5 章\蛋糕.cdr 文件。选择菜单栏中的【窗口】|【泊坞窗】|【对象管理器】命令，打开【对象管理器】泊坞窗，如图 5.18 所示。

(2) 单击【对象管理器】泊坞窗中【图层 1】左侧的加号按钮，在展开的列表中选择最底层的曲线对象，如图 5.19 所示，即可选中绘图页中的对象。

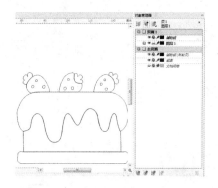
图 5.18 "对象管理器"泊坞窗

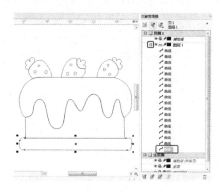
图 5.19 选择【曲线】对象

(3) 在工具箱中选择【交互式填充工具】，在属性栏中单击【渐变填充】按钮，或按 F11 键，弹出【编辑填充】对话框，单击【渐变填充】按钮，如图 5.20 所示。

(4) 在【变换】选项组中取消选中【自由缩放和倾斜】复选框，将【填充宽度】设置为 97%，X 设置为-5%，Y 设置为-3.3%，【旋转】设置为 90°，将渐变条上的左侧滑块的 CMYK 值设置为 9、7、6、0，右侧滑块设置为白色，如图 5.21 所示。

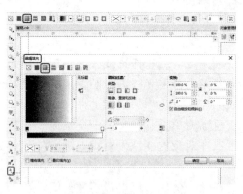
图 5.20 单击【渐变填充】按钮

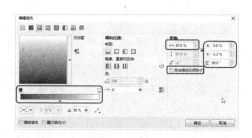
图 5.21 设置渐变

(5) 设置完成后单击【确定】按钮，然后确定刚才选择的【曲线】对象处于选择状态，在默认的调色板中右击色块，取消轮廓线的填充，如图 5.22 所示。

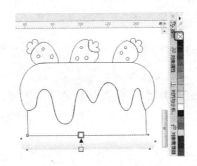

图 5.22　取消轮廓线的填充

5.2.2　使用自定义渐变填充

使用自定义渐变填充的操作步骤如下。

(1) 继续上一小节的操作，在【对象管理器】泊坞窗口中的【图层 1】下的列表中选择倒数第二个曲线对象，如图 5.23 所示。

(2) 按 F11 键打开【编辑填充】对话框，取消选中【变换】选项组下的【自由缩放和倾斜】复选框，将【旋转】设置为 90°，在颜色调和区域中双击渐变条，即可添加一个滑块，然后根据需要设置一种渐变颜色，如图 5.24 所示。

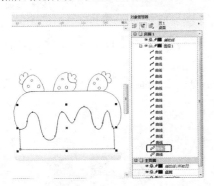

图 5.23　选择对象

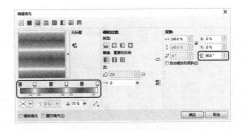

图 5.24　设置渐变色

(3) 设置完成后单击【确定】按钮，效果如图 5.25 所示。

(4) 确定刚才选中的曲线对象仍处于选择状态，在默认的调色板中右击⊠色块，取消轮廓线的填充，如图 5.26 所示。

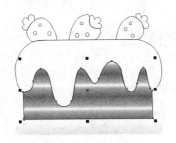

图 5.25　渐变颜色的效果

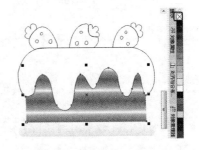

图 5.26　取消轮廓线的填充

5.2.3 使用预设渐变填充

在【预设】下拉列表框中选择系统中预设的渐变颜色填充对象的操作如下。

(1) 继续上一小节的操作，在【对象管理器】泊坞窗中的【图层 1】下的列表中选择倒数第三个曲线对象，按 F11 键打开【编辑填充】对话框，单击【填充挑选器】按钮，在打开的下拉列表中选择【私人】选项，在右侧选择一种预设效果，然后在弹出的面板中单击【应用】按钮，如图 5.27 所示。

(2) 返回到【编辑填充】对话框，取消选中【变换】选项组中的【自由缩放和倾斜】复选框，将【填充宽度】设置为 2.833%、X 设置为-12%、Y 设置为 4.5%、【旋转】设置为-45°，设置完成后单击【确定】按钮，如图 5.28 所示。

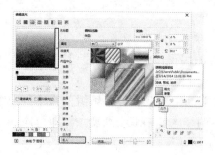
图 5.27　选择预设效果

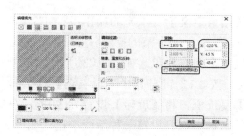
图 5.28　设置填充效果

(3) 确定曲线对象仍处于选择状态，在默认的调色板中右击⊠色块，取消轮廓线的填充，如图 5.29 所示。

(4) 使用同样的方法，为剩余的对象添加颜色，最终效果如图 5.30 所示。

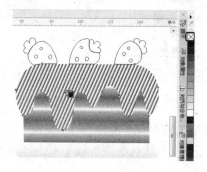
图 5.29　取消轮廓线显示

图 5.30　填充后的最终效果

5.3 为对象填充图样

在 CorelDRAW 中，可以为对象填充向量、位图或双色图样。

5.3.1 应用向量或位图图样填充对象

向量图样填充的图形是比较复杂的矢量图形，可以由线条和填充组成。向量填充可以有彩色或透明背景。位图图样填充的图形是一种位图图像，复杂性取决于其大小、图像分辨率和位深度。

在工具箱中单击【交互式填充工具】按钮 ，并在属性栏中单击【向量图样填充】按钮 或【位图图样填充】按钮 ，即可进行向量或位图图样填充。

使用位图图样填充的操作步骤如下。

(1) 打开随书附带光盘中的 CDROM\素材\第 5 章\位图图样填充.cdr 文件，如图 5.31 所示。

(2) 使用【选择工具】按钮 选中内侧的矩形图形对象，如图 5.32 所示。

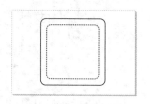
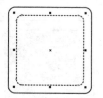

图 5.31　素材文件　　　　　　　　　图 5.32　选择内侧矩形

(3) 在工具箱中单击【交互式填充工具】按钮 ，并在属性栏中单击【位图图样填充】按钮 ，然后单击【填充选择器】按钮，在弹出的面板中单击【浏览】按钮，如图 5.33 所示。

(4) 在弹出的【打开】对话框中，将文件类型设置为 JPG，然后选择随书附带光盘中的 CDROM\素材\第 5 章\图标.jpg 文件，如图 5.34 所示。

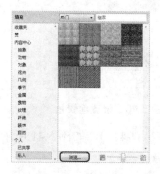

图 5.33　单击【浏览】按钮　　　　　　图 5.34　选择素材图片

(5) 单击【打开】按钮，然后按住 Shift 键调整位图图样的大小并移动至适当位置，如图 5.35 所示。

(6) 在空白位置单击，即可填充完成，效果如图 5.36 所示。

图 5.35　调整位图图样　　　　　　　图 5.36　填充完成的效果

5.3.2 应用双色图样填充对象

使用双色图样填充的操作步骤如下。

（1）继续上一小节的操作。使用【选择工具】 选中外侧的矩形图形对象，如图 5.37 所示。

（2）在工具箱中单击【交互式填充工具】按钮 ，并在属性栏中单击【双色图样填充】按钮 ，然后选择如图 5.38 所示的图样。

图 5.37　选择外侧矩形

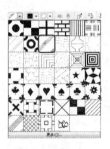

图 5.38　选择图样

（3）按住 Shift 键调整图样的大小并移动至适当位置，如图 5.39 所示。

（4）在属性栏中设置【前景颜色】的 CMYK 值为 79、44、0、0，如图 5.40 所示。

图 5.39　调整图样的大小及位置

图 5.40　设置前景色

（5）在属性栏中设置【背景颜色】的 CMYK 值为 0、16、94、0，如图 5.41 所示。

（6）在空白位置单击，即可填充完成，效果如图 5.42 所示。

图 5.41　设置背景色

图 5.42　填充完成的效果

5.3.3 从图像创建图样

若图样中没有所需的图样填充类型，用户也可以自己创建。下面介绍创建图样的具体操作步骤。

(1) 接着上节进行操作，在菜单栏中执行【工具】|【创建】|【图样填充】命令，如图 5.43 所示。

(2) 在弹出的【创建图案】对话框中，选择【类型】为【位图】并单击【确定】按钮，如图 5.44 所示。

图 5.43　选择【图样填充】命令

图 5.44　【创建图案】对话框

(3) 此时，在画面中会出现一个裁剪图标，然后按下鼠标左键并拖动，框出所需的范围，如图 5.45 所示。

(4) 按 Enter 键进行确认，在弹出的【转换为位图】对话框中，使用默认参数并单击【确定】按钮，如图 5.46 所示。

图 5.45　裁剪图形范围

图 5.46　单击【确定】按钮

(5) 在弹出的【保存图样】对话框中，将【名称】设置为"图标"，取消选中【与"内容交换"共享此内容】复选框，然后单击 OK 按钮，如图 5.47 所示。

(6) 单击工具箱中的【矩形工具】按钮 ，在画面中的任意空白处绘制一个矩形，如图 5.48 所示。

图 5.47　【保存图样】对话框

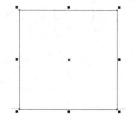

图 5.48　绘制矩形

(7) 在工具箱中单击【交互式填充工具】按钮 ，并在属性栏中单击【位图图样填充】按钮 ，然后单击【填充挑选器】按钮，在弹出的面板中选择【私人】下的图标，然后单击【应用】按钮 ，如图 5.49 所示。

(8) 为矩形填充位图图样后，调整图样的位置。填充完成后的效果如图 5.50 所示。

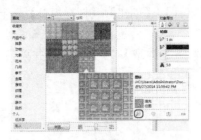

图 5.49　选择图样

图 5.50　填充完成后的效果

提 示

保存图样时最好采用默认设置，以便直接在图样选择器中选择它。

5.4　为对象填充底纹

在 CorelDRAW 中提供了许多预设的底纹，而且每种底纹均有一组可以更改的选项，用户可以在【底纹填充】对话框中使用任意颜色或调色板中的颜色来自定义底纹，但底纹填充只能包含 RGB 颜色。

下面介绍填充底纹的方法。

(1) 打开随书附带光盘中的 CDROM \素材\第 5 章\青花瓷圆盘.cdr 文件，如图 5.51 所示。

(2) 使用【选择工具】选中内侧的圆形图形对象，如图 5.52 所示。

图 5.51　素材文件

图 5.52　选中内侧的圆形

(3) 在工具箱中单击【交互式填充工具】按钮，在属性栏中单击【底纹填充】按钮，然后单击【编辑填充】按钮。在弹出的【编辑填充】对话框中选择【底纹库】为【样本 5】。在【细菌】选项组中，将【底纹】设置为 7、【密度】设置为 1、【最短长度】设置为 1、【最大长度】设置为 23、【浮雕】设置为 50，将【色调】的 CMYK 值置为 85、70、8、0，将【东方亮度】和【北方亮度】都设置为 5，如图 5.53 所示。

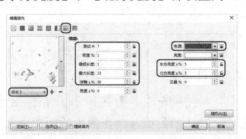

图 5.53　设置底纹参数

(4) 单击【确定】按钮，在绘图页中通过控制点调整填充图案的大小及位置，如图 5.54 所示。

(5) 在空白位置单击，完成底纹填充后的效果如图 5.55 所示。

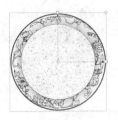

图 5.54　调整填充图案的大小及位置

图 5.55　填充底纹后的效果

5.5　为对象填充 PostScript

PostScript 填充是用 PostScript 语言创建的。有些 PostScript 底纹非常复杂，因此，包含 PostScript 填充底纹的都是比较大的对象，在打印或进行屏幕更新时需要较长时间。在应用 PostScript 填充时，可以更改诸如大小、线宽、底纹的前景和背景中出现的灰色量等属性。

下面简单介绍为页面矩形背景进行 PostScript 填充的操作。

(1) 新建一个 120mm×80mm 的文档，然后在工具箱中双击【矩形工具】按钮 □，创建一个与绘图页面大小一致的矩形，如图 5.56 所示。

(2) 在工具箱中单击【交互式填充工具】按钮 ◆，在属性栏中单击【PostScript 填充】按钮 █，并将【PostScript 填充底纹】选择为【泡泡】，如图 5.57 所示。

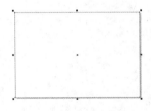

图 5.56　创建矩形

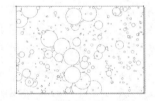

图 5.57　选择为【泡泡】填充底纹

(3) 在属性栏中单击【编辑填充】按钮 ◢，在弹出的【编辑填充】对话框中，将【数目】设置为 20、【最大】设置为 200，如图 5.58 所示。

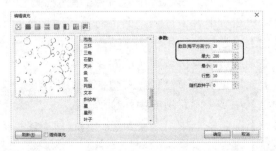

图 5.58　设置 PostScript 填充底纹的参数

(4) 单击【确定】按钮，在绘图页中查看 PostScript 填充效果，如图 5.59 所示。

(5) 在工具箱中双击【矩形工具】按钮 ▢ ，再次创建一个与绘图页面大小一致的矩形，然后将其填充为青色。填充底纹后的效果如图 5.60 所示。

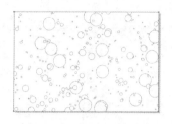

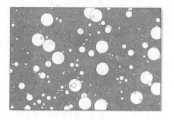

图 5.59　PostScript 填充效果　　　　　　　　图 5.60　完成后的效果

5.6　为对象填充网状效果

网状填充工具可以生成一种比较细腻的渐变效果，通过设置网状节点的颜色，可以实现不同颜色之间的自然融合，更好地对图形进行变形和多样填色处理。

网状填充只能应用于闭合对象或单条路径。如果要在复杂的对象中应用网状填充，首先必须创建网状填充的对象，然后将它与复杂对象组合成一个图框，利用该图框对复杂对象进行填充。

【网状填充工具】的属性栏如图 5.61 所示，各项内容介绍如下。

图 5.61　【网状填充工具】的属性栏

- 【网格大小】：设置网状填充网格的行数和列数。
- 【选区模式】：在矩形和手绘选取框之间进行切换。
- 【添加交叉点】：在网状填充网格中添加一个交叉点。
- 【删除节点】：删除节点改变曲线对象的形状。
- 【转换为线条】：将曲线段转换为直线。
- 【转换为曲线】：将线段转换为曲线，可通过控制柄更改曲线形状。
- 【尖突节点】：通过将节点转换为尖突节点在曲线中创建一个锐角。
- 【平滑节点】：通过将节点转换为平滑节点来提高曲线的圆滑度。
- 【对称节点】：将同一曲线形状应用到节点的两侧。
- 【对网状填充颜色进行取样】：在桌面上对要应用于选定节点的颜色进行取样。
- 【网状填充颜色】：选择要应用于选定节点的颜色。
- 【透明度】：显示所选节点区域下层的对象。
- 【曲线平滑度】：通过更改节点数量调整曲线的平滑度。
- 【平滑网状颜色】：减少网状填充中的硬边缘。
- 【复制网状填充】：将文档中另一个对象的网状填充属性应用到所选对象。
- 【清除网状填充】：移除对象中的网状填充。

下面介绍网状填充的方法。

(1) 打开随书附带光盘中的 CDROM \素材\第 5 章\箭头.cdr 文件,如图 5.62 所示。

(2) 选中如图 5.63 所示的箭头图形,在【颜色泊坞窗】中将 CMYK 的值设置为 0、75、100、0,然后单击【填充】按钮,为其填充颜色,如图 5.63 所示。

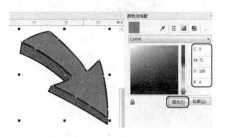

图 5.62 素材文件   图 5.63 填充颜色

(3) 在工具箱中单击【网状填充工具】按钮或按 M 键,此时选择的对象上就会显示出网状填充网格,如图 5.64 所示。

(4) 框选所有节点,然后在属性栏中将【网格大小】中的行数和列数都设置为 1,如图 5.65 所示。

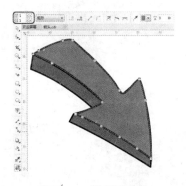

图 5.64 显示网状填充网格   图 5.65 设置网格数

(5) 在箭头图形的头部位置单击鼠标左键,然后在属性栏中单击【添加交叉点】按钮,添加交叉点,如图 5.66 所示。

(6) 在【颜色泊坞窗】中将 CMYK 的值设置为 0、60、94、0,然后单击【填充】按钮,为节点填充颜色,如图 5.67 所示。

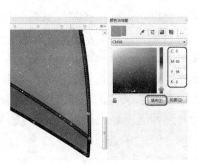

图 5.66 添加交叉点   图 5.67 设置节点颜色

103

(7) 在属性栏中将【透明度】设置为 35，如图 5.68 所示。

(8) 适当调整箭头顶部位置的节点，如图 5.69 所示。

图 5.68　设置透明度

图 5.69　调整节点

(9) 选择如图 5.70 所示的节点，然后单击属性栏中的【删除节点】按钮，将节点删除。

(10) 按空格键完成操作并在空白位置单击，完成网状填充后的效果如图 5.71 所示。

图 5.70　删除节点

图 5.71　完成网状填充后的效果

5.7　智能填充工具

对任意闭合区域进行填充，可以使用智能填充工具。与其他填充工具不同，智能填充工具可以检测区域的边缘并创建一个闭合路径，因此可以填充区域。例如，如果用手绘线创建一个环，智能填充工具可以检测到环的边缘并对其进行填充。只要一个或多个对象的路径完全闭合一个区域，就可以进行填充。

【智能填充工具】的属性栏如图 5.72 所示。

图 5.72　【智能填充工具】的属性栏

- 【填充选项】：选择将默认或自定义填充属性应用于新对象。
- 【填充色】：设置填充颜色。
- 【轮廓】：选择将默认或自定义轮廓设置应用于新对象。
- 【轮廓宽度】：设置选择对象的轮廓宽度。
- 【轮廓色】：设置选择对象的轮廓色。

下面来介绍智能填充工具的使用方法。

(1) 新建一个 120mm×80mm 的文档，在工具箱中单击【矩形工具】按钮，在属性栏中将【轮廓宽度】设置为 2px，按住 Ctrl 键在绘图页中绘制一个正方形，如图 5.73 所示。

(2) 选择【钢笔工具】，将【轮廓宽度】设置为 2px，绘制如图 5.74 所示的线段。

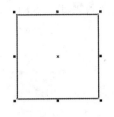

图 5.73　绘制正方形

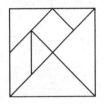

图 5.74　绘制线段

(3) 在工具栏中单击【智能填充工具】按钮，在属性栏中将【填充色】设置为红色，将【轮廓选项】设置为无轮廓，在需要填充的区域单击鼠标左键填充颜色，如图 5.75 所示。

(4) 使用相同的方法更改填充颜色，对图形进行填充。完成智能填充后的效果如图 5.76 所示。

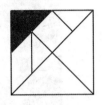

图 5.75　填充颜色

图 5.76　智能填充效果

5.8　上机实践

5.8.1　制作发光的灯泡

本节将通过本章所学的知识来制作发光的灯泡，效果如图 5.77 所示。该案例主要通过使用钢笔工具绘制图形，然后为绘制的图形填充颜色来实现。

(1) 按 Ctrl+N 组合键，在弹出的【创建新文档】对话框中输入【名称】为"发光的灯泡"，将【宽度】设置为 210mm，将【高度】设置为 236mm，如图 5.78 所示，设置完成后，单击【确定】按钮。

(2) 在工具箱中双击【矩形工具】，此时系统会创建一个和文档大小一样的矩形，如图 5.79 所示。

图 5.77　发光的灯泡

(3) 选中该矩形，按 F11 键，在弹出的对话框中单击【渐变填充】按钮，在【类型】选项组中单击【椭圆形渐变填充】按钮。将左侧节点的 CMYK 值设置为 100、87、70、40，在位置 40 处添加一个节点并将其 CMYK 值设置为 93、55、37、0，在位置 69 处添加一个节点并将其 CMYK 值设置为 82、32、20、0，将右侧节点的 CMYK 值设置为 37、0、7、0。选中【缠绕填充】复选框，取消选中【自由缩放和倾斜】复选框，将【填充宽度】设置为 98%，将 X、Y 分别设置为 2%、0，如图 5.80 所示，设置完成后，单击【确定】按钮。

(4) 在默认调色板中右键单击 ⊠ 按钮，取消轮廓颜色，效果如图 5.81 所示。

图 5.78　【创建新文档】对话框

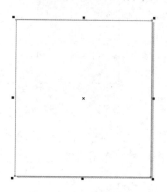

图 5.79　绘制矩形

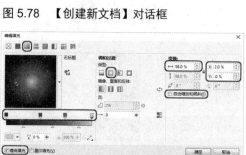

图 5.80　设置渐变颜色

图 5.81　填充渐变颜色后的效果

(5) 在工具箱中单击【椭圆形工具】按钮，在绘图页中绘制一个椭圆形，如图 5.82 所示。

(6) 选中该图形，按 F11 键，在弹出的对话框中单击【渐变填充】按钮，在【类型】选项组中单击【椭圆形渐变填充】按钮 。将左侧节点的 CMYK 值设置为 93、88、89、80，在位置 59 处添加一个节点并将其 CMYK 值设置为 60、50、100、4，在位置 85 处添加一个节点并将其 CMYK 值设置为 6、0、89、0，将右侧节点的 CMYK 值设置为 6、0、89、0。取消选中【缠绕填充】复选框，将【填充宽度】和【填充高度】分别设置为 86.5%、95.2%，将 X、Y 都设置为 0，将【旋转角度】设置为-90.4°，如图 5.83 所示。

图 5.82　绘制椭圆形

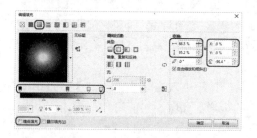

图 5.83　设置渐变填充颜色

(7) 设置完成后，单击【确定】按钮，在默认调色板中右键单击 ⊠ 按钮，取消轮廓颜色，效果如图 5.84 所示。

(8) 继续选中该对象，在工具箱中单击【透明度工具】按钮，在工具属性栏中将【合并模式】设置为【屏幕】，效果如图 5.85 所示。

图 5.84　填充渐变颜色后的效果

图 5.85　设置合并模式

(9) 在工具箱中单击【椭圆形工具】按钮，在绘图页中绘制一个椭圆形，如图 5.86 所示。

(10) 选中该图形，按 F11 键，在弹出的对话框中单击【渐变填充】按钮，在【类型】选项组中单击【椭圆形渐变填充】按钮🔲。将左侧节点的 CMYK 值设置为 93、88、89、80，在位置 64 处添加一个节点并将其 CMYK 值设置为 56、68、100、15，在位置 90 处添加一个节点并将其 CMYK 值设置为 0、37、79、0，将右侧节点的 CMYK 值设置为 0、38、81、0。取消选中【缠绕填充】复选框，将【填充宽度】和【填充高度】分别设置为 86.5%、95.2%，将 X、Y 都设置为 0，将【旋转角度】设置为-90.4°，如图 5.87 所示。

图 5.86　绘制椭圆形

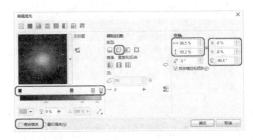

图 5.87　设置渐变填充颜色

(11) 设置完成后，单击【确定】按钮，在默认调色板中右键单击⊠按钮，取消轮廓颜色，效果如图 5.88 所示。

(12) 选中该对象，在工具箱中单击【透明度工具】按钮，在工具属性栏中将【合并模式】设置为【屏幕】，效果如图 5.89 所示。

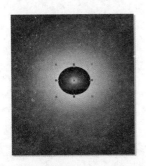

图 5.88　填充渐变颜色后的效果

图 5.89　设置合并模式

(13) 使用同样的方法再创建两个椭圆形，并对其进行相应的设置，效果如图 5.90 所示。

(14) 在工具箱中单击【钢笔工具】按钮,在绘图页中绘制一个如图 5.91 所示的图形。

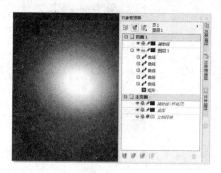

图 5.90　绘制其他椭圆形并进行设置

图 5.91　绘制图形

(15) 选中该图形,按 F11 键,在弹出的对话框中单击【均匀填充】按钮,将其 CMYK 值设置为 0、0、100、0,如图 5.92 所示。

(16) 设置完成后,单击【确定】按钮,在默认调色板中右键单击⊠按钮,效果如图 5.93 所示。

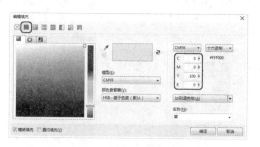

图 5.92　设置均匀填充颜色

图 5.93　填充颜色后的效果

(17) 在工具箱中单击【矩形工具】按钮,在绘图页中绘制一个宽高分别为 17.268mm、58.421mm 的矩形,为其填充白色,并取消轮廓颜色,在属性栏中将【旋转角度】设置为 345°,如图 5.94 所示。

(18) 在工具箱中单击【椭圆形工具】按钮,在绘图页中按住 Ctrl 键绘制一个直径为 3.2mm 的正圆。选中该图形,按 F12 键,在弹出的对话框中将【颜色】设置为白色,将【宽度】设置为 1.5mm,如图 5.95 所示。

图 5.94　绘制矩形并进行设置

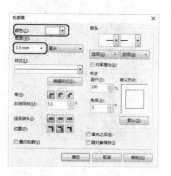

图 5.95　设置轮廓笔的参数

(19) 设置完成后，单击【确定】按钮，在绘图页中调整该对象的位置，效果如图 5.96 所示。

(20) 在绘图页中选中绘制的圆形和矩形，按数字键盘中的+号键，对选中的对象进行复制，在工具属性栏中单击【水平镜像】按钮，镜像对象并调整该对象的位置，效果如图 5.97 所示。

图 5.96　调整圆形对象的位置

图 5.97　镜像对象并调整其位置

(21) 在工具箱中选择【钢笔工具】，在绘图页中绘制一个如图 5.98 所示的图形。

(22) 选中绘制的图形，在默认调色板中单击白色按钮，右键单击⊠按钮，效果如图 5.99 所示。

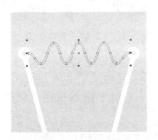

图 5.98　绘制图形

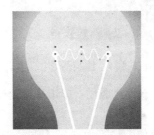

图 5.99　填充颜色并取消轮廓色

(23) 选中(21)步绘制的对象，按数字键盘上的+号键，对其进行复制，然后在工具属性栏中单击【垂直镜像】按钮，效果如图 5.100 所示。

(24) 在工具箱中选择【钢笔工具】，在绘图页中绘制一个如图 5.101 所示的图形。

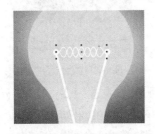

图 5.100　复制并镜像对象

图 5.101　绘制图形

(25) 选中上一步绘制的图形，按 F11 键，在弹出的对话框中单击【均匀填充】按钮，将其 CMYK 值设置为 50、28、13、0，如图 5.102 所示。

(26) 设置完成后，单击【确定】按钮，在默认调色板中右键单击⊠按钮，效果如

图 5.103 所示。

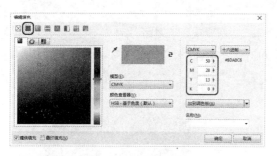

图 5.102　设置填充颜色

图 5.103　填充颜色并取消轮廓色

(27) 在工具箱中选择【钢笔工具】，在绘图页中绘制三个如图 5.104 所示的图形。

(28) 选中新绘制的三个图形，按 F11 键，在弹出的对话框中单击【均匀填充】按钮，将其 CMYK 值设置为 100、96、7、1，如图 5.105 所示。

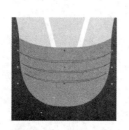

图 5.104　绘制图形

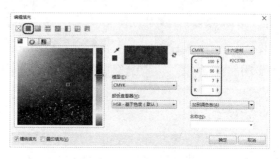

图 5.105　设置均匀填充

(29) 设置完成后，单击【确定】按钮，在默认调色板中右键单击⊠按钮，效果如图 5.106 所示。

(30) 在工具箱中选择【钢笔工具】，在绘图页中绘制如图 5.107 所示的图形。

图 5.106　填充颜色并取消轮廓色后的效果

图 5.107　绘制图形

(31) 为新绘制的图形填充白色，并取消轮廓色。在工具箱中单击【透明度工具】，在工具属性栏中单击【均匀透明度】按钮，将【透明度】设置为 20，如图 5.108 所示。

(32) 使用同样的方法绘制其他图形，并进行相应的设置，效果如图 5.109 所示。

(33) 在工具箱中选择【椭圆形工具】，在绘图页中绘制一个椭圆形，为其填充黑色，并取消轮廓颜色，效果如图 5.110 所示。

(34) 在工具箱中选择【透明度工具】，在工具属性栏中单击【渐变透明度】按钮，然后再单击【椭圆形渐变透明度】按钮，其他参数使用默认设置即可，效果如图 5.111 所示。

图 5.108　设置透明度效果

图 5.109　绘制其他图形并进行设置

图 5.110　绘制图形并填充颜色

图 5.111　添加透明度效果

5.8.2　绘制西瓜

本节将通过本章所学的知识来绘制西瓜，效果如图 5.112 所示。

(1) 按 Ctrl+N 组合键，在弹出的【创建新文档】对话框中输入【名称】为"西瓜"，将【宽度】设置为 216mm，将【高度】设置为 203mm，如图 5.113 所示，设置完成后，单击【确定】按钮。

(2) 按 Ctrl+I 组合键，在弹出的对话框中选择"西瓜背景.jpg"素材文件，如图 5.114 所示。

图 5.112　西瓜

图 5.113　【创建新文档】对话框

图 5.114　选择素材文件

（3）单击【导入】按钮，在绘图页中设置该素材的大小和位置，效果如图 5.115 所示。

（4）在工具箱中选择【椭圆形工具】，在绘图页中绘制一个直径为 60mm 的正圆，如图 5.116 所示。

图 5.115　导入素材文件

图 5.116　绘制正圆

（5）选中该圆形，按 F11 键，在弹出的对话框中单击【均匀填充】按钮，将其 CMYK 值设置为 50、0、75、0，如图 5.117 所示，设置完成后，单击【确定】按钮。

（6）在默认调色板中右键单击⊠按钮，效果如图 5.118 所示。

图 5.117　设置填充颜色

图 5.118　填充颜色并取消轮廓色

（7）使用【椭圆形工具】在绘图页中绘制一个直径为 58mm 的正圆，并调整其位置，效果如图 5.119 所示。

（8）按 F11 键，在弹出的对话框中单击【均匀填充】按钮，将其 CMYK 值设置为 70、0、90、0，如图 5.120 所示。

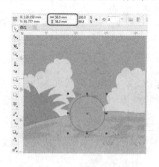

图 5.119　绘制正圆

图 5.120　设置均匀填充

（9）设置完成后，单击【确定】按钮，在默认调色板中右键单击⊠按钮，效果如图 5.121 所示。

（10）在绘图页中选择下方的圆形，按数字键盘上的+号键，对其进行复制。在该对象

上右击鼠标，在弹出的快捷菜单中选择【顺序】|【到图层前面】命令，按 F12 键，在弹出的对话框中将【宽度】设置为 0.41mm，如图 5.122 所示。

图 5.121　填充颜色并取消轮廓色

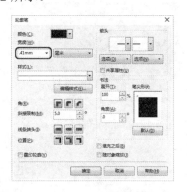

图 5.122　设置轮廓参数

（11）设置完成后，单击【确定】按钮。在默认调色板中单击⊠按钮，取消填充颜色，效果如图 5.123 所示。

（12）在工具箱中选择【钢笔工具】，在绘图页中绘制如图 5.124 所示的图形。

图 5.123　添加轮廓后的效果

图 5.124　绘制图形

（13）选中该图形，在默认调色板中单击黑色按钮，右键单击⊠按钮，取消轮廓颜色，效果如图 5.125 所示。

（14）使用相同的方法绘制其他黑色图形，效果如图 5.126 所示。

图 5.125　填充颜色并取消轮廓后的效果

图 5.126　绘制其他图形后的效果

（15）在工具箱中选择【椭圆形工具】，在绘图页中绘制一个椭圆形，并为其填充黑色，取消轮廓颜色，效果如图 5.127 所示。

（16）在工具箱中选择【透明度工具】，在工具属性栏中单击【渐变透明度】按钮，再单击【椭圆形渐变透明度】按钮，其他参数使用默认设置即可，然后调整排放顺序，效果如图 5.128 所示。

图 5.127　绘制椭圆形

图 5.128　添加透明度并调整排放顺序

思 考 题

1. 渐变填充有几种类型？分别是什么？
2. 简述网状填充工具的作用。

第6章　编辑与造形对象

在 CorelDRAW 中，可以使用多种方式对对象进行编辑。编辑对象是绘图的必要步骤，因此本章将对各种编辑形状工具、造形工具与功能进行介绍。其中的选择工具、形状工具是 CorelDRAW 中使用最频繁的工具，也是最重要的工具。只有熟练掌握编辑形状工具与造形工具的操作方法与应用，才能在绘图与创作过程中应用自如。

6.1　选　择　对　象

在改变对象之前，必须先选定对象。通过选择对象，然后利用相应的工具对其进行编辑，可以得到想要的效果。

6.1.1　选择工具及选定范围属性栏

选择工具既可用于选择对象和取消对象的选择，还可用于交互式移动、延展、缩放、旋转和倾斜对象等。其实在前面的章节中已经多次用到过【选择工具】，【选择工具】在 CorelDRAW 程序中的使用频率非常高。

在工具箱中单击【选择工具】，如果在场景中没有选择任何对象，其属性栏如图 6.1 所示，如果选择了对象，则会显示与选择对象相关的选项。

图 6.1　【选择工具】的属性栏

属性栏中各选项的说明如下。

- 在【纸张类型/大小】下拉列表中可以选择所需的纸张类型/大小；在【纸张宽度和高度】文本框中可以设置所需的纸张宽度和高度。
- 单击【纵向】按钮可以将页面设为纵向，单击【横向】按钮可以将页面设为横向。
- 单击【所有页面】按钮时可以将多页文件设为相同页面方向，单击【当前页】按钮时可以为多页文件设置不同的页面方向。
- 在【单位】下拉列表中可以选择所需的单位。
- 在【微调偏移】微调框中可以输入所需的偏移值(即在键盘上按方向键移动的距离)。
- 在【再制距离】文本框中可以输入所需的再制距离。

6.1.2　选择工具的应用

选择工具主要用来选取图形和图像，当选中当前一个图形或图像时，可对其进行旋转、缩放等操作。下面对选择工具进行简单的介绍。

(1) 单击工具箱中的【星形工具】按钮◻，然后在绘图区中绘制星形，并对其填充任意颜色，效果如图 6.2 所示。

(2) 单击工具箱中的【选择工具】按钮➶，然后在场景中选择上面绘制的星形，如图 6.3 所示，其属性栏如图 6.4 所示。

图 6.2　绘制星形　　　　　　　　　　　图 6.3　选择星形

图 6.4　星形的属性设置参数

提示

利用属性栏可以调整对象的位置、大小、缩放比例、调和步数、旋转角度、水平与垂直角度、轮廓宽度和轮廓样式等。

6.1.3　选择多个对象

在实际的操作中往往需要选中多个对象同时进行编辑，选择多个对象可以使用选择工具在场景中框选或按住 Shift 键逐个单击来实现，具体操作如下。

(1) 在菜单栏中选择【文件】|【打开】命令，在弹出的对话框中打开随书附带光盘中的 CDROM\素材\第 6 章\选择多个对象.cdr 文件，单击工具箱中的【选择工具】➶，移动指针到适当的位置按下鼠标左键拖出一个虚框，如图 6.5 所示。

(2) 框选需要选择的对象后，松开鼠标即可选中完全框选住的对象，效果如图 6.6 所示。

图 6.5　框选对象　　　　　　　　　　　图 6.6　选择多个对象

(3) 在场景中的空白处单击鼠标，可以取消对对象的选择。单击工具箱中的【选择工具】按钮➶，在场景中选择黄色飘带对象，如图 6.7 所示。

(4) 按住 Shift 键再选择其他的对象，即可同时选择多个对象，效果如图 6.8 所示。

图 6.7　选择飘带对象

图 6.8　选择多个对象

6.1.4　使用全选命令选择所有对象

下面介绍如何使用全选命令选择所有对象。

(1) 按 Ctrl+O 组合键打开随书附带光盘 CDROM\素材\第 6 章\选择多个对象.cdr 文件，如图 6.9 所示。

(2) 在菜单栏中选择【编辑】|【全选】|【对象】命令，如图 6.10 所示，即可将场景中的所有对象全部选中，如图 6.11 所示。

图 6.9　素材文件

图 6.10　选择【对象】命令

(3) 使用选择工具，在场景中拖曳出两条辅助线，如图 6.12 所示。

图 6.11　选择对象

图 6.12　拖曳辅助线

(4) 在菜单栏中选择【编辑】|【全选】|【辅助线】命令，如图 6.13 所示。

(5) 选择辅助线后的效果如图 6.14 所示。

图 6.13　绘制星形

图 6.14　选择辅助线

6.1.5　取消对象的选择

如果想取消对全部对象的选择，在场景中的空白处单击即可；如果想取消场景中对某个或某几个对象的选择，可以按住 Shift 键的同时单击要取消选择的对象。

(1) 继续上一节的操作，选择最底层的矩形单击鼠标右键，在弹出的快捷菜单中选择【锁定对象】命令。按 Ctrl+A 组合键，选择所有对象，如图 6.15 所示。

(2) 使用【选择工具】，按住 Shift 键框选人物的头部，松开鼠标查看效果，如图 6.16 所示。

图 6.15　选择所有对象

图 6.16　取消选择

6.2　形　状　工　具

形状工具可以更改所有曲线对象的形状，曲线对象是指用手绘工具、贝塞尔工具、钢笔工具等创建的绘图对象，以及矩形、多边形和文本对象转换而成的曲线对象。形状工具对对象形状的改变，是通过对曲线对象的节点和线段的编辑来实现的。

6.2.1　形状工具的属性设置

选择工具箱中的【形状工具】，然后在对象上选择多个节点，其属性栏如图 6.17 所示。属性栏中各选项的说明如下。

图 6.17　形状工具的属性栏

- 【选取范围模式】下拉列表框：在该下拉列表中可以选择选取范围的模式。选择【矩形】选项，可以通过矩形框来选取所需的节点；选择【手绘】选项，则可以用手绘的模式来选取所需的节点。

- 【添加节点】按钮：在曲线对象上单击，出现一个小黑点，再单击该按钮，即可在该曲线对象上添加一个节点。

- 【删除节点】按钮：在对象上选择一个节点，再单击该按钮，即可将选择的节点删除。

- 【连接两个节点】按钮：如果在绘图窗口中绘制了一个未闭合的曲线对象，然后选中起点与终点，再单击该按钮，即可使选择的两个节点连接在一起。

- 【断开曲线】按钮：该按钮的作用与【连接两个节点】按钮相反，先选择要分割的节点，然后再单击该按钮，即可将一个节点分割成两个节点。

- 【转换为线条】按钮：单击该按钮可以将选择的节点与逆时针方向相邻节点之间的曲线段转换为直线段。

- 【转换为曲线】按钮：单击该按钮可以将选择的节点与逆时针方向相邻节点之间的直线段转换为曲线段。

- 【尖突节点】按钮：单击该按钮，可以通过调节每个控制点来使平滑点或对称节点变得尖突。

- 【平滑节点】按钮：该按钮与【尖突节点】按钮的作用相反，单击该按钮可以将尖突节点转换为平滑节点。

- 【对称节点】按钮：单击该按钮可以将选择的节点转换为两边对称的平滑节点。

- 【反转方向】按钮：单击该按钮，可以反转开始节点和结束节点的位置。

- 【提取子路径】按钮：如果一个曲线对象中包括了多个子路径，则在一个子路径上选择一个节点或多个节点时，单击该按钮，即可将选择节点所在的子路径提取出来。

- 【延长曲线使之闭合】按钮：如果在绘图窗口中绘制了一个未封闭曲线对象，并且选择了起点与终点，那么单击该按钮，则可以将这两个节点用直线段连接起来，从而得到一个封闭的曲线对象。

- 【闭合曲线】按钮：它的作用与【延长曲线使之闭合】按钮的作用相同，单击它可以将未封闭曲线闭合，不过区别是不用选择起点与终点两个节点。

- 【延展与缩放节点】按钮：先在曲线对象上选择两个或多个节点，然后单击该按钮，即可在选择节点的周围出现一个缩放框，用户可以通过缩放框上的任一控制点来调整所选节点之间的连线。

- 【旋转与倾斜节点】按钮：先在曲线对象上选择两个或多个节点，然后单击该按钮，即可在选择节点的周围出现一个旋转框。用户可以拖动旋转框上的旋转箭头或双向箭头，调整旋转节点之间的连线。

- 【对齐节点】按钮：如果在曲线对象上选择两个以上的节点，那么单击该按钮，即可弹出【节点对齐】对话框。根据需要在其中选择所需的选项，选择好后单击【确定】按钮，可将选择的节点按指定方向进行对齐。
- 【水平反射节点】按钮：单击该按钮，可编辑水平镜像的对象中的对应节点。
- 【垂直反射节点】按钮：单击该按钮，可编辑垂直镜像的对象中的对应节点。
- 【弹性模式】按钮：选择曲线对象上的所有节点，单击该按钮，可以局部调整曲线对象的形状。
- 【选择所有节点】按钮：单击该按钮可以选择曲线对象上的所有节点。
- 【减少节点】按钮：单击该按钮可以将选择曲线中所选节点中重叠或多余的节点删除。
- 【曲线平滑度】按钮：拖动滑杆上的滑块可以将曲线进行平滑处理。

> **提示**
>
> 双击形状工具，可全选对象上的节点，按住 Shift 键并单击，可进行多重选择；在曲线上双击，可添加一个节点；在某节点上双击可将它移除。

6.2.2　将直线转换为曲线并调整节点

下面介绍用形状工具将直线转换为曲线，并对形状进行调整的操作。

(1) 按 Ctrl+O 组合键打开随书附带光盘中的 CDROM\素材\第 6 章\世界杯.cdr 文件，如图 6.18 所示

(2) 选择【矩形工具】，绘制矩形，将其填充和描边都设为白色，如图 6.19 所示。

图 6.18　素材文件

图 6.19　绘制矩形

(3) 使用【选择工具】选择上一步创建的矩形，在【属性栏】中将【对象大小】的【宽】和【高】分别设为 62mm、126mm，如图 6.20 所示。

(4) 选择矩形，单击鼠标右键，在弹出的快捷菜单中选择【转换为曲线】命令，如图 6.21 所示。

(5) 在工具箱中选择【形状工具】，选择矩形左上角的角点，在属性栏中单击【转换为曲线】按钮，将该节点下方的直线段转换为曲线段，如图 6.22 所示。

(6) 移动指针到控制柄上，然后向右下方拖曳，如图 6.23 所示，即可改变其形状。

图 6.20　设置矩形

图 6.21　选择【转换为曲线】命令

图 6.22　转换线段

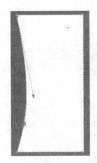

图 6.23　调整左侧形状

　　(7) 使用同样的方法将右侧的两个角点转换为曲线，并进行调整，完成后的效果如图 6.24 所示。

　　(8) 继续使用【矩形】工具，绘制【宽】和【高】分别为 68mm、30mm 的矩形，填充白色，并调整位置，如图 6.25 所示。

图 6.24　调整右侧形状

图 6.25　绘制矩形

6.2.3　添加与删除节点

　　下面介绍添加和删除节点的操作。

　　(1) 继续上一小节的操作，使用选择工具将顶端的球删除，如图 6.26 所示。

　　(2) 选择【形状工具】，在图形的上方拖曳出一个虚框，如图 6.27 所示，选择上方的两个节点。

图 6.26　删除球　　　　　　　　　　图 6.27　选择节点

(3) 在属性栏中单击【删除节点】按钮，将选择的节点删除，完成后的效果如图 6.28 所示。

(4) 在想要添加节点的位置单击鼠标，即可在相应的位置出现一个黑点，如图 6.29 所示。

图 6.28　删除节点　　　　　　　图 6.29　单击要添加节点的位置

(5) 在属性栏中单击【添加节点】按钮，添加节点后的效果如图 6.30 所示。

(6) 对节点适当调整，完成后的效果如图 6.31 所示。

图 6.30　添加节点　　　　　　　图 6.31　调整节点后的效果

6.2.4　分割曲线与连接节点

下面介绍节点的分割与连接操作。

(1) 继续上节操作。确定上一节添加的节点处于选择状态，在属性栏中单击【断开曲线】按钮，将原来封闭的图形进行分割，如图 6.32 所示，这时会发现原来填充的颜色不见了。

(2) 在该节点上按下鼠标左键并向下拖曳，如图 6.33 所示，到适当的位置松开鼠标，即可改变节点的位置，如图 6.34 所示。

图 6.32　分割图形

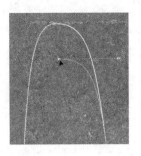

图 6.33　调整节点

(3) 下面再来连接节点。首先在场景中选择要连接的节点，如图 6.35 所示，然后在属性栏中单击【延长曲线使之闭合】按钮，即可将选择的两个节点连接在一起，这时，图形会自动恢复颜色的填充，如图 6.36 所示。

图 6.34　改变节点的位置

图 6.35　选择节点

(4) 还可以在属性栏中单击【连接两个节点】按钮，将选择的两个节点连接为一个节点，并使曲线自动封闭，如图 6.37 所示。

图 6.36　连接节点

图 6.37　连接节点

6.3　复制、再制与删除对象

本节重点讲解对象的复制、再制与删除操作，这样可以节约时间，提高工作效率。

6.3.1　使用复制、剪切与粘贴命令处理对象

CorelDRAW 提供了两种复制对象的方法：一是将对象复制或剪切到剪贴板上，然后粘贴到绘图区中；二是可以再制对象。将对象剪切到剪贴板时，对象将从绘图区中移除；

将对象复制到剪贴板时，原对象保留在绘图区中；再制对象时，对象副本会直接放到绘图窗口中，而非剪贴板上。并且再制的速度比复制和粘贴快。

(1) 启动软件后打开随书附带光盘中的 CDROM\素材\第 6 章\数据符号.cdr 文件，如图 6.38 所示。

(2) 使用【选择工具】框选如图 6.39 所示的区域，进行选择。

(3) 选择完成后，按 Ctrl+C 组合键进行复制，按 Ctrl+V 组合键进行粘贴，然后调整粘贴后对象的位置，如图 6.40 所示。

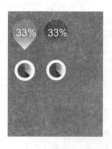
图 6.38　素材文件

图 6.39　选择图形

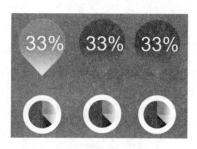
图 6.40　复制对象

(4) 按 Ctrl+Z 组合键，退回到上一步，继续选择对象，按 Ctrl+X 组合键进行剪切，如图 6.41 所示。

(5) 对象剪切后，按 Ctrl+V 组合键进行粘贴，效果如图 6.42 所示。

图 6.41　选择矩形

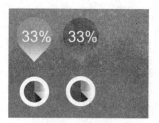
图 6.42　粘贴对象后的效果

6.3.2　再制对象

再制对象的具体操作如下。

(1) 启动软件后打开随书附带光盘中的 CDROM\素材\第 6 章\数据符号.cdr 文件，如图 6.43 所示。

(2) 在菜单栏选择【工具】|【自定义】命令，如图 6.44 所示。

图 6.43　素材文件

图 6.44　选择【自定义】命令

(3) 弹出【选项】对话框，选择【文档】|【常规】选项，在【常规】选项卡下将【再制偏移】选项组中的【水平】和【垂直】都设为 5mm，设置完成后单击【确定】按钮，如图 6.45 所示。

(4) 选择【选择工具】，框选如图 6.46 所示的对象。

图 6.45　【选项】对话框

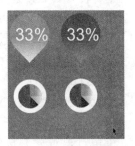

图 6.46　框选对象

(5) 选择完成后，按 Ctrl+D 组合键，再制对象，效果如图 6.47 所示。

(6) 多次按 Ctrl+D 组合键，对对象进行多次再制，效果如图 6.48 所示。

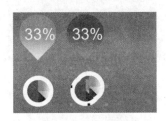

图 6.47　再制对象

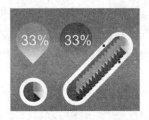

图 6.48　进行多次再制

6.3.3　删除对象

要删除不需要的对象，应首先在场景中选择它，然后在菜单栏中选择【编辑】|【删除】命令，或直接按 Delete 键将其删除。

6.4　自由变换工具

使用自由变换工具可以很方便地旋转、扭曲、镜像和缩放对象。自由变换工具包括自由旋转工具、自由角度镜像工具和自由调节工具。

6.4.1　自由变换工具的属性设置

单击工具箱中的【自由变换工具】按钮，属性栏中就会显示与它相关的选项，如图 6.49 所示。

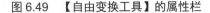

图 6.49　【自由变换工具】的属性栏

属性栏中各选项的说明如下。

- 【自由旋转】工具 ⟳：可以将选择的对象进行自由角度旋转。
- 【自由角度反射】工具 ⟲：可以将选择的对象进行自由角度镜像。
- 【自由缩放】工具 ⬚：可以将选择的对象进行自由缩放。
- 【自由倾斜】工具 ⟋：可以将选择的对象进行自由扭曲。
- 【旋转中心位置】文本框：通过设置 X 和 Y 坐标确定旋转中心的位置。
- 【旋转角度】文本框：通过设置倾斜角度来水平或垂直倾斜对象。
- 【旋转中心】：设置旋转中心的位置。
- 【水平镜像】工具 ⬓：可以将选择的对象在原中心位置进行水平镜像。
- 【垂直镜像】工具 ⬔：可以使对象在原中心位置进行垂直镜像。
- 【应用到再制】按钮 ⬚：单击该按钮，可在旋转、镜像、调节、扭曲的同时再制对象。
- 【相对于对象】按钮 ⊞：根据对象的位置，而不是根据 X 和 Y 坐标来应用变换。

6.4.2　使用自由旋转工具旋转对象

使用自由旋转工具可以将选择的对象进行任意角度旋转，也可以指定旋转中心点来旋转对象，也可以在旋转的同时再制对象。

(1) 启动软件后打开随书附带光盘中的 CDROM\素材\第 6 章\旋转文字.cdr 文件，如图 6.50 所示。

(2) 单击工具箱中的【自由变换工具】按钮 ⟳，并单击属性栏中的【自由旋转】按钮 ⟳，在空白区域拖动鼠标指针，完成后的效果如图 6.51 所示。

图 6.50　素材文件　　　　　　　　　图 6.51　自由旋转的效果

6.4.3　使用自由角度镜像工具镜像对象

下面介绍自由角度镜像工具的使用，具体操作如下。

(1) 继续上一节的操作，按 Ctrl+Z 组合键返回到上一步，单击属性栏中的【自由角度反射】按钮 ⟲，并将【应用到再制】按钮 ⬚取消选中状态，在对象的上方按下鼠标左键由上向下拖动鼠标指针，可以移动轴的倾斜度，从而来决定对象的镜像方向，如图 6.52 所示。

(2) 移动到适当位置，松开鼠标左键查看效果，如图 6.53 所示。

图 6.52　拖动鼠标

图 6.53　镜像后的效果

6.4.4　使用自由调节工具调节对象

下面以【自由倾斜工具】为例进行介绍。

(1) 继续上一节的操作，在属性栏中选择【自由倾斜】工具，按住鼠标左键进行拖动，如图 6.54 所示。

(2) 调整完成后，松开鼠标左键查看效果，如图 6.55 所示。

图 6.54　拖动鼠标指针调节

图 6.55　倾斜的效果

6.5　涂 抹 工 具

利用涂抹工具可以将简单的曲线复杂化，也可以任意修改曲线的形状，从而可以绘制出一些特殊的复杂的图形。

6.5.1　涂抹工具的属性设置

在工具箱中选择【涂抹工具】，属性栏中就会显示它的选项，如图 6.56 所示。

图 6.56　【涂抹工具】的属性栏

属性栏中各选项的说明如下。

- 【笔尖半径】文本框：输入数值，可以设置涂抹笔刷的大小。
- 【压力】按钮 ：如果用户使用绘图笔，则该选项为活动可用状态，通过它可以改变笔刷笔尖的大小并对笔应用压力。
- 【平滑涂抹】按钮 ：激活该按钮可以涂抹出平滑的图像。
- 【尖状涂抹】按钮 ：激活该按钮可以涂抹出尖状的图像。
- 【笔压】按钮：绘图时，运用数字笔或写字板的压力控制效果。

6.5.2　使用涂抹工具涂抹填充对象颜色

下面介绍使用涂抹工具编辑对象的操作。

(1) 启动软件后打开随书附带光盘中的 CDROM\素材\第 6 章\风火足球.cdr 文件，如图 6.57 所示。

(2) 在工具箱中选择【手绘工具】，绘制如图 6.58 所示的线条。

图 6.57　素材

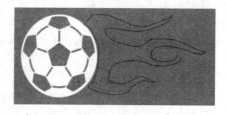

图 6.58　绘制线条

(3) 为上一步创建的图形对象填充白色，并将轮廓也设为白色，如图 6.59 所示。

(4) 选择【涂抹】工具，在属性栏中将半径设为 40mm，并启用【平滑涂抹】选项，涂抹上一步创建的对象的左侧和顶端部分，使其与足球对象平滑过渡，如图 6.60 所示。

图 6.59　填充颜色

图 6.60　进行涂抹修改

(5) 使用同样的方法对其他的轮廓进行修改，最终效果如图 6.61 所示。

(6) 将上一步创建的对象进行组合，并复制一个，填充任意颜色，效果如图 6.62 所示。

图 6.61　调整后的效果

图 6.62　最终效果

6.6　粗　糙　笔　刷

使用粗糙笔刷工具可以制作出类似于尖状凸起的形状。

6.6.1　粗糙笔刷属性的设置

单击工具箱中的【粗糙笔刷工具】按钮 ，属性栏中就会显示它的相关选项，如图 6.63 所示。

图 6.63　【粗糙笔刷工具】的属性栏

- 【笔尖半径】文本框：输入所需的数值，可以设置涂抹笔刷的大小。
- 【笔压】按钮 ：通过使用笔压，可以控制粗糙区域中的尖突频率。
- 【尖凸频率】 ：通过设定固定值，可以更改粗糙区域中的尖突频率。
- 【干燥】 ：通过设定固定值，可以更改粗糙区域尖突的数量。
- 【使用笔倾斜】：通过使用笔的倾斜设置，改变粗糙尖突的高度。
- 【笔倾斜】：通过设定固定角度，可以改变粗糙尖突的方向。
- 【尖突方向】：更改粗糙尖突方向包括自动、固定方向、笔设置三个选项。
- 【笔方位】：将尖突方向设为自动后，为方位设定固定值。

6.6.2　使用粗糙工具对文字进行粗糙处理

用粗糙工具编辑对象的具体操作方法如下。

(1) 启动软件后打开随书附带光盘中的 CDROM\素材\第 6 章\游戏背景.cdr 文件，如图 6.64 所示。

(2) 按 F8 键激活【文本工具】，输入"战神"文字，在属性栏中将【字体】设为【汉仪南宫体简】，将【字体大小】设为 450pt，效果如图 6.65 所示。

图 6.64　素材

图 6.65　输入并设置文字

(3) 选择上一步创建的文字，按 Ctrl+Q 组合键将其转换为曲线。选择【粗糙笔刷工具】，在属性栏中将【笔尖半径】、【尖突频率】分别设为 10mm、10，将【干燥】设为-10，将【笔倾斜】设为 45°，如图 6.66 所示。

(4) 利用粗糙工具对文字的边缘进行粗糙处理，效果如图 6.67 所示。

图 6.66　设置属性

图 6.67　粗糙效果(1)

（5）将【笔倾斜】设为 90°，继续对文字外轮廓进行粗糙处理，完成后的效果如图 6.68 所示。

（6）在工具箱中选择【轮廓图工具】，在属性栏中单击【外部轮廓】按钮，将【轮廓图步长】和【轮廓图偏移】分别设为 3、4.5mm，将【轮廓色】设为黑色，将【填充色】设为白色，如图 6.69 所示。

（7）确认文字处于选择状态，使用鼠标右键单击【调色板】中的 10%黑色，添加轮廓，最终效果如图 6.70 所示。

图 6.68　粗糙效果(2)

图 6.69　设置外轮廓

图 6.70　添加轮廓效果

6.7　变 形 对 象

在 CorelDRAW 中用户可以应用 3 种类型(推拉、拉链与扭曲)的变形效果来为对象造形。在工具箱中单击【变形工具】，其属性栏会显示相应的选项，如图 6.71 所示。

图 6.71　【变形工具】的属性栏

- 【推拉变形】：通过推入和外拉边缘使对象变形。
- 【拉链变形】：将锯齿效果应用到对象边缘。
- 【扭曲变形】：旋转对象应用旋涡效果。

6.7.1　使用变形工具变形对象

使用变形工具变形对象的操作如下。

（1）新建一个空白文档，将其背景设为绿色，如图 6.72 所示。

（2）选择【多边形工具】，在属性栏中将【边数】设为 8，绘制多边形，并将其轮廓和填充都设为黄色，按住 Ctrl 键绘制正多边形，如图 6.73 所示。

（3）按 F10 键激活【形状工具】，选择多边形的节点，向下拖动，拖动到如图 6.74 所示的形状。

（4）选择【变形工具】，选择上一步修改的对象，在属性栏中选择【扭曲变形】，将【完整旋转】设为 1，将【附加度数】设为 30，效果如图 6.75 所示。

图 6.72　新建文档

图 6.73　绘制多边形

图 6.74　修改形状

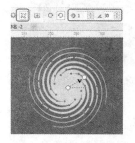

图 6.75　进行变形

(5) 按住鼠标左键，选择控制点，向左下方拖动，如图 6.76 所示，完成后的效果如图 6.77 所示。

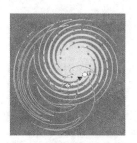

图 6.76　拖动控制点

图 6.77　完成后的效果

6.7.2　复制变形效果

下面介绍如何复制变形效果，具体操作方法如下。

(1) 继续上一节的操作，选择【星形工具】，在属性栏中将【边数】设为 8，按住 Ctrl 键进行绘制，如图 6.78 所示。

(2) 选择上一步创建的星形，将其轮廓和填充色都设为黄色，如图 6.79 所示。

图 6.78　绘制星形

图 6.79　填充颜色

(3) 选择【变形工具】，在场景中选择上一步创建的星形，在属性栏中单击【复制变形属性】按钮，此时场景中会出现黑色的箭头，如图 6.80 所示。

(4) 将黑色的箭头移动到上一节创建的图案中，单击鼠标左键，此时星形会发生变化，效果如图 6.81 所示。

图 6.80　复制属性　　　　　　　　　　图 6.81　复制属性后的效果

6.7.3　清除变形效果

下面介绍如何清除添加的变形效果，具体操作方法如下。

(1) 继续上一小节的操作，利用【变形工具】，选择上一节变形的星形，在属性栏中单击【清除变形】按钮，如图 6.82 所示。

(2) 清除变形后的效果如图 6.83 所示。

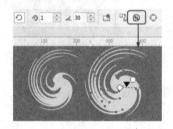

图 6.82　单击【清除变形】按钮　　　　　　图 6.83　清除变形效果

6.8　使用封套改变对象形状

在 CorelDRAW 程序中可以将封套应用于对象，包括线条、美术字和段落文本框。封套由多个节点组成，可以移动这些节点为封套造形，从而改变对象的形状。应用封套后，可以对它进行编辑，或添加新的封套来继续改变对象的形状。CorelDRAW 还允许复制和移除封套。

6.8.1　使用交互式封套工具改变对象形状

下面讲解利用交互式封套工具改变对象的操作。

(1) 启动软件后打开随书附带光盘中的 CDROM\素材\第 6 章\自行车.cdr 文件，如图 6.84 所示。

(2) 在工具箱中选择【封套工具】，选择场景中自行车对象垂直向上拖动右上角的节点，如图 6.85 所示。

图 6.84　素材文件

图 6.85　调整节点

(3) 使用同样的方法将右下角的节点向上拖动，然后使用【选择工具】选择场景中的自行车对象适当向上调整，效果如图 6.86 所示。

(4) 按 F6 键激活【矩形工具】，绘制矩形，并将其轮廓和填充色都设为黄色，如图 6.87 所示。

图 6.86　调整对象

图 6.87　绘制矩形

(5) 选择【封套工具】，对矩形右上角的节点进行调整，如图 6.88 所示。设置完成后的最终效果如图 6.89 所示。

图 6.88　调整对象

图 6.89　最终效果

6.8.2　复制封套属性

下面介绍如何对封套属性进行复制，具体操作方法如下。

(1) 继续上一节的操作，在工具箱中选择【星形工具】，在属性栏中将【边数】设为 50，将【锐度】设为 53，进行绘制，如图 6.90 所示。

(2) 将上一步创建的星形的轮廓和填充色都设为黄色，完成后的效果如图 6.91 所示。

(3) 在工具箱中选择【封套工具】，选择上一步创建的星形，并在属性栏中单击【复制封套属性】按钮，此时在场景中会出现一个黑色箭头，如图 6.92 所示。

(4) 将黑色箭头移动到自行车对象上，单击鼠标左键，效果如图 6.93 所示。

图 6.90 绘制星形

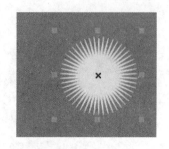

图 6.91 填充颜色

图 6.92 激活【复制封套属性】按钮

图 6.93 完成后的效果

(5) 激活【选择工具】，在属性栏中适当调整星形的大小，如图 6.94 所示。

(6) 继续选择星形对象，调整其位置，最终效果如图 6.95 所示。

图 6.94 调整大小

图 6.95 最终效果

6.9 刻 刀 工 具

使用刻刀工具可以将某一对象进行分割，本节将详细讲解刻刀工具的使用方法。

6.9.1 刻刀工具的属性设置

在工具箱中选择【刻刀工具】，其相应的属性栏如图 6.96 所示。

图 6.96 【刻刀工具】的属性栏

属性栏中的各选项说明如下。

● 【保留为一个对象】按钮：分割后的对象仍为一个对象。

● 【剪切时自动闭合】按钮：可将一个对象分成两个独立的对象。

如果连续单击按钮和，那么会使编辑的对象连成一个对象，而不会把编辑的对象分割成几个对象。

6.9.1 使用刻刀工具编辑对象

刻刀工具的使用方法如下。

(1) 启动软件后打开随书附带光盘中的 CDROM\素材\第 6 章\图标.cdr 文件，如图 6.97 所示。

(2) 在工具箱中选择【刻刀工具】，在场景中捕捉 W 的一个节点，如图 6.98 所示。

图 6.97 素材文件

图 6.98 捕捉节点

(3) 按住鼠标左键进行框选，如图 6.99 所示。

(4) 使用【选择工具】移动刻出的部分，效果如图 6.100 所示。

图 6.99 框选区域

图 6.100 移动对象

6.10 橡皮擦工具

使用橡皮擦工具可以擦除对象的一部分。CorelDRAW 允许擦除不需要的部分位图和矢量图对象。擦除时将自动闭合所有受影响的路径，并将对象转换为曲线。如果擦除连线，CorelDRAW 会创建子路径，而不是单个对象。

6.10.1 橡皮擦工具的属性设置

单击工具箱中的【橡皮擦工具】按钮 ，属性栏中会显示相应的选项，如图 6.101 所示。

属性栏中各选项的说明如下。

图 6.101 【橡皮擦工具】的属性栏

- 【橡皮擦形状】按钮 ：单击该按钮，可以将橡皮擦的形状改为方形，再单击【橡皮擦形状】按钮 ，则橡皮擦的形状又改为圆形。
- 【橡皮擦厚度】文本框：可以设置橡皮擦的大小，数值越大，橡皮擦越大。
- 【减少节点】按钮 ：该按钮可以减少擦除区域的节点数。

6.10.2　使用橡皮擦工具擦除对象

(1) 启动软件后打开随书附带光盘中的 CDROM\素材\第 6 章\服装.cdr 文件，如图 6.102 所示。

(2) 按 X 键激活【橡皮擦工具】，在属性栏中将【橡皮擦形状】设为方形笔尖，将【橡皮擦厚度】设为 7，在场景中选择如图 6.103 所示的形状。

图 6.102　素材文件

图 6.103　选择对象

(3) 按住鼠标左键进行拖动，对对象进行擦除，完成后的效果如图 6.104 所示。

(4) 继续选择服装腰部的对象，将【橡皮擦厚度】设为 5，对对象进行擦除，如图 6.105 所示。

图 6.104　擦除

图 6.105　完成后的效果

6.11　使用虚拟段删除工具

本小节将详细介绍另一个删除线段的工具，即虚拟段删除工具，使用此工具可以将交点之间的连线(虚拟段)删除。

使用【虚拟段删除工具】删除对象的具体操作方法如下。

(1) 单击工具箱中的【椭圆形工具】 ，在绘图区中绘制一个如图 6.106 所示的椭圆。

(2) 在工具箱中选择【选择工具】，选择椭圆，然后在椭圆的中心位置单击，使其处于旋转状态，如图 6.107 所示。

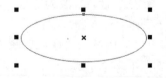

图 6.106　绘制椭圆

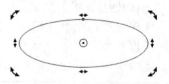

图 6.107　处于旋转状态

(3) 按 Ctrl+C 组合键将其复制，接着按 Ctrl+V 组合键将其粘贴，然后将其旋转，如图 6.108 所示。

(4) 使用同样的方法复制出另一椭圆并对其进行旋转，如图 6.109 所示。

图 6.108　旋转对象　　　　　　　　　　图 6.109　复制并旋转对象

(5) 单击工具箱中的【虚拟段删除工具】按钮，在场景中框选要删除的虚拟段，如图 6.110 所示。

(6) 使用相同的方法删除其他线段，效果如图 6.111 所示。

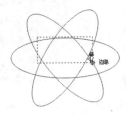

图 6.110　删除多余的线条　　　　　　　　图 6.111　删除后的效果

6.12　修剪对象

下面介绍利用【选择工具】属性栏修剪对象的方法，通过修剪可以将其变成一个新的形状，此方法是创建不规则对象的好方法。

(1) 启动软件后打开随书附带光盘中的 CDROM\素材\第 6 章\举重小人.cdr 文件，其中人物的头部和身体是两个部分，如图 6.112 所示。

(2) 单击工具箱中的【选择工具】按钮，在场景中选择两个对象，单击属性栏中的【修剪】按钮，即可对人物的身体部分进行修剪，如图 6.113 所示。

图 6.112　素材文件　　　　　　　　　　图 6.113　修剪对象

(3) 为了方便观察，将人物的头部向上移动，如图 6.114 所示。

(4) 按两次 Ctrl+Z 组合键返回到原始状态，在属性栏中单击【简化】按钮，即可将重叠的部分修剪掉，如图 6.115 所示。

图 6.114　移动头部

图 6.115　简化后的效果

（5）为了方便观察，可以将人物的头部向上移动，效果如图 6.116 所示。

（6）按两次 Ctrl+Z 组合键返回到原始状态，在属性栏中单击【移除后面的对象】按钮，即可将后面部分修剪掉，如图 6.117 所示。

（7）按 Ctrl+Z 组合键，返回到原始状态，在属性栏中单击【移除前面的对象】按钮，即可将前面的对象删除，如图 6.118 所示。

图 6.116　查看效果

图 6.117　移除后面的对象

图 6.118　移除前面的对象

6.13　焊接和交叉对象

焊接对象是将重叠对象捆绑在一起，来创建一个新的对象，新创建的对象使用被焊接对象的边界作为它的轮廓，所有相交的线条都会消失。

交叉对象是利用两个或多个对象的重叠部分来创建一个新的对象。

（1）继续上一节的操作，按 Ctrl+Z 组合键，返回到原始状态，如图 6.119 所示。选择场景中的两个对象，然后在属性栏中单击【合并】按钮，即可将选择的对象焊接为一个对象，效果如图 6.120 所示。

图 6.119　原始状态

图 6.120　合并后的效果

（2）返回到原始状态，然后在属性栏中单击【相交】按钮，即可创建出一个新的对象，如图 6.121 所示。

（3）为了方便观看，将新创建出的对象向外移动，效果如图 6.122 所示。

图 6.121　相交对象

图 6.122　移动对象

6.14　调 和 对 象

本节将重点讲解如何使用调和对象，应用【调和工具】可以直接产生不同的形状和颜色。

6.14.1　调和工具的属性设置

单击工具箱中的【调和工具】按钮 ，其属性栏如图 6.123 所示。

图 6.123　【调和工具】的属性栏

属性栏中各选项的说明如下。

- 【调和对象】选项：在【调和对象】文本框中可以输入所需的调和步数和间距。
- 【调和方向】 ：在该文本框中可以输入调和角度。
- 【环绕调和】按钮 ：只有在【调和方向】文本框中输入角度时，该按钮才会变为活动状态，单击该按钮，可以在两个调和对象之间围绕调和中心旋转中间的对象。
- 【路径属性】按钮 ：单击该按钮，会弹出下拉菜单，可以在其中选择【新路径】命令，使原调和对象依附在新路径上。
- 【直接调和】按钮 ：单击该按钮，可以用直接渐变的方式填充中间的对象。
- 【顺时针调和】按钮 ：单击该按钮，可以用代表色彩轮盘顺时针方向的色彩填充中间的对象。
- 【逆时针调和】按钮 ：单击该按钮，可以用代表色彩轮盘逆时针方向的色彩填充中间的对象。
- 【对象和颜色加速】按钮 ：单击该按钮，会弹出【加速】面板，在面板中拖动【对象】与【颜色】上的滑块可以调整渐变路径上对象与色彩的分布情况。单击【锁定】按钮取消锁定后，可以单独调整对象或颜色在调和路径上的分布情况。
- 【调整加速人小】按钮 ：单击该按钮，可以调整调和中对象大小更改的速率。
- 【更多调和选项】按钮 ：单击该按钮，会弹出菜单面板，可以在其中单击所需的按钮来映射节点和拆分调和对象。如果选择的调和对象是沿新路径进行调和的，则【沿全路径调和】选项和【旋转全部对象】选项变为活动状态。
- 【起始和结束属性】按钮 ：单击该按钮，会弹出菜单面板，可以在其中重新选择或显示调和的起点或终点。

- 【复制调和属性】按钮 🔲：单击该按钮可以将一个调和对象的属性复制到所选的
  对象上。
- 【清除调和】按钮 🚫：单击该按钮可以将所选的调和对象应用的调和效果清除。

6.14.2 使用调和工具调和对象

利用【调和工具】可以制作出很多特殊效果，下面讲解如何利用【调和工具】制作特殊的文字效果。

(1) 启动软件后新建一个 A4 大小的文档，按 F8 组合键激活【文本工具】，输入文字 OPEN，在属性栏中将【字体】设为【方正综艺简体】，将【字体大小】设为 80pt，并将其轮廓和填充色都设为黄色，如图 6.124 所示。

(2) 选择上一步创建的文字，进行复制，选择复制出的文字，在属性栏中将【字体大小】设为 143pt，并将其颜色设为绿色，如图 6.125 所示。

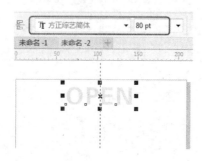

图 6.124 输入文字

图 6.125 复制并修改文字

(3) 在工具箱中选择【调和工具】，选择黄色文字，在属性栏中激活【直接调和】按钮 🔳，按住鼠标左键将鼠标指针移动到绿色文字上，效果如图 6.126 所示。

(4) 选择调和工具中间的调整手柄，将其向下拖动，如图 6.127 所示。

图 6.126 调和后的效果

图 6.127 拖动调整手柄

(5) 在属性栏中将【调和对象】后面的数值设为 900，效果如图 6.128 所示。单击【顺时针调和】按钮 🔳，此时效果如图 6.129 所示。

图 6.128　查看效果

图 6.129　顺时针调和效果

6.15　裁 剪 对 象

使用【裁剪工具】可以对画面中的任意对象进行裁剪，裁剪方法有两种，下面将详细讲解。

6.15.1　使用裁剪工具裁剪对象

下面讲解第一种裁剪方法，需注意的是，此裁剪方法只保留裁剪框内部的对象，裁剪框外部的对象将会被删除。

(1) 启动软件后打开随书附带光盘中的 CDROM\素材\第 6 章\保龄球.cdr 文件，如图 6.130 所示。

(2) 在工具箱中选择【裁剪工具】，然后在场景中拖曳出一个裁剪框，如图 6.131 所示。

(3) 调整好裁剪框后，在裁剪框中双击，即可将裁剪框外部的对象剪掉，效果如图 6.132 所示。

图 6.130　素材文件

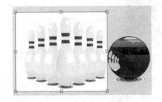

图 6.131　拖曳出裁剪框

图 6.132　裁剪后的效果

6.15.2　创建图框精确裁剪

使用【图框精确裁剪】命令裁剪对象，只是将不需要裁剪的对象隐藏起来，如果有需要，还可以对其进行编辑。

(1) 新建一个空白的 A4 文档，按 Ctrl+I 组合键导入随书附带光盘中的 CDROM\素材\第 6 章\雨林.jpg 文件，如图 6.133 所示。

(2) 选择【矩形工具】，绘制圆角半径为 10mm 的矩形，如图 6.134 所示。

(3) 选择导入的素材图片，执行【对象】|【图框精确裁剪】|【置于图文框内部】命令，此时鼠标指针会变为黑色箭头，如图 6.135 所示。在矩形中单击，即可将导入的素材图片放置到矩形中，如图 6.136 所示。

图 6.133　导入素材文件

图 6.134　绘制矩形

图 6.135　显示黑色箭头

图 6.136　裁剪后的效果

6.15.3　编辑图框精确裁剪对象内容

下面介绍如何对裁剪的对象进行编辑。

(1) 选择上一小节裁剪的对象，在菜单栏中执行【对象】|【图框精确裁剪】|【编辑 PowerClip】命令，容器对象变为蓝色，内置的对象会被完整地显示出来，如图 6.137 所示。

(2) 此时图片素材处于可编辑状态，可以适当调整图片的位置和大小，按住 Ctrl 键，在空白位置单击，查看效果，如图 6.138 所示。

图 6.137　显示完整的对象

图 6.138　最终效果

6.16　上　机　实　践

本节通过两个例子来巩固本章所学的内容。

6.16.1　个性相册

本例将讲解如何制作个性相册，具体操作如下，完成后的效果如图 6.139 所示。

(1) 启动软件后，按 Ctrl+N 组合键，将【名称】设为"个性相册"，将【宽度】和【高度】分别设为 361mm 和 271mm，【原色模式】设为 CMYK，将【渲染分辨率】设为 300dpi，如图 6.140 所示。

图 6.139　个性相册

(2) 在工具箱中选择【矩形工具】，并双击矩形图标，创建与文档同样大小的矩形，如图 6.141 所示。

图 6.140　新建文档

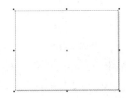

图 6.141　创建矩形

(3) 按 Ctrl+I 组合键，弹出【导入】对话框，选择随书附带光盘中的 CDROM\素材\第 6 章\背景.jpg 文件，调整为与矩形相同大小，如图 6.142 所示。

(4) 按 F6 键激活【矩形工具】，绘制宽和高分别为 91mm 和 61mm 的矩形，将【轮廓宽度】设为 3mm，将【填充颜色】设为黑色、【轮廓颜色】设为白色，完成后的效果如图 6.143 所示。

图 6.142　导入素材

图 6.143　创建矩形

(5) 选择【阴影工具】，在场景中为上一步创建的矩形添加阴影，效果如图 6.144 所示。

(6) 按 Ctrl+I 组合键，弹出【导入】对话框，选择随书附带光盘中的 CDROM\素材\第 6 章\G01.jpg 文件，如图 6.145 所示。

图 6.144　添加阴影

图 6.145　选择导入的素材文件

(7) 单击【导入】按钮，返回到场景中，调整出适当的大小，如图 6.146 所示。

(8) 使用【选择工具】，选择导入的素材图片，按住鼠标右键将其拖至矩形内，松开鼠标右键，在弹出的快捷菜单中选择【图框精确裁剪内部】命令，适当调整位置和大小，完成后的效果如图 6.147 所示。

图 6.146　调整素材文件

图 6.147　剪切图形

(9) 选择上一步创建的矩形和阴影并复制，然后调整其角度，如图 6.148 所示。

(10) 将矩形内的素材图片删除，并插入随书附带光盘中的 CDROM\素材\第 6 章\G02.jpg 文件，适当调整位置和大小，完成后的效果如图 6.149 所示。

图 6.148　复制

图 6.149　修改图片

(11) 使用同样的方法创建其他的相册，如图 6.150 所示。

(12) 按 F8 键激活【文本工具】，输入"声色的回忆使我沉迷"，在属性栏中将【字体】设为【汉仪凌波体简】，将【字体大小】设为 24pt，将【填充颜色】的 CMYK 值设为 0、60、80、20，如图 6.151 所示。

图 6.150　创建其他相册

图 6.151　输入文字

(13) 使用同样的方法，输入其他文字，完成后的效果如图 6.152 所示。

(14) 按 Ctrl+I 组合键，弹出【导入】对话框，导入随书附带光盘中的 CDROM\素材\第 6 章\01.png 文件，并调整位置，如图 6.153 所示。

(15) 在工具箱中选择【艺术笔工具】，在属性栏中选择【笔刷】，在【类别】组中选择【飞溅】，选择第一个笔刷笔触效果，在场景中进行绘制，并将其颜色的 CMYK 值设为 0、60、80、20，如图 6.154 所示。

(16) 使用【钢笔工具】绘制图形，并将其填充颜色和轮廓颜色的 CMYK 的值设为 0、20、60、20，完成后的效果如图 6.155 所示。

图 6.152　输入其他文字

图 6.153　导入素材文件

图 6.154　创建艺术喷溅

图 6.155　绘制图形

(17) 使用【阴影工具】为上一步创建的对象添加阴影，完成后的效果如图 6.156 所示。

(18) 按 F8 键激活【文本工具】，输入"温瞳"，在属性栏中将【字体】设为【方正少儿简体】，将【字体大小】设为 20pt，并单击【下划线】按钮，如图 6.157 所示。

图 6.156　添加阴影

图 6.157　输入文字

(19) 使用同样的方法做出其他便签，完成后的效果如图 6.158 所示。

(20) 适当调整场景中的布局，最终效果如图 6.159 所示。

图 6.158　创建其他便签

图 6.159　最终效果

6.16.2　绘制浏览器图标

本小节将讲解如何制作浏览器图标，具体操作方法如下，完成后的效果如图 6.160 所示。

(1) 启动软件后，按 Ctrl+N 组合键，将【名称】设为"浏览器图标"，将【宽度】和【高度】分别设为 361mm 和 271mm，将【原色模式】设为 CMYK，将【渲染分辨率】设为 300dpi，如图 6.161 所示。

(2) 按 F7 键激活【椭圆形工具】，在舞台中绘制直径 154mm 的正圆，如图 6.162 所示。

图 6.160　浏览器图标　　　　　图 6.161　新建文档　　　　　图 6.162　绘制圆

(3) 继续绘制正圆，在属性栏中将直径设为 70mm，单击【饼图】按钮，将【起始角度】和【结束角度】分别设为 0°和 180°，完成后的效果如图 6.163 所示。

(4) 选择上一步创建的饼形椭圆，进行复制，选择复制的椭圆，在属性栏中单击【垂直镜像】按钮，完成后的效果如图 6.164 所示。

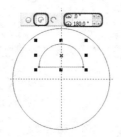
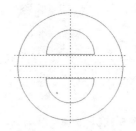

图 6.163　创建饼形椭圆　　　　　　　图 6.164　复制并镜像椭圆

(5) 选择上一步创建的两个饼形椭圆，按 Ctrl+G 组合键进行组合，利用【选择工具】选择正圆和组合椭圆，在属性栏中单击【移除前面对象】按钮进行修剪，为了便于观察，可以填充任意颜色，如图 6.165 所示。

(6) 在场景中绘制矩形，如图 6.166 所示。

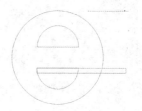

图 6.165　进行修剪　　　　　　　图 6.166　绘制矩形

(7) 选择上一步创建的矩形，按 Ctrl+Q 组合键，将其转换为曲线，按 F10 激活【形状工具】，对上一步创建的矩形的节点适当进行修改，如图 6.167 所示。

(8) 使用【选择工具】选择矩形和组合的圆对象，在属性栏中单击【移除前面对象】按钮  进行修剪，为了便于观察，可以填充任意颜色组合的圆对象，如图 6.168 所示。

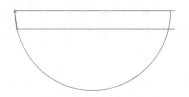

图 6.167　修改矩形

图 6.168　修剪后的效果

(9) 使用椭圆工具绘制如图 6.169 所示的形状。

(10) 使用【选择工具】选择上一步创建的两个椭圆，在属性栏中单击【移除后面对象】按钮 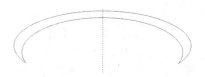，完成后的效果如图 6.170 所示。

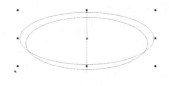

图 6.169　创建椭圆

图 6.170　修剪后的效果

(11) 选择上一步创建的对象，将其进行移动和旋转，调整为如图 6.171 所示的形状。

(12) 使用【选择工具】选择场景中的所有对象，在属性栏中单击【合并】按钮 ，完成后的效果如图 6.172 所示。

图 6.171　调整位置

图 6.172　合并对象

(13) 使用【贝塞尔工具】绘制如图 6.173 所示的形状，并调整位置。

(14) 使用【选择工具】在场景中选择所有对象，在属性栏中单击【修剪】按钮 ，修剪绘制的形状，为了便于观察，可以填充颜色，效果如图 6.174 所示。

图 6.173　创建形状

图 6.174　修剪形状

(15) 使用【选择工具】选择上一步创建的对象，按 F11 键弹出【编辑填充】对话框，将第一个色标的 CMYK 值设为 76、0、100、0，将第二个色标的 CMYK 值设为 25、0、100、0。在【调和过渡】选项组中将【类型】设为【椭圆形渐变填充】，在【变换】组中将 X 和 Y 分别设为-9%和 6%，如图 6.175 所示。

(16) 返回到场景中，将轮廓颜色设为无，将多余的线条删除，查看效果，如图 6.176 所示。

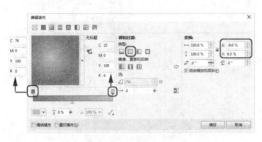

图 6.175　设置渐变色　　　　　　　　　　图 6.176　完成后的效果

(17) 按 F7 键激活椭圆工具，绘制两个椭圆，如图 6.177 所示。

(18) 选择上一步创建的两个椭圆，在属性栏中单击【移除前面对象】按钮，完成后的效果如图 6.178 所示。

图 6.177　创建椭圆　　　　　　　　　　图 6.178　修剪后的效果

(19) 选择上一步创建的对象，按 F11 键弹出【编辑填充】对话框，将第一个色标的 CMYK 值设为 16、13、13、0，将第二个色标的 CMYK 值设为 0、0、0、0，将两个色标的【节点透明度】都设为 50%，如图 6.179 所示。

(20) 单击【确定】按钮返回到场景中，将【轮廓颜色】设为无，查看效果，如图 6.180 所示。

(21) 使用同样的方法创建其他高光，完成后的效果如图 6.181 所示。

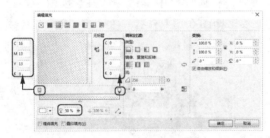

图 6.179　设置渐变色　　　　图 6.180　高光效果　　图 6.181　完成后的效果

思 考 题

1. 简述在 CorelDRAW 中选择对象与取消选择对象的方法。
2. 简述添加与删除节点的方法。
3. 简述创建图框精确裁剪的方法。

第 7 章　处理对象与使用图层

一幅复杂的作品，如果不经过合理的排列、组织与管理，就会杂乱无章，分不清主次，也就很难达到精彩的效果。

本章将介绍在 CorelDRAW X7 中如何对多个对象进行对齐与分布、排列顺序、群组与取消群组、结合与拆分等操作，以及如何使用【对象管理器】泊坞窗来创建与管理图层。

7.1　改变对象大小

使用 CorelDRAW 改变对象大小的方法有两种：第一种是通过改变对象尺寸大小来改变对象，第二种是改变缩放因子来调整大小。

7.1.1　调整对象大小

在 CorelDRAW 中，可以通过以下方法来调整对象大小：

- 使用【选择工具】选择需要调整的对象，然后移动鼠标指针至任意一个控制点上，当鼠标指针变成双向箭头时，拖动鼠标即可调整对象大小，如图 7.1 所示。
- 用鼠标拖动对象时若按住 Shift 键，可以从对象中心等比例调整选定对象的大小，如图 7.2 所示。

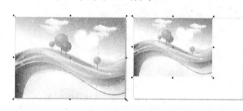  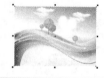

图 7.1　拖动鼠标调整对象大小　　　　　　　图 7.2　按住 Shift 键调整对象大小

- 选择需要调整的对象后，在属性栏的【对象大小】文本框中输入数值即可改变对象的大小，如图 7.3 所示。

对象大小

图 7.3　属性栏

提示

　使用属性栏调整对象大小时，对象原点保持不变。如果想更改对象原点，只需单击属性栏中的对象原点按钮上的任意一点即可。

- 在菜单栏中选择【对象】|【变换】|【大小】命令，然后在弹出的【变换】泊坞窗中输入数值，即可调整对象大小，如图 7.4 所示。

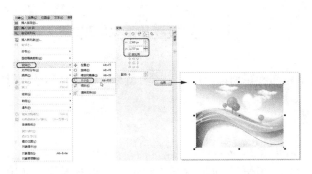

图 7.4　使用【变换】泊坞窗调整对象大小

7.1.2　缩放对象

下面介绍在 CorelDRAW 中缩放对象的方法。

- 选择需要缩放的对象，在属性栏中的【缩放因子】文本框中输入数值即可缩放对象，如图 7.5 所示。

缩放因子

图 7.5　属性栏

提　示

　　当【缩放因子】文本框右侧的【锁定比率】按钮处于按下状态时，可以等比例缩放对象；如果该按钮未处于按下状态，则可以分别设置宽度和高度的缩放值。

- 在菜单栏中选择【对象】|【变换】|【缩放和镜像】命令，弹出【变换】泊坞窗，通过在【水平缩放对象】和【垂直缩放对象】文本框中输入数值，可以缩放对象，如图 7.6 所示。

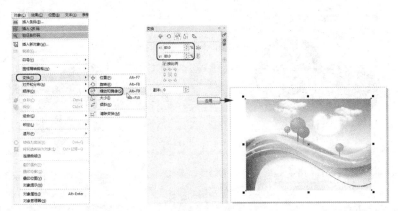

图 7.6　使用【变换】泊坞窗缩放对象

7.2　旋转和镜像对象

在 CorelDRAW 中允许旋转和镜像对象。本节就来介绍旋转和镜像对象的方法。

7.2.1　旋转对象

下面介绍旋转对象的操作方法。

(1) 按 Ctrl+I 组合键，在弹出的对话框中导入一张素材图片，如图 7.7 所示。

(2) 确定新导入的素材图片处于选择状态，在菜单栏中选择【对象】|【变换】|【旋转】命令，弹出【变换】泊坞窗，将【旋转角度】设置为 25°，单击【应用】按钮，即可将选中的素材图片旋转，效果如图 7.8 所示。

图 7.7　素材　　　　　　　　　　　　图 7.8　旋转后的效果

在 CorelDRAW 中，还可以使用以下两种方法来旋转对象。

- 选择需要旋转的对象，在属性栏的【旋转角度】文本框中输入旋转角度，如图 7.9 所示。

- 使用【选择工具】单击两次需要旋转的对象，即可在对象的边缘显示旋转手柄，沿顺时针方向或逆时针方向拖动旋转手柄即可旋转对象，如图 7.10 所示。

图 7.9　使用属性栏设置旋转　　　　　　　图 7.10　旋转手柄

7.2.2　镜像对象

镜像对象可以使对象从左到右或从上到下翻转。默认情况下，镜像锚点位于对象的中心。下面来介绍镜像对象的方法。

(1) 选择需要镜像的对象，在菜单栏中选择【对象】|【变换】|【缩放和镜像】命令，弹出【变换】泊坞窗，在该窗口中可以单击【水平镜像】按钮和【垂直镜像】按钮。这里单击【垂直镜像】按钮，将【副本】设置为 1，再单击【应用】按钮，如图 7.11 所示。

> **提 示**
>
> 选择需要镜像的对象，在属性栏中单击【水平镜像】按钮和【垂直镜像】按钮，也可以镜像选择的对象，但不会复制对象。

(2) 将选择的对象进行复制并垂直镜像后，调整镜像图片的位置，效果如图 7.12 所示。

图 7.11　设置参数

图 7.12　垂直镜像后的效果

7.3　对齐与分布对象

在绘制图形的时候，经常需要将某些图形对象按照一定的规则进行排列，以达到更好的视觉效果。在 CorelDRAW 中，可以将图形或者文本按照指定的方式排列，使它们按照中心或边缘对齐，或者按照中心或边缘均匀分布。

7.3.1　对齐对象

在 CorelDRAW 中，可以使对象互相对齐，也可以使对象与绘图页面的各个部分对齐。在菜单栏中选择【对象】|【对齐和分布】命令，可以看到对齐对象的命令，如图 7.13 所示。

打开随书附带光盘中的 CDROM\素材\第 7 章\003.cdr 文件，其中，最上方图形对象的排列顺序在最底层，如图 7.14 所示。下面以该素材文件为例，介绍 CorelDRAW 中的对齐功能。

- 左对齐：以最底层的对象为准进行左对齐，如图 7.15 所示。
- 右对齐：以最底层的对象为准进行右对齐，如图 7.16 所示。
- 顶端对齐：以最底层的对象为准进行顶端对齐，如图 7.17 所示。
- 底端对齐：以最底层的对象为准进行底端对齐，如图 7.18 所示。

图 7.13　菜单命令

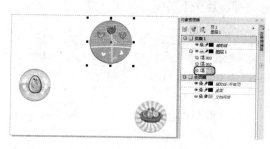

图 7.14　素材文件

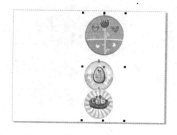

图 7.15　左对齐

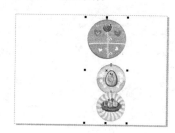

图 7.16　右对齐

图 7.17　顶端对齐

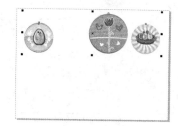

图 7.18　底端对齐

- 水平居中对齐：以最底层的对象为准进行水平居中对齐，如图 7.19 所示。
- 垂直居中对齐：以最底层的对象为准进行垂直居中对齐，如图 7.20 所示。

图 7.19　水平居中对齐

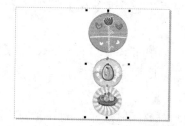

图 7.20　垂直居中对齐

- 在页面居中：以页面中心点为准进行水平居中对齐和垂直居中对齐，如图 7.21 所示。
- 在页面水平居中：以页面为准进行水平居中对齐，如图 7.22 所示。

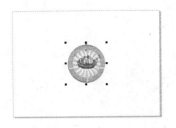

图 7.21　在页面居中

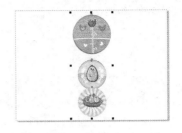

图 7.22　在页面水平居中

- 在页面垂直居中：以页面为准进行垂直居中对齐，如图 7.23 所示。

> **提示**
>
> 选择【对象】|【对齐和分布】|【对齐与分布】命令，在弹出的【对齐与分布】泊坞窗中单击【对齐】选项组中的按钮也可以对齐选择的对象，如图 7.24 所示。

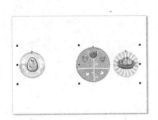

图 7.23　在页面垂直居中

图 7.24　【对齐】选项组

7.3.2　分布对象

在 CorelDRAW 中分布对象时，可以使选择的对象的中心点或选定边缘以相等的间隔分布，在【对齐与分布】泊坞窗中，通过单击【分布】选项组中的按钮可以根据需要分布选择对象，如图 7.25 所示。下面继续以素材文件 003.cdr 为例来介绍 CorelDRAW 中的分布功能，如图 7.26 所示。

图 7.25　【分布】选项组

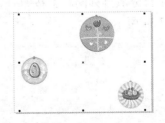

图 7.26　素材

- 【左分散排列】按钮：平均设定对象左边缘之间的间距，如图 7.27 所示。
- 【水平分散排列中心】按钮：沿着水平轴，平均设定对象中心点之间的间距，如图 7.28 所示。

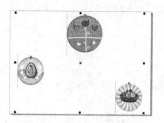

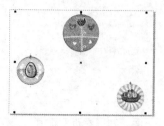

图 7.27　左分散排列　　　　　　　　　图 7.28　水平分散排列中心

- 【右分散排列】按钮：平均设定对象右边缘之间的间距，如图 7.29 所示。
- 【顶部分散排列】按钮：平均设定对象上边缘之间的间距，如图 7.30 所示。

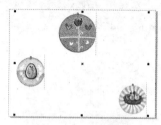

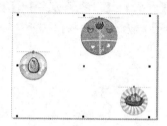

图 7.29　右分散排列　　　　　　　　　图 7.30　顶部分散排列

- 【垂直分散排列中心】按钮：沿着垂直轴，平均设定对象中心点之间的间距，如图 7.31 所示。
- 【底部分散排列】按钮：平均设定对象下边缘之间的间距，如图 7.32 所示。

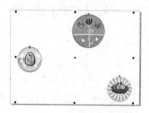

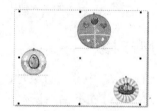

图 7.31　垂直分散排列中心　　　　　　图 7.32　底部分散排列

- 【水平分散排列间距】按钮：沿水平轴，将对象之间的间隔设为相同距离，如图 7.33 所示。
- 【垂直分散排列间距】按钮：沿垂直轴，将对象之间的间隔设为相同距离，如图 7.34 所示。

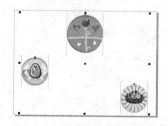

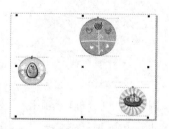

图 7.33　水平分散排列间距　　　　　　图 7.34　垂直分散排列间距

7.4　排　列　对　象

如果用户在绘制好一个对象后，发现它的顺序不正确，这时可以通过图层改变对象的顺序或直接在场景中对对象的顺序进行精确定义。

7.4.1　改变对象顺序

应用 CorelDRAW 中的顺序功能可以把多个对象按照前后顺序排列，使绘制的对象有次序。一般最后创建的对象排在最前面，最早建立的对象则排在最后面。在菜单栏中选择【对象】|【顺序】命令，在弹出的子菜单中可以选择提供的顺序命令，如图 7.35 所示。

打开随书附带光盘中的 CDROM\素材\第 7 章\004.cdr 文件，如图 7.36 所示。下面以该素材为例，介绍在 CorelDRAW 中改变对象顺序的方法。

图 7.35　【顺序】命令的子菜单　　　　　　　　图 7.36　素材

1. 到页面前面

选择【到页面前面】命令，可以将选定的对象移到页面上所有其他对象的前面，快捷键是 Ctrl+Home。

在素材文件中选择背景对象，如图 7.37 所示，然后在菜单栏中选择【对象】|【顺序】|【到页面前面】命令，选择的图形对象就会移到所有对象的最前面，如图 7.38 所示。

图 7.37　选择背景对象　　　　　　　　　图 7.38　到页面前面

2. 到页面背面

选择【到页面背面】命令可以将选定的对象移到页面上所有其他对象的后面，快捷键是 Ctrl+End。

在素材文件中选择热气球对象，如图 7.39 所示，然后在菜单栏中选择【对象】|【顺序】|【到页面背面】命令，选择的图形对象就会移到所有对象的最后面，如图 7.40 所示。

图 7.39 选择热气球对象

图 7.40 到页面背面

3. 到图层前面和到图层后面

选择【到图层前面】命令可以将选定的对象移到活动图层上所有对象的前面，快捷键是 Shift+PageUp。

选择【到图层后面】命令，可以将选定的对象移到活动图层上所有对象的后面，快捷键是 Shift+PageDown。

> **提 示**
>
> 用鼠标在【对象管理器】泊坞窗中直接拖动图层，也可以调整图层的位置。

4. 向前一层

选择【向前一层】命令可以将选择的对象的排列顺序向前移动一位，快捷键是 Ctrl+PageUp。

在素材文件中选择背景对象，如图 7.41 所示，然后在菜单栏中选择【对象】|【顺序】|【向前一层】命令，选择的图形对象就会向前移动一层，如图 7.42 所示。

图 7.41 选择背景对象

图 7.42 向前一层

5. 向后一层

选择【向后一层】命令可以使选择的对象在排列顺序上向后移动一位，快捷键是 Ctrl+PageDown。

在素材文件中选择热气球对象，如图 7.43 所示，然后在菜单栏中选择【对象】|【顺序】|【向后一层】命令，选择的图形对象就会向后移动一层，如图 7.44 所示。

6. 置于此对象前和置于此对象后

选择【置于此对象前】命令可以将所选对象放在指定对象的前面。

在素材文件中选择背景对象，在菜单栏中选择【对象】|【顺序】|【置于此对象前】命

令，此时鼠标指针会变成 ➡ 形状，然后移动鼠标指针到云彩上，如图 7.45 所示。在云彩上单击，即可将背景对象移动到云彩的上方，如图 7.46 所示。

图 7.43　选择热气球对象

图 7.44　向后一层

图 7.45　将鼠标指针移到云彩上

图 7.46　移动位置后的效果

选择【置于此对象后】命令可以将所选的对象放到指定对象的后面，此命令正好与【置于此对象前】命令的作用相反。其操作步骤和置于此对象前的操作相似，这里就不再赘述。

7.4.2　逆序多个对象

选择【逆序】命令可以反转选择对象的排列顺序。

按 Ctrl+A 组合键选择素材文件中的所有对象，如图 7.47 所示。在菜单栏中选择【对象】|【顺序】|【逆序】命令，即可颠倒选定对象的顺序，效果如图 7.48 所示。

图 7.47　选择所有对象

图 7.48　逆序对象

7.5　设置群组对象

在 CorelDRAW 中既可以将两个或多个对象进行群组，也可以群组其他群组以创建嵌套群组，还可以直接编辑群组中的对象，而不需要解组。

7.5.1 群组对象的操作

下面介绍群组对象的具体操作。

（1）按 Ctrl+O 组合键，在弹出的对话框中打开随书附带光盘中的 CDROM\素材\第 7 章\005.cdr 文件，如图 7.49 所示。

（2）按 Ctrl+A 组合键选择场景中的所有对象，如图 7.50 所示。

图 7.49　素材

图 7.50　选择场景中的所有对象

（3）在菜单栏中选择【对象】|【组合】|【组合对象】命令，如图 7.51 所示，即可将选择的对象群组，如图 7.52 所示。

图 7.51　选择【组合对象】命令

图 7.52　群组对象

选择需要群组的对象后，在属性栏中单击【组合对象】按钮，如图 7.53 所示，或者按 Ctrl+G 组合键，也可以群组对象。

图 7.53　单击【组合对象】按钮

7.5.2 编辑群组对象

如果需要编辑群组中的对象，只需在按住 Ctrl 键的同时单击群组中要编辑的对象。例如选择如图 7.54 所示的红色背景，此时可以看到控制点变成黑色圆点，然后对其进行编辑即可，在 CMYK 调色板中单击绿色色块，即可更改选择对象的颜色，如图 7.55 所示。

图 7.54　选择红色背景

图 7.55　更改颜色

7.5.3　取消群组对象

在绘图页中选择需要取消群组的对象，在菜单栏中选择【对象】|【组合】|【取消组合对象】命令或【取消组合所有对象】命令，都可以将成组的对象解组，如图 7.56 所示。

- 取消组合对象：将群组拆分为单个对象，或者将嵌套群组拆分为多个群组。
- 取消组合所有对象：将一个或多个群组拆分为单个对象，包括嵌套群组中的对象。

选择需要取消群组的对象后，也可以直接在属性栏中单击【取消组合对象】按钮 或【取消组合所有对象】按钮 。

图 7.56　菜单命令

7.6　合并与拆分对象

合并是将两个或多个对象合并为单个新的对象，可以合并矩形、椭圆形、多边形、星形、螺纹、图形或文本以便将这些对象转换为单个曲线对象。如果需要修改由多个独立对象合并而成的对象的属性，可以拆分合并的对象。

7.6.1　合并对象

下面介绍合并对象的方法，具体操作步骤如下。

(1) 按 Ctrl+O 组合键，在弹出的对话框中打开随书附带光盘中的 CDROM\素材\第 7 章\006.cdr 文件，如图 7.57 所示。

(2) 按 Ctrl+A 组合键选择素材文件中的所有对象，如图 7.58 所示。

图 7.57　素材

图 7.58　选择所有对象

(3) 在菜单栏中选择【对象】|【合并】命令(或按 Ctrl+L 组合键)，如图 7.59 所示，即可将选择的对象合并为一个对象，如图 7.60 所示。

图 7.59　选择【合并】命令

图 7.60　合并对象

提　示

在属性栏中单击【合并】按钮，也可以将选择的对象合并。

7.6.2　拆分对象

选择需要拆分的对象，在菜单栏中选择【对象】|【拆分曲线】命令(或按 Ctrl+K 组合键)，如图 7.61 所示，即可将合并的对象拆分，如图 7.62 所示。

图 7.61　选择【拆分曲线】命令

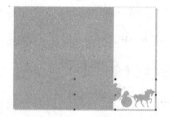

图 7.62　拆分曲线后的效果

7.7　使 用 图 层

在 CorelDRAW 中的绘图都是由叠放的对象组成的，这些对象的叠放顺序决定了绘图的外观，可以使用图层组织这些对象。图层为用户在组织和编辑复杂绘图中的对象时提供了更大的灵活性。可以把一个绘图划分成若干个图层，每个图层分别包含一部分绘图内容。

在菜单栏中选择【窗口】|【泊坞窗】|【对象管理器】命令，如图 7.63 所示，将弹出【对象管理器】泊坞窗，在该窗口中可以看到每个新文件都是使用默认页面(页面 1)和主

页面创建的，如图 7.64 所示。默认页面包括以下图层。

图 7.63　选择【对象管理器】命令

图 7.64　【对象管理器】泊坞窗

- 辅助线：存储特定页面(局部)的辅助线。在辅助线图层上放置的所有对象只显示为轮廓，而该轮廓可作为辅助线使用。
- 图层 1：指的是默认的局部图层。在页面上绘制对象时，对象将添加到该图层上，除非用户选择了另一个图层。

主页面是一个虚拟页面，其中包含应用于文档所有页面的信息。可以将一个或多个图层添加到主页面，以保留页眉、页脚或静态背景等内容。主页面上的默认图层不能被删除或复制。默认情况下，主页面包含以下图层。

- 辅助线(所有页)：包含用于文档中所有页面的辅助线。在辅助线图层上放置的所有对象只显示为轮廓，而该轮廓可作为辅助线使用。
- 桌面：包含绘图页面边框外部的对象。该图层可以存储用户稍后可能要包含在绘图页中的对象。
- 文档网格：包含用于文档中所有页面的文档网格。文档网格始终为底部图层。

7.7.1　创建图层

如果要创建图层，可以在【对象管理器】泊坞窗中单击左下角的【新建图层】按钮，如图 7.65 所示。或者在【对象管理器】泊坞窗中单击【对象管理器选项】按钮，在弹出的下拉菜单中选择【新建图层】命令，如图 7.66 所示。

图 7.65　单击【新建图层】按钮

图 7.66　选择【新建图层】命令

7.7.2 在指定的图层中创建对象

在【对象管理器】泊坞窗中，如果选择的图层为【图层 1】，则在绘图页中创建的对象就会添加到【图层 1】中，反之，则创建的对象就会添加到其他的图层中。

7.7.3 更改图层对象的叠放顺序

下面来介绍更改图层对象叠放顺序的方法，具体操作步骤如下。

(1) 按 Ctrl+O 组合键，在弹出的对话框中打开随书附带光盘中的 CDROM\素材\第 7 章\007.cdr 文件，如图 7.67 所示。

(2) 在【对象管理器】泊坞窗中选择【气球】对象，如图 7.68 所示。

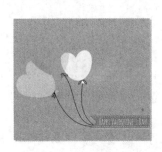

图 7.67 打开的素材文件 　　　　　　　　图 7.68 选择【气球】对象

(3) 单击鼠标左键并拖动鼠标指针，将其拖曳至【背景】的下方，即可调整图层对象的排列顺序，效果如图 7.69 所示。

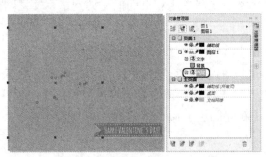

图 7.69 调整图层对象的排列顺序

7.7.4 显示或隐藏图层

如果需要隐藏图层，可以单击该图层左侧的【显示或隐藏】图标 ，当【显示或隐藏】图标变成 样式时，表示该图层被隐藏，如图 7.70 所示。

在选择的图层上单击鼠标右键，在弹出的快捷菜单中选择【可见】命令可以显示隐藏的图层，如图 7.71 所示。

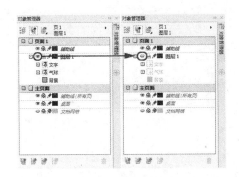

图 7.70　单击【显示或隐藏】图标

图 7.71　选择【可见】命令

7.7.5　重命名图层

在需要重命名的图层上单击鼠标右键，在弹出的快捷菜单中选择【重命名】命令，此时，图层名变为可编辑文本框，在该文本框中输入新名并按 Enter 键确认即可，如图 7.72 所示。也可以通过单击两次图层名，然后输入新的名称来重命名图层。

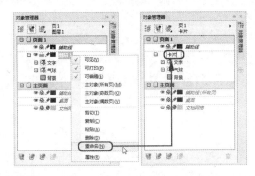

图 7.72　重命名图层

7.7.6　复制图层

右键单击需要复制的图层，在弹出的快捷菜单中选择【复制】命令，即可复制图层，如图 7.73 所示。右键单击需要放置复制图层位置下方的图层，并在弹出的快捷菜单中选择【粘贴】命令，图层及其包含的对象将粘贴在选定图层的上方。

图 7.73　选择【复制】命令

7.7.7　删除图层

在 CorelDRAW 中，可以使用以下方法来删除图层。

- 在需要删除的图层上单击鼠标右键，在弹出的快捷菜单中选择【删除】命令，即可将选择的图层删除，如图 7.74 所示。
- 选择需要删除的图层，然后单击【对象管理器选项】按钮 ，在弹出的下拉菜单中选择【删除图层】命令，如图 7.75 所示。

● 选择需要删除的图层，然后单击右下角的【删除】按钮 ，如图 7.76 所示。

图 7.74　选择【删除】命令　　　图 7.75　选择【删除图层】命令　　　图 7.76　单击【删除】按钮

> **注　意**
> 【对象管理器】泊坞窗中的文档网格、桌面、辅助线和辅助线(所有页面)图层不能删除。

删除图层时，将同时删除该图层上的所有对象。要保留对象，可先将其移动到另一个图层上，然后再删除当前图层。将对象移动到另一个图层上的方法与更改图层对象叠放顺序的方法相同，在此不再赘述。

7.8　上机实践

7.8.1　制作现金券

现金券一般不兑现、不找零，是商家的一种打折促销的手段，一般用于商场、超市、电影院场所。本例将介绍现金券的制作方法，完成后的效果如图 7.77 所示。

(1) 按 Ctrl+N 组合键，在弹出的【创建新文档】对话框中单击【横向】按钮 ，然后单击【确定】按钮，如图 7.78 所示。

图 7.77　现金券　　　　　　　　　　　图 7.78　创建新文档

(2) 在菜单栏中选择【窗口】|【泊坞窗】|【对象管理器】命令，弹出【对象管理器】泊坞窗，将【图层 1】重命名为"正面"，如图 7.79 所示。

(3) 在工具箱中选择【矩形工具】 ，在绘图页中绘制一个宽为 210mm、高为 75mm 的矩形，如图 7.80 所示。

图 7.79　重命名图层

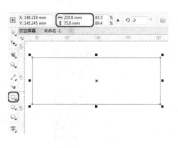

图 7.80　绘制矩形

(4) 确认新绘制的矩形处于选择状态，按 F11 键弹出【编辑填充】对话框，单击【均匀填充】按钮，然后将 CMYK 值设置为 44、100、90、11，单击【确定】按钮，如图 7.81 所示。

(5) 在默认的调色板中右键单击⊠按钮，取消轮廓线的填充，如图 7.82 所示。

图 7.81　设置填充颜色

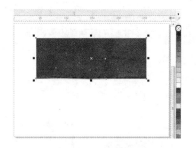

图 7.82　取消轮廓线的填充

(6) 在工具箱中选择【矩形工具】▢，在绘图页中绘制一个宽为 50mm，高为 75mm 的矩形，然后设置填充颜色的 CMYK 值为 0、7、26、0，并取消轮廓线的填充，效果如图 7.83 所示。

(7) 在菜单栏中选择【文件】|【导入】命令，弹出【导入】对话框，在该对话框中选择素材文件"食物背景.jpg"，单击【导入】按钮，如图 7.84 所示。

图 7.83　绘制矩形并填充颜色

图 7.84　选择素材文件

(8) 在绘图页中单击鼠标左键，即可导入选择的素材图片。在菜单栏中选择【位图】|【轮廓描摹】|【线条图】命令，如图 7.85 所示，在弹出的对话框中选中【删除原始图

像】复选框，如图 7.86 所示。描摹完成后单击【确定】按钮。

图 7.85　选择【线条图】命令

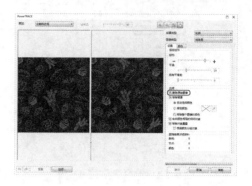

图 7.86　描摹图片

(9) 选择线条图，按 F11 键弹出【编辑填充】对话框，单击【均匀填充】按钮■，将【模型】设置为 CMYK，将 CMYK 值设置为 0、13、34、0，单击【确定】按钮，如图 7.87 所示。

(10) 在属性栏中单击【锁定比率】按钮■，然后将【缩放因子】设置为 50%，并在绘图页中调整其位置，如图 7.88 所示。

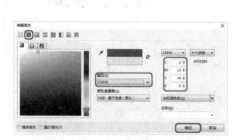

图 7.87　设置颜色

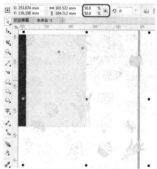

图 7.88　调整线条图

(11) 在菜单栏中选择【对象】|【图框精确剪裁】|【置于图文框内部】命令，如图 7.89 所示。

(12) 此时鼠标指针会变成➡样式，然后在如图 7.90 所示的矩形上单击鼠标左键，如图 7.90 所示。

图 7.89　选择【置于图文框内部】命令

图 7.90　在矩形上单击

(13) 将线条图置于单击的矩形内的效果如图 7.91 所示。

(14) 在工具箱中选择【2 点线工具】，然后在绘图页中绘制线段，如图 7.92 所示。

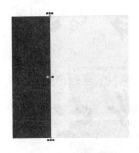

图 7.91　图框精确裁剪　　　　　　　　图 7.92　绘制线段

(15) 确认绘制的线段处于选择状态，按 F12 键弹出【轮廓笔】对话框，将【宽度】设置为 0.3mm，在【样式】列表框中选择如图 7.93 所示的轮廓线样式，并单击【确定】按钮。

(16) 在绘图页中选择绘制的大矩形，按小键盘上的+号键进行复制，然后在【对象管理器】泊坞窗中选择最底层的矩形，如图 7.94 所示。

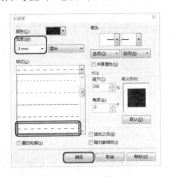

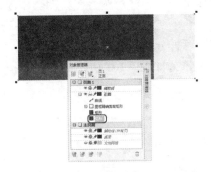

图 7.93　设置线段样式　　　　　　　　图 7.94　复制并选择矩形

(17) 在工具箱中选择【阴影工具】，在【预设列表】中选择【平面右下】选项，将【阴影偏移】设置为 1.4mm 和-1mm，将【阴影羽化】设置为 5，添加阴影后的效果如图 7.95 所示。

(18) 按 Ctrl+A 组合键选择所有对象，按 Ctrl+C 组合键复制对象，在【对象管理器】泊坞窗中单击【新建图层】按钮，新建图层，将新建的图层重命名为"背面"，然后按 Ctrl+V 组合键粘贴复制的对象，如图 7.96 所示。

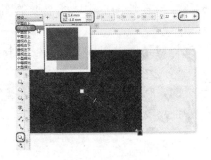

图 7.95　添加阴影　　　　　　　　　　图 7.96　新建图层并复制对象

(19) 在绘图页中调整复制的对象的位置，如图 7.97 所示。

(20) 在【对象管理器】泊坞窗中选择如图 7.98 所示的对象，然后在属性栏中单击【水平镜像】按钮，即可水平镜像选择的对象，效果如图 7.98 所示。

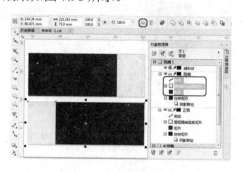

图 7.97　调整复制的对象的位置　　　　　　图 7.98　水平镜像对象

(21) 在【对象管理器】泊坞窗中选择【正面】图层，在工具箱中选择【艺术笔工具】，在属性栏中单击【喷涂】按钮，将【类别】设置为【食物】，在【喷射图样】列表框中选择第三个图样，然后在绘图页中绘制图样，如图 7.99 所示。

(22) 选择绘制的图样，在菜单栏中选择【对象】|【拆分艺术笔组】命令，如图 7.100 所示，即可拆分艺术笔组。

(23) 选择如图 7.101 所示的直线，按 Delete 键将其删除。

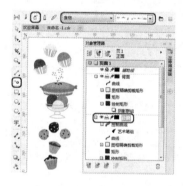

图 7.99　绘制图样　　　　图 7.100　选择【拆分艺术笔组】命令　　　图 7.101　选择直线

(24) 选择绘制的图样对象，在属性栏中将【轮廓宽度】设置为【细线】，在文档调色板上单击 ⊠ 色块，然后右键单击 CMYK 值为 0、7、26、0 的色块，效果如图 7.102 所示。

(25) 在属性栏中单击【取消组合对象】按钮，并在绘图页中将不需要的图样删除，然后调整其他图样的位置，效果如图 7.103 所示。

(26) 按 Ctrl+I 组合键弹出【导入】对话框，在该对话框中选择 logo.png 素材图片，单击【导入】按钮，如图 7.104 所示。

(27) 在绘图页中单击鼠标左键，即可导入选择的素材图片。在菜单栏中选择【位图】|【轮廓描摹】|【线条图】命令，在弹出的对话框中使用默认设置即可，如图 7.105 所示。

图 7.102　设置图样颜色

图 7.103　调整图样位置

图 7.104　选择素材图片

图 7.105　描摹图片

(28) 描摹完成后单击【确定】按钮。选择线条图，按 F11 键弹出【编辑填充】对话框，单击【均匀填充】按钮■，将【模型】设置为 CMYK，然后将 CMYK 值设置为 3、18、60、0，单击【确定】按钮，如图 7.106 所示。

(29) 在属性栏中确认【锁定比率】按钮🔒处于按下状态，然后将【缩放因子】设置为 10%，并在绘图页中调整其位置，如图 7.107 所示。

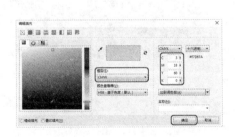

图 7.106　设置填充颜色

图 7.107　设置缩放并调整位置

(30) 在工具箱中选择【文本工具】字，在绘图页中输入文字，并选择输入的文字，在属性栏中将【字体】设置为【华文行楷】，将【字体大小】设置为 17pt，如图 7.108 所示。

(31) 确认输入的文字处于选择状态，在文档调色板上单击 CMYK 值为 3、18、60、0 的色块，效果如图 7.109 所示。

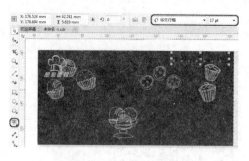

图 7.108　输入并设置文字

图 7.109　设置文字颜色

(32) 在【对象管理器】泊坞窗中选择如图 7.110 所示的对象，并按 Ctrl+C 组合键进行复制。

(33) 选择【背面】图层，按 Ctrl+V 组合键进行粘贴，如图 7.111 所示。

图 7.110　复制对象

图 7.111　粘贴对象

(34) 在绘图页中调整复制对象的位置，选择 logo，将其调整至现金券的右上角，选择文字，将其调整至如图 7.112 所示的位置。

(35) 在【对象管理器】泊坞窗中选择【正面】图层，在工具箱中选择【矩形工具】，在绘图页中绘制一个宽为 160mm，高为 1mm 的矩形，如图 7.113 所示。

图 7.112　调整对象位置

图 7.113　绘制矩形

(36) 按 F11 键弹出【编辑填充】对话框，将左侧节点的 CMYK 值设置为 40、60、100、1，在 55%位置处添加一个节点并将其 CMYK 值设置为 0、26、75、0，将右侧节点的 CMYK 值设置为 40、60、100、1，单击【确定】按钮，如图 7.114 所示。

(37) 在默认 CMYK 调色板中右键单击⊠色块，取消轮廓线的填充，然后按小键盘上的+号键复制矩形，并调整复制后的矩形的位置，如图 7.115 所示。

(38) 确认复制后的矩形处于选择状态，按 F11 键弹出【编辑填充】对话框，将中间节点调整至 20%位置处，单击【确定】按钮，如图 7.116 所示。

(39) 调整渐变颜色后的效果如图 7.117 所示。

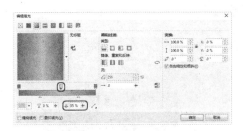

图 7.114 设置渐变颜色

图 7.115 取消轮廓线填充并复制矩形

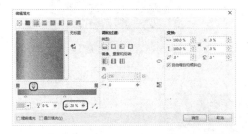

图 7.116 调整节点位置

图 7.117 调整渐变颜色后的效果

(40) 按 Ctrl+I 组合键弹出【导入】对话框，在该对话框中选择 "面包图片.jpg" 素材图片，单击【导入】按钮，如图 7.118 所示。

(41) 在绘图页中单击鼠标左键，即可导入选择的素材图片。在菜单栏中选择【位图】|【轮廓描摹】|【线条图】命令，在弹出的对话框中使用默认设置即可，如图 7.119 所示。

图 7.118 选择素材图片

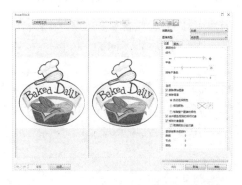

图 7.119 描摹图片

(42) 描摹完成后单击【确定】按钮。选择线条图，在属性栏中确认【锁定比率】按钮处于按下状态，然后将【缩放因子】设置为 21%，并在绘图页中调整其位置，如图 7.120 所示。

(43) 在工具箱中选择【文本工具】 ，在绘图页中输入文字。选择输入的文字，在属性栏中将【字体】设置为【黑体】，然后选择文字 20，将其【字体大小】设置为 90pt，选择文字 "元" 并将其【字体大小】设置为 20pt，如图 7.121 所示。

(44) 使用同样的方法，输入其他文字，将【字体】设置为【黑体】，然后设置不同的字体大小，效果如图 7.122 所示。

(45) 选择新输入的所有文字，在文档调色板上单击 CMYK 值为 3、18、60、0 的色块，即可为选择的文字填充颜色，效果如图 7.123 所示。

(46) 选择 logo 和输入的所有文字，按小键盘上的+号键进行复制，然后将其移至副券上，并调整大小，效果如图 7.124 所示。

图 7.120　设置缩放并调整位置

图 7.121　输入并设置文字

图 7.122　输入其他文字

图 7.123　为文字填充颜色

图 7.124　复制并调整对象

(47) 选择副券上新添加的所有对象，按 F11 键弹出【编辑填充】对话框，单击【均匀填充】按钮██，然后将 CMYK 值设置为 46、67、89、7，单击【确定】按钮，如图 7.125 所示。

(48) 在工具箱中选择【钢笔工具】🖊，在副券上绘制图形，并选择绘制的图形，在文档调色板上单击 CMYK 值为 46、67、89、7 的色块，然后右键单击⊠色块，取消轮廓线的填充，效果如图 7.126 所示。

图 7.125　设置填充颜色

图 7.126　绘制图形并填充颜色

(49) 按小键盘上的+号键复制绘制的图形，然后向下调整图形的位置，如图 7.127 所示。

(50) 在【对象管理器】泊坞窗中选择【背面】图层，按 Ctrl+I 组合键弹出【导入】对话框，在该对话框中选择“提示板.png”素材图片，单击【导入】按钮，如图 7.128 所示。

图 7.127　复制并调整图形

图 7.128　选择素材图片

(51) 在绘图页中单击鼠标左键，即可导入选择的素材图片。在属性栏中将【缩放因子】设置为 95%，并在绘图页中调整其位置，如图 7.129 所示。

(52) 在工具箱中选择【文本工具】字，在绘图页中绘制文本框并输入文字，然后选择文本框，在属性栏中将字体设置为【黑体】，将字体大小设置为 6.5pt，在文档调色板上单击 CMYK 值为 46、67、89、7 的色块，效果如图 7.130 所示。

图 7.129　调整素材图片

图 7.130　输入并设置文字

(53) 在菜单栏中选择【文本】|【项目符号】命令，弹出【项目符号】对话框，在该对话框中选中【使用项目符号】复选框，在【符号】下拉列表框中选择星形，将【大小】设置为 9pt，将【基线位移】设置为-1pt，将【到文本的项目符号】设置为 0mm，单击【确定】按钮，如图 7.131 所示。

(54) 在菜单栏中选择【文本】|【段落文本框】|【显示文本框】命令，如图 7.132 所示，去掉此命令的选择状态。

(55) 在绘图页中调整文本框的位置，并使用同样的方法，继续输入并设置段落文字，效果如图 7.133 所示。

图 7.131　设置项目符号

图 7.132　选择【显示文本框】命令

图 7.133　输入并设置段落文字

(56) 在工具箱中选择【矩形工具】，在绘图页中绘制一个长宽均为 35mm，圆角为 5mm 的矩形，并为绘制的矩形填充一种颜色，然后取消轮廓线的填充，效果如图 7.134 所示。

(57) 按 Ctrl+I 组合键弹出【导入】对话框，在该对话框中选择"蛋糕.jpg"素材图片，单击【导入】按钮，如图 7.135 所示。

图 7.134　绘制并设置矩形

图 7.135　选择素材图片

(58) 在绘图页中单击鼠标左键，即可导入选择的素材图片。在属性栏中将【缩放因子】设置为 34.4%，在【对象管理器】泊坞窗中将素材图片移至矩形的下方，并在绘图页中调整素材图片的位置，如图 7.136 所示。

(59) 在菜单栏中选择【对象】|【图框精确剪裁】|【置于图文框内部】命令，然后在矩形内单击鼠标，即可精确裁剪素材图片，效果如图 7.137 所示。

图 7.136　调整素材图片

图 7.137　精确裁剪图片

(60) 使用同样的方法，继续绘制矩形并导入素材图片，然后精确裁剪素材图片，效果如图 7.138 所示。

(61) 使用【文本工具】在绘图页中输入文字，将字体设置为【黑体】，将字体颜色设置为白色，并设置不同的大小，然后调整其位置，如图 7.139 所示。至此，现金券就制作完成了。

图 7.138　精确裁剪图片

图 7.139　输入并设置文字

7.8.2　制作邀请函

邀请函是邀请亲朋好友或知名人士、专家等参加某项活动时所发的请约性书信。本例将来介绍邀请函的制作方法，完成后的效果如图 7.140 所示。

(1) 按 Ctrl+N 组合键，在弹出的【创建新文档】对话框中输入【名称】为"邀请函"，将【宽度】设置为 450mm，将【高度】设置为 250mm，然后单击【确定】按钮，如图 7.141 所示。

图 7.140　邀请函效果　　　　　　　　　　图 7.141　创建新文档

(2) 在工具箱中选择【矩形工具】 ，在绘图页中绘制一个宽为 210mm、高为 120mm 的矩形，如图 7.142 所示。

(3) 确认新绘制的矩形处于选择状态，按 F11 键弹出【编辑填充】对话框，在【调和过渡】选项组中单击【椭圆形渐变填充】类型按钮 ，将左侧节点的 CMYK 值设置为 95、66、0、45，将右侧节点的 CMYK 值设置为 80、46、0、16，然后单击【确定】按钮，如图 7.143 所示。

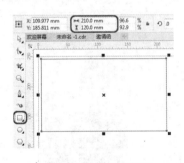

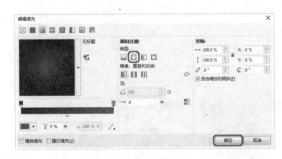

图 7.142　绘制矩形　　　　　　　　　　图 7.143　设置渐变颜色

(4) 在默认的 CMYK 调色板中右键单击 按钮，取消轮廓线的填充，如图 7.144 所示。

(5) 按 Ctrl+I 组合键弹出【导入】对话框，在该对话框中选择素材图片"底纹.png"，单击【导入】按钮，如图 7.145 所示。

(6) 在绘图页中单击鼠标左键，即可导入选择的素材图片。在菜单栏中选择【位图】|【轮廓描摹】|【线条图】命令，在弹出的信息提示对话框中单击【缩小位图】按钮，如图 7.146 所示。

(7) 在弹出的对话框中选中【删除原始图像】复选框，如图 7.147 所示。

图 7.144　取消轮廓线的填充

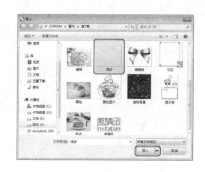

图 7.145　选择素材图片

图 7.147　描摹图片

图 7.146　单击【缩小位图】按钮

(8) 描摹完成后单击【确定】按钮。选择线条图，按 F11 键弹出【编辑填充】对话框，单击【均匀填充】按钮▣，将【模型】设置为 CMYK，并将 CMYK 值设置为 92、69、7、0，单击【确定】按钮，如图 7.148 所示。

(9) 在属性栏中将【缩放因子】设置为 55%，并在绘图页中调整其位置，如图 7.149 所示。

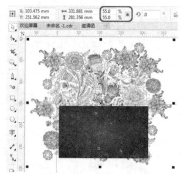

图 7.149　调整线条图

图 7.148　设置填充颜色

(10) 在菜单栏中选择【对象】|【图框精确裁剪】|【置于图文框内部】命令，当鼠标指针变成➡样式时，在绘制的矩形上单击鼠标，即可将线条图置于单击的矩形内，效果如图 7.150 所示。

(11) 在工具箱中选择【文本工具】字，在绘图页中输入文字，并选择输入的文字，在属性栏中将字体设置为【黑体】，将字体大小设置为 31pt，将字体颜色设置为白色，效果如图 7.151 所示。

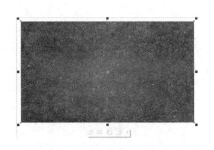

图 7.150　精确裁剪图片　　　　　　　　　图 7.151　输入并设置文字

（12）继续使用【文本工具】 ⫯ 输入文字，并选择输入的文字，在属性栏中将字体设置为 Arial，将字体大小设置为 13pt，将字体颜色设置为白色，效果如图 7.152 所示。

（13）在工具箱中选择【文本工具】 ⫯ ，在绘图页中绘制文本框并输入文字。选择文本框，在属性栏中将字体设置为【黑体】，将字体大小设置为 10pt，将字体颜色设置为白色，效果如图 7.153 所示。

图 7.152　输入并设置文字　　　　　　　　图 7.153　输入并设置段落文字

（14）在绘图页中选择输入的所有文字，然后在属性栏中将【旋转角度】设置为 180°，效果如图 7.154 所示。

（15）在绘图页中选择图框精确裁剪对象，按小键盘上的+号键进行复制，并在绘图页中调整其位置，效果如图 7.155 所示。

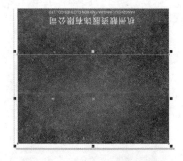

图 7.154　设置旋转角度　　　　　　　　　图 7.155　复制并调整对象位置

（16）在工具箱中选择【钢笔工具】 ⫯ ，在绘图页中绘制图形，如图 7.156 所示。

（17）确认绘制的图形处于选择状态，按 F11 键弹出【编辑填充】对话框，在【调和过渡】选项组中单击【椭圆形渐变填充】类型按钮 ◻，将左侧节点的 CMYK 值设置为 0、15、51、15，将右侧节点的 CMYK 值设置为 0、0、5、0，然后单击【确定】按钮，如图 7.157 所示。

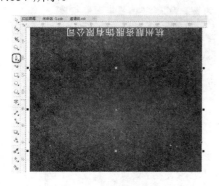

图 7.156　绘制图形

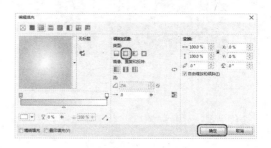

图 7.157　设置渐变颜色

(18) 在默认的 CMYK 调色板上右键单击 ⊠ 按钮，取消轮廓线的填充。按小键盘上的+号键对绘制的图形进行复制，然后在【对象管理器】泊坞窗中选择位于下面的图形，如图 7.158 所示。

(19) 按 F11 键弹出【编辑填充】对话框，在【调和过渡】选项组中单击【线性渐变填充】类型按钮 ◻，将左侧节点的 CMYK 值更改为 36、61、91、8，在 50%位置处添加一个节点并将其 CMYK 值设置为 1、0、31、0，将右侧节点的 CMYK 值更改为 36、61、91、8，单击【确定】按钮，如图 7.159 所示。

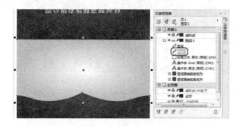

图 7.158　复制并调整图形

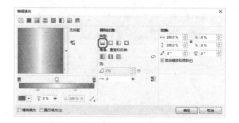

图 7.159　更改填充颜色

(20) 在绘图页中调整图形的位置，效果如图 7.160 所示。

(21) 按 Ctrl+I 组合键弹出【导入】对话框，在该对话框中选择素材图片"蝴蝶结.png"，单击【导入】按钮，如图 7.161 所示。

图 7.160　调整图形位置

图 7.161　选择素材图片

（22）在绘图页中单击鼠标左键，即可导入选择的素材图片。在属性栏中将【缩放因子】设置为 60%，并在绘图页中调整其位置，如图 7.162 所示。

（23）使用【文本工具】 输入文字，然后选择输入的文字，在属性栏中将字体设置为【黑体】，将字体大小设置为 18pt，如图 7.163 所示。

图 7.162　调整素材图片　　　　　　　　图 7.163　输入并设置文字

（24）按 F11 键弹出【编辑填充】对话框，单击【均匀填充】按钮 ，将 CMYK 值设置为 42、100、100、9，单击【确定】按钮，如图 7.164 所示。

（25）继续使用【文本工具】 输入文字，然后选择输入的文字，在属性栏中将字体设置为 Arial，将字体大小设置为 11pt，在文档调色板上单击 CMYK 值为 42、100、100、9 的色块，即可为选择的义字填充该颜色，效果如图 7.165 所示。

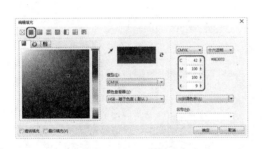

图 7.164　设置填充颜色　　　　　　　　图 7.165　输入并设置文字

（26）按 Ctrl+I 组合键弹出【导入】对话框，在该对话框中选择素材图片"邀请函.png"，单击【导入】按钮，如图 7.166 所示。

（27）在绘图页中单击鼠标左键，即可导入选择的素材图片。在菜单栏中选择【位图】|【轮廓描摹】|【线条图】命令，在弹出的对话框中使用默认设置即可，如图 7.167 所示。

（28）描摹完成后单击【确定】按钮。选择线条图，在属性栏中将【缩放因子】设置为 25%，并在绘图页中调整其位置，如图 7.168 所示。

（29）在工具箱中选择【矩形工具】 ，在绘图页中绘制一个宽为 210mm、高为 240mm 的矩形，如图 7.169 所示。

图 7.166　选择素材图片

图 7.167　描摹图片

(30) 确认绘制的矩形处于选择状态，按 F11 键弹出【编辑填充】对话框，单击【均匀填充】按钮▣，将 CMYK 值设置为 0、0、15、0，单击【确定】按钮，如图 7.170 所示。

(31) 在默认的 CMYK 调色板上右键单击⊠色块，取消轮廓线的填充，如图 7.171 所示。

图 7.168　调整线条图

图 7.169　绘制矩形

图 7.170　设置填充颜色

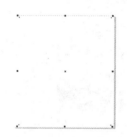

图 7.171　取消轮廓线的填充

(32) 使用前面介绍的方法，导入"底纹.png"素材图片，并将其描摹成线条图；然后按 F11 键弹出【编辑填充】对话框，单击【均匀填充】按钮▣，将【模型】设置为 CMYK，将 CMYK 值设置为 4、7、25、0，单击【确定】按钮，如图 7.172 所示。

(33) 在属性栏中将【缩放因子】设置为 55%，并在绘图页中调整其位置，如图 7.173 所示。

(34) 在菜单栏中选择【对象】|【顺序】|【向后一层】命令，将线条图移至矩形的后面，如图 7.174 所示。

(35) 在菜单栏中选择【对象】|【图框精确剪裁】|【置于图文框内部】命令，当鼠标指针变成➡样式时，在绘制的矩形上单击，即可将线条图置于单击的矩形内，效果如图 7.175 所示。

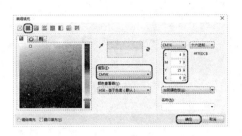

图 7.172 设置填充颜色

图 7.173 调整线条图

图 7.174 向后一层

图 7.175 图框精确裁剪

（36）按 Ctrl+O 组合键弹出【打开绘图】对话框，在该对话框中选择素材文件"花边.cdr"，单击【打开】按钮，如图 7.176 所示。

（37）按 Ctrl+A 组合键选择所有的对象，然后按 Ctrl+C 组合键复制选择的对象，如图 7.177 所示。

图 7.176 选择素材文件

图 7.177 复制对象

（38）返回到当前场景中，按 Ctrl+V 组合键粘贴选择的对象，并在绘图页中调整其位置，如图 7.178 所示。

（39）在工具箱中选择【文本工具】字，在绘图页中输入文字。选择输入的文字，在属性栏中将字体设置为【宋体】，将字体大小设置为 17pt，在文档调色板上单击 CMYK 值为 42、100、100、9 的色块，即可为选择的文字填充该颜色，效果如图 7.179 所示。

（40）使用同样的方法，输入其他文字，然后为输入的文字设置字体、颜色和大小，效果如图 7.180 所示。

(41) 选择输入的文字，并单击鼠标右键，在弹出的快捷菜单中选择【对象属性】命令，弹出【对象属性】泊坞窗，单击【段落】按钮▤，将【首行缩进】设置为 13mm，将【行间距】设置为 150%，设置属性后的效果如图 7.181 所示。

图 7.178　粘贴并调整对象

图 7.179　输入并设置文字

图 7.180　输入并设置其他文字

图 7.181　设置对象属性

(42) 在工具箱中选择【2 点线工具】，在绘图页中绘制直线。选择绘制的直线，在文档调色板上单击 CMYK 值为 42、100、100、9 的色块，即可为选择的直线填充该颜色，效果如图 7.182 所示。

(43) 使用同样的方法绘制其他直线，并为绘制的直线填充颜色，效果如图 7.183 所示。

图 7.182　绘制并设置直线

图 7.183　绘制并设置其他直线

(44) 在工具箱中选择【文本工具】，在绘图页中输入文字。选择输入的文字，在属性栏中将字体设置为【黑体】，将字体大小设置为 36pt，在文档调色板上单击 CMYK 值为 42、100、100、9 的色块，即可为选择的文字填充该颜色，效果如图 7.184 所示。

(45) 在工具箱中选择【钢笔工具】，在绘图页中绘制图形。选择绘制的图形，在文档调色板上单击 CMYK 值为 42、100、100、9 的色块，然后右键单击⊠色块，取消轮廓线的填充，效果如图 7.185 所示。

图 7.184　输入并设置文字

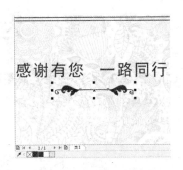

图 7.185　绘制图形并填充颜色

　　(46) 在绘图页中选择如图 7.186 所示的文字，按小键盘上的+号键进行复制，然后单击鼠标右键，在弹出的快捷菜单中选择【顺序】|【到页面前面】命令，如图 7.187 所示。

　　(47) 在属性栏中确认【锁定比率】按钮🔒处于按下状态，将对象宽度设置为 85mm，将旋转角度设置为 0°，在文档调色板上单击 CMYK 值为 42、100、100、9 的色块为复制的文字填充该颜色，然后在绘图页中调整其位置，如图 7.188 所示。至此，邀请函就制作完成了。

图 7.186　选择文字

图 7.187　选择【到页面前面】命令

图 7.188　调整文字

思　考　题

1. 简述调整对象大小的方法。
2. 简述编辑群组中的对象的方法以及取消群组的方法。
3. 简述在【对象管理器】泊坞窗中删除图层的方法。

第8章　为对象添加三维效果

在 CorelDRAW 中，利用工具箱中的轮廓工具、立体化工具、透视效果和阴影工具可以更方便、更直观地改变对象的外观。本章就来介绍轮廓工具、立体化工具、透视效果以及阴影工具的使用。

8.1　交互式轮廓图工具

使用【轮廓图工具】可以为对象添加各种轮廓图效果。轮廓图效果可使轮廓线向内或向外复制，并将所需的颜色以渐变状态进行填充。

8.1.1　交互式轮廓图工具的属性设置

创建了轮廓图效果以后，可以通过【轮廓图工具】的属性栏设置轮廓图效果的方向、轮廓图步长数、轮廓图偏移值以及轮廓图效果的颜色等，如图 8.1 所示。属性栏中的各项说明如下。

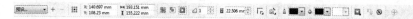

图 8.1　【轮廓图工具】的属性栏

- 【到中心】按钮、【内部轮廓】按钮、【外部轮廓】按钮：单击这些按钮，可以分别向内、向中心或向外添加轮廓线。
- 【轮廓图步长】文本框：可以输入所需的步长值。
- 【轮廓图偏移】文本框：可以输入所需的偏移值。
- 【斜接角】按钮、【圆角】按钮、【斜切角】按钮：单击这些按钮，可以分别设置轮廓图的角类型。
- 【线性轮廓色】按钮、【顺时针轮廓色】按钮、【逆时针轮廓色】按钮：单击这些按钮，可以分别改变轮廓图的颜色渐变序列。
- ：设置所需的轮廓图颜色，包括【轮廓色】和【填充色】。
- 【对象和颜色加速】按钮：单击此按钮，可弹出如图 8.2 所示的【加速】面板，在其中可以调整轮廓中对象的大小和颜色变化的速率。
- 【复制轮廓图属性】按钮：使用交式式工具在画面中选择一个没有添加交互式效果的对象，单击【复制轮廓图属性】按钮后，在粗箭头➡指向要复制的交互式效果上单击，即可将该效果复制到选择的对象上。

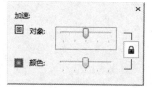

图 8.2　【加速】面板

- 【清除轮廓】按钮：单击此按钮，可将交互式效果清除。

8.1.2　创建轮廓图效果

（1）按 Ctrl+O 组合键，在弹出的对话框中选择随书附带光盘中的 CDROM\素材\第 8 章\01.cdr 文件，如图 8.3 所示。

（2）选中如图 8.4 所示的文字，在工具栏中选择【轮廓图工具】，在属性栏中单击【外部轮廓】按钮，将【轮廓图步长】设置为 4，将【轮廓图偏移】设置为 0.5mm，将【轮廓色】、【填充色】以及【最后一个填充挑选器】都设置为黑色。文字轮廓图的效果如图 8.4 所示。

图 8.3　素材

图 8.4　设置文字轮廓

（3）选中如图 8.5 所示的图形，在属性栏中将【轮廓图步长】设置为 2，将【轮廓图偏移】设置为 0.5mm，将【填充色】设置为白色。设置图形轮廓图后的效果如图 8.5 所示。

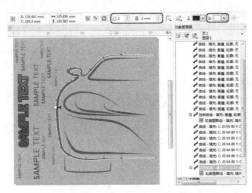

图 8.5　设置图形轮廓图

8.1.3　拆分轮廓图

如果要编辑用交互式轮廓图工具创建的轮廓线，要先将其拆分，然后再编辑创建出的轮廓线。

继续上一小节的例子进行讲解。

（1）选中文字的轮廓图，在菜单栏中选择【对象】|【拆分轮廓图群组】命令，将其拆分，如图 8.6 所示。

（2）由于拆分轮廓图群组后，它仍然是一个群组，因此还需要在菜单栏中执行【对象】|【组合】|【取消组合对象】命令，将该群组对象全部解散，如图 8.7 所示。

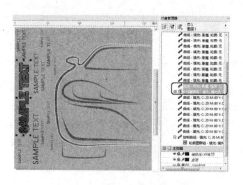

图 8.6　拆分轮廓图群组

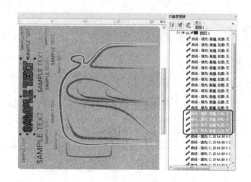

图 8.7　将群组对象全部解散

(3) 单击工具箱中的【选择工具】按钮，在【对象管理器】泊坞窗中选择如图 8.8 所示的曲线。在属性栏中，将【轮廓线宽】设置为 2px，将【线条样式】设置为，其他参数不变，如图 8.8 所示。

(4) 切换至【颜色泊坞窗】，将 CMYK 的值设置为 47、79、0、0，然后单击【填充】按钮，为轮廓线填充颜色，如图 8.9 所示。

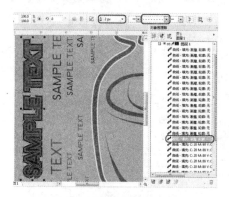

图 8.8　设置曲线轮廓线

图 8.9　设置颜色

8.1.4　复制或克隆轮廓图

利用 CorelDRAW 提供的复制与克隆轮廓图命令，可以在制作好一个轮廓图效果后，再将该轮廓图效果复制或克隆到其他对象上。

继续上一小节的操作进行讲解。

(1) 选中如图 8.10 所示的图形，在菜单栏中选择【效果】|【复制效果】|【轮廓图自】命令。

(2) 此时指针变成➡样式，将鼠标指针移动到要复制的轮廓图效果上单击，如图 8.11 所示。效果将复制到选择的对象上，如图 8.12 所示。

(3) 使用相同的方法为其他图形复制轮廓图，如图 8.13 所示。

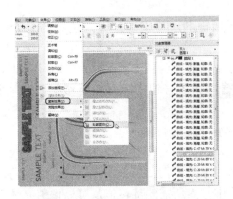

图 8.10 选择【轮廓图自】命令

图 8.11 指向复制的轮廓图效果

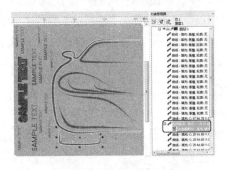

图 8.12 复制后的效果

图 8.13 复制轮廓图后的效果

提 示

　　若选择【效果】|【克隆效果】|【轮廓图自】命令来设置轮廓图效果，则修改源图形的轮廓图效果时，克隆得到的图形轮廓图效果将随之改变。

8.2 交互式立体化工具

　　使用【立体化工具】 可以将简单的二维平面图形转换为三维立体化图形，例如将正方形变为立方体。

8.2.1 交互式立体化工具的属性设置

　　下面介绍【立体化工具】的属性栏，如图 8.14 所示。

图 8.14 【立体化工具】的属性栏

- 【立体化类型】 下拉列表框：可以选择多个立体化类型，如图 8.15 所示。
- 【灭点坐标】 微调框：可以输入所需的灭点坐标，从而达到更改立体化效果的目的。

图 8.15 立体化类型

- 【灭点属性】下拉列表框：可以选择所需的选项来确定灭点位置与是否与其他立体化对象共享灭点等。
- 【页面或对象灭点】按钮：当【页面或对象灭点】按钮图标为 时移动灭点，坐标值是相对于对象的。当【页面或对象灭点】按钮图标为 时移动灭点，坐标值是相对于页面的。
- 【深度】 微调框：可以输入立体化延伸的长度。
- 【立体化旋转】按钮 ：单击该按钮，将弹出一个如图 8.16 所示的面板，可以直接拖动 3 字圆形按钮，来调整立体对象的方向；若单击 按钮，面板将自动变成旋转值面板，如图 8.17 所示，在其中输入所需的旋转值，可以调整立体对象的方向，如果要返回到 3 字按钮面板，只需再次单击右下角的 按钮。
- 【立体化颜色】按钮 ：单击 【立体化颜色】按钮，将弹出【颜色】面板，如图 8.18 所示，可以在其中编辑与选择所需的颜色。如果选择的立体化效果设置了斜角，则可以在其中设置所需的斜角边颜色。

图 8.16　旋转面板

图 8.17　旋转值面板

图 8.18　【颜色】面板

- 【立体化倾斜】按钮 ：单击该按钮，将弹出如图 8.19 所示的面板，用户可以在其中选中【使用斜角修饰边】复选框，然后在文本框中输入所需的斜角深度与角度来设定斜角修饰边，也可以选中【只显示斜角修饰边】复选框，只显示斜角修饰边。
- 【立体化照明】按钮 ：单击该按钮，将弹出如图 8.20 所示的面板，可以在左边单击相应的光源为立体化对象添加光源，还可以设定光源的强度，以及是否使用全色范围。

图 8.19　【立体化倾斜】面板

图 8.20　【立体化照明】面板

8.2.2　创建矢量立体模型

下面介绍立体模型的创建方法。

(1) 新建一个 30mm×20mm 的文档，并将其背景颜色设置为青色，如图 8.21 所示。

（2）在工具箱中单击【文本工具】按钮，在其属性栏中将【字体】设置为【仿宋】，将【字体大小】设置为 24pt，在绘图页中输入文字并调整文字的位置，如图 8.22 所示。

图 8.21　新建文档

图 8.22　输入文字

（3）按 Ctrl+Q 组合键将文字对象转换为曲线，在属性栏中将【轮廓宽度】设置为细线，如图 8.23 所示。

（4）在工具箱中选择【立体化工具】按钮，然后在文字上按下鼠标左键并向左上角拖曳至适当的位置再松开，即可为文字添加立体化效果。在属性栏中将【立体化类型】设置为，【深度】设置为 5，如图 8.24 所示。

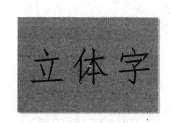

图 8.23　将【轮廓宽度】设置为细线

图 8.24　为文字添加立体化效果

8.2.3　编辑立体模型

下面对创建的立体模型进行编辑操作。

（1）继续上一小节的操作，确认文本处于选择状态，在属性栏中单击【立体化颜色】按钮，在弹出的【颜色】面板中单击【使用递减的颜色】按钮，并将【从】设置为白色，将【到】设置为黄色，如图 8.25 所示。

（2）在属性栏中单击【立体化照明】按钮，在弹出【立体化照明】面板中单击【光源 1】按钮，然后调整光源 1 的位置，将【强度】设置为 75，如图 8.26 所示。

图 8.25　设置渐变颜色

图 8.26　设置光源 1

(3) 单击【光源 2】按钮，并调整光源 2 的位置，将【强度】设置为 23，如图 8.27 所示。

(4) 单击【光源 3】按钮，然后调整到适当的位置，将【强度】设置为 26，如图 8.28 所示。在绘图页的空白处单击，取消对象的选择，完成对立体模型的编辑。

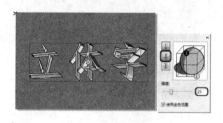

图 8.27　设置光源 2

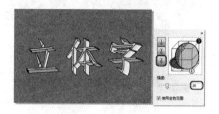

图 8.28　设置光源 3

8.3　在对象中应用透视效果

通过缩短对象的一边或两边，可以创建单点或两点透视效果，如图 8.29 和图 8.30 所示。

图 8.29　单点透视效果

图 8.30　两点透视效果

在对象或群组对象中可以添加透视效果，在链接的群组(比如轮廓图、调和、立体模型和用艺术笔工具创建的对象)中也可以添加透视效果，但不能将透视效果添加到段落文本、位图或符号上。

8.3.1　制作立方体

下面介绍通过立体化工具制作立方体效果的操作。

(1) 按 Ctrl+O 组合键，在弹出的对话框中选择随书附带光盘中的 CDROM\素材\第 8 章\02.cdr 文件，如图 8.31 所示。

(2) 在工具箱中单击【矩形工具】按钮，沿图案的边缘绘制一个矩形，创建完成后的效果如图 8.32 所示。

图 8.31　素材

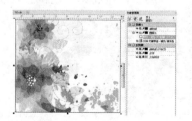

图 8.32　绘制矩形

(3) 在工具箱中单击【立体化工具】按钮 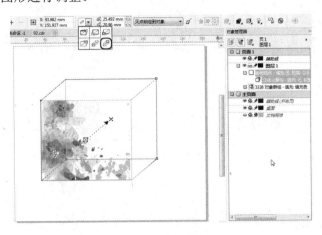，然后在创建的矩形上拖曳鼠标，为创建的矩形添加立体化效果，在属性栏中的【立体化类型】中选择如图 8.33 所示的立体化类型，然后对立体化图形进行调整。

图 8.33　添加立体化效果

8.3.2　应用透视效果

继续上一小节的操作，使用【透视】命令对图形进行调整，制作出立方体效果。

(1) 在【对象管理器】泊坞窗中选中【3338 对象群组】并将其移动到【控制矩形】的上面，如图 8.34 所示。

(2) 按数字键盘中的+号键，复制一个相同的对象，并移动到适当的位置，如图 8.35 所示。

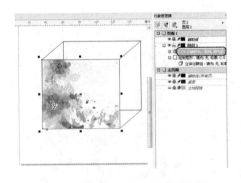

图 8.34　移动【3338 对象群组】

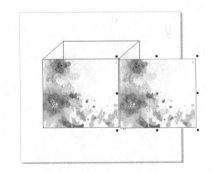

图 8.35　复制并移动对象

(3) 在菜单栏中选择【效果】|【添加透视】命令，如图 8.36 所示。

(4) 拖动复制对象上的控制点到立方体相应的顶点上，对其进行透视调整，调整完成后的效果如图 8.37 所示。

(5) 按空格键确认操作，然后单击工具箱中的【选择工具】按钮 ，选择绘图页中的图形对象，如图 8.38 所示。

(6) 按数字键盘中的+号键，复制一个相同的对象，并移动到适当的位置，如图 8.39 所示。

图 8.36 选择【添加透视】命令

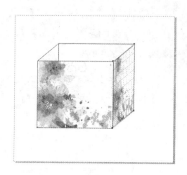

图 8.37 调整控制点的位置

图 8.38 选择图形对象

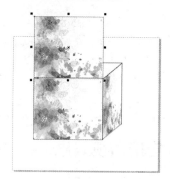

图 8.39 复制并移动对象

(7) 将新复制的对象的控制点拖动到立方体相应的顶点上，对其进行透视调整，调整完成后的效果如图 8.40 所示。

(8) 按空格键确认操作，完成添加透视后的效果如图 8.41 所示。

图 8.40 调整控制点位置

图 8.41 完成后的效果

8.3.3 复制对象的透视效果

下面介绍复制对象的透视效果的操作。

(1) 继续上一小节的操作，单击工具箱中的【选择工具】按钮，在绘图页中选择正面的图形对象，并将其向右拖动到适当的位置后右击，复制副本，如图 8.42 所示。

(2) 在菜单栏中选择【效果】|【复制效果】|【建立透视点自】命令，此时鼠标指针变成➡样式，然后移动指针到要复制的透视效果上，如图 8.43 所示。

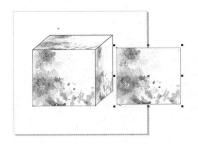

图 8.42　复制图形对象

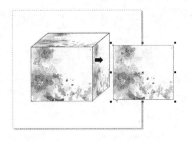

图 8.43　移动鼠标指针到要复制的透视效果上

(3) 单击鼠标左键，即可将选择的透视效果复制到选择的对象上，如图 8.44 所示。

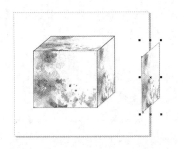

图 8.44　复制透视后的效果

8.3.4　清除对象的透视效果

在菜单栏中选择【效果】|【清除透视点】命令，即可将选择对象中的透视效果清除，如图 8.45 所示。

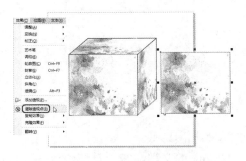

图 8.45　清除透视效果

8.4　交互式阴影工具

使用交互式阴影工具可以为对象添加阴影效果，并可以模拟光源照射对象时产生的阴影效果。在添加阴影时可以调整阴影的透明度、颜色、位置及羽化程度，当对象外观改变时，阴影的形状也随之变化。

8.4.1　交互式阴影工具的属性设置

下面对交互式阴影工具的属性栏进行简单的介绍，如图 8.46 所示。

图 8.46　【阴影工具】属性栏

- 【阴影偏移】选项：当在【预设列表】中选择【平面右上】、【平面右下】、【平面左上】、【平面左下】、【小型辉光】、【中型辉光】或【大型辉光】时，该选项呈活动可用状态，可以在其中输入所需的偏移值。
- 【阴影角度】选项：当在【预设列表】中选择【透视右上】、【透视右下】、【透视左上】或【透视左下】时，该选项呈活动可用状态，可以在其中输入所需的阴影角度值。
- 【阴影延展】选项：调整阴影的长度。
- 【阴影淡出】选项：调整阴影边缘的淡出程度。
- 【阴影的不透明】选项：可以在其文本框中输入所需的阴影不透明度值。
- 【阴影羽化】选项：在其文本框中可以输入所需的阴影羽化值。
- 【羽化方向】选项：在其下拉列表中可以选择所需的阴影羽化的方向。
- 【羽化边缘】选项：在其下拉列表中可以选择羽化类型。
- 【阴影颜色】选项：在其下拉调色板中可以选择与设置所需的阴影颜色。
- 【合并模式】选项：在其下拉列表中可以为阴影设置各种所需的模式，如图 8.47 所示。

图 8.47　【合并模式】选项

8.4.2　给对象添加阴影

下面通过实例介绍为对象添加阴影效果的操作。

(1) 新建一个 120mm×80mm 的文档，在工具箱中双击【矩形工具】按钮，在绘图页中创建一个与页面大小一致的矩形，并为其填充绿色，如图 8.48 所示。

(2) 在工具箱中单击【文本工具】按钮字，在绘图页中输入"CorelDRAW"，将字体设置为 Arial，将字体大小设置为 48pt，将字体颜色设置为白色，如图 8.49 所示。

(3) 选中文本，在菜单栏中选择【效果】|【添加透视】命令，按住 Ctrl+Shift 组合键调整文字右侧的任意一点，添加透视效果，如图 8.50 所示。

(4) 在工具箱中单击【选择工具】按钮，将文本右侧的节点向左侧移动，缩小文本之间的距离，并调整文本的位置，如图 8.51 所示。

图 8.48　创建矩形

图 8.49　输入文本

图 8.50　添加透视效果

图 8.51　调整文本

(5) 在工具箱中单击【阴影工具】按钮，按住鼠标左键不放，将鼠标指针向左下方拖曳，为选择的对象添加阴影效果，如图 8.52 所示。

图 8.52　添加阴影效果

8.4.3　编辑阴影

在上一小节添加完阴影后，本节对阴影进行编辑操作。

(1) 在【阴影工具】的属性栏中，将【预设】设置为【透视左上】，如图 8.53 所示。

(2) 在属性栏中将【阴影角度】设置为 145°，如图 8.54 所示。

(3) 在属性栏中将【阴影的不透明度】设置为 75，如图 8.55 所示。

图 8.53　将【预设】设置为【透视左上】

图 8.54　设置阴影的角度

图 8.55　设置阴影的不透明度

(4) 在属性栏中将【阴影淡出】设置为 30，如图 8.56 所示。

(5) 在属性栏中将【阴影羽化】设置为 15，如图 8.57 所示。

图 8.56　设置阴影淡出　　　　　　　　图 8.57　设置阴影羽化

（6）在属性栏中将【羽化方向】设置为中间，【羽化边缘】设置为方形，如图 8.58 所示。

（7）在属性栏中将【合并模式】设置为颜色加深，最后在空白位置单击，完成后的效果如图 8.59 所示。

图 8.58　设置羽化方向和边缘　　　　　　图 8.59　设置合并模式

8.5　上 机 实 践

8.5.1　制作立体文字效果

下面通过使用【立体化工具】和【轮廓图】工具制作文字立体化效果，如图 8.60 所示。

（1）按 Ctrl+O 组合键，在弹出的对话框中选择随书附带光盘中的 CDROM\素材\第 8 章\立体文字.cdr 文件，如图 8.61 所示。

图 8.60　立体文字效果　　　　　　　　图 8.61　素材

（2）在工具箱中单击【立体化工具】按钮，然后在文字上按下鼠标左键向左下角拖曳到适当的位置松开左键，将【立体化类型】设置为，为文字添加立体化效果，如图 8.62 所示。

（3）在属性栏中单击【立体化颜色】按钮，在弹出的【颜色】面板中单击【使用递减的颜色】按钮█，并将【从】设置为红色，将【到】设置为粉色，如图 8.63 所示。

图 8.62　添加立体化效果

图 8.63　设置颜色

(4) 在属性栏中将【深度】设置为 30，如图 8.64 所示。

(5) 在空白位置单击完成操作。在工具箱中选择【轮廓图工具】█，在属性栏中单击【外部轮廓】按钮█，将【轮廓图步长】设置为 2，将【轮廓图偏移】设置为 2mm，如图 8.65 所示。

图 8.64　设置深度

图 8.65　添加轮廓

(6) 将【填充色】设置为红色，如图 8.66 所示。

(7) 将【轮廓圆角】设置为圆角，将【轮廓色】设置为顺时针轮廓色，如图 8.67 所示。

图 8.66　设置填充色

图 8.67　设置圆角和轮廓色

(8) 在空白位置单击完成操作。在菜单栏中选择【文件】|【导出】命令，在弹出的【导出】对话框中选择导出位置，然后设置【保存类型】和【文件名】，最后单击【导出】按钮，如图 8.68 所示。

(9) 在弹出的【导出到 JPEG】对话框中，使用默认导出参数，然后单击【确定】按钮，如图 8.69 所示。

图 8.68　选择导出位置　　　　　　　图 8.69　单击【确定】按钮

8.5.2　制作包装袋

下面用【添加透视】命令为包装袋素材添加贴图，然后为其添加阴影，完成后的效果如图 8.70 所示。

(1) 按 Ctrl+O 组合键，在弹出的对话框中选择随书附带光盘中的 CDROM\素材\第 8章\包装袋.cdr 文件，如图 8.71 所示。

图 8.70　包装袋效果　　　　　　　　图 8.71　素材

(2) 选择如图 8.72 所示图形对象，然后在菜单栏中选择【效果】|【添加透视】命令，如图 8.72 所示。

(3) 将图形对象右上角的透视点移动至如图 8.73 所示的位置，与包装袋的顶点对齐。

图 8.72　选择【添加透视】命令　　　　图 8.73　调整透视点

(4) 使用相同的方法调整其他透视点到适当位置，如图 8.74 所示。

(5) 在空白位置单击完成操作。使用【选择工具】继续选中图形对象，按 Ctrl+PageDown 快捷键，将图形所在图层向下移动一层，进行多次相同操作，直至将图层移至如图 8.75 所示的位置。

图 8.74　调整其他透视点

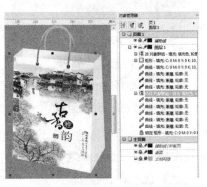

图 8.75　向下移动图层

(6) 选择如图 8.76 所示的图形对象，然后在菜单栏中选择【效果】|【添加透视】命令，为其添加透视点，如图 8.76 所示。

(7) 将图形对象左上角的透视点移动至如图 8.77 所示的位置，与包装袋的顶点对齐。

图 8.76　添加透视点

图 8.77　调整透视点

(8) 使用相同的方法调整其他透视点到适当位置，如图 8.78 所示。

(9) 使用【选择工具】选中如图 8.79 所示的图形对象。

图 8.78　调整其他透视点

图 8.79　选择图形对象

(10) 使用【阴影工具】在图形中单击并向左上方拖动鼠标指针，拖曳出阴影，如图 8.80 所示。

(11) 在属性栏中将【预设】更改为【透视左上】，如图 8.81 所示。

图 8.80　拖曳出阴影

图 8.81　更改预设

(12) 在属性栏中将【阴影角度】设置为 110°，如图 8.82 所示。

(13) 在属性栏中将【阴影的不透明度】设置为 35，如图 8.83 所示。

图 8.82　设置阴影的角度

图 8.83　设置阴影的不透明度

(14) 在属性栏中将【阴影羽化】设置为 20，如图 8.84 所示。

(15) 在属性栏中将【阴影淡出】设置为 40，如图 8.85 所示。

图 8.84　设置阴影羽化

图 8.85　设置阴影淡出

(16) 在空白位置单击完成操作，对包装袋进行适当放大，最后将文档进行保存并导出。

思　考　题

1. 简述轮廓图工具的作用。

2. 简述立体化工具的作用。

3. 简述阴影工具的作用。

第 9 章　应用透明度与透镜

在 CorelDRAW 中可以为对象添加透明效果，使对象呈现钢化玻璃或毛玻璃的透明效果，从而使对象后面的对象能够显示出来。

9.1　透明度工具

在工具箱中选择【透明度工具】，可以为对象设置透明效果，方法是通过减少图像颜色的填充量来更改透明度，使其成为透明或半透明的效果。在如图 9.1 所示的属性栏中，还可以设置图像的透明度类型、合并模式、节点透明度、调整透明角度、边界大小和编辑透明度，以及控制透明度目标等。

图 9.1　【透明度工具】的属性栏

下面介绍透明度工具属性栏中的各选项。

- 【无透明度】：删除添加的透明度效果。
- 【均匀透明度】：为图形应用整齐且均匀分布的透明度。
- 【渐变透明度】：为图形应用均匀过渡的透明度效果。
- 【向量图样透明度】：向量图就是矢量图，为图形添加带有矢量图纹理的渐变透明效果。
- 【位图图样透明度】：为图形添加带有位图纹理的渐变透明效果。
- 【双色图样透明度】：为图形应用双色图样透明度。
- 【底纹透明度】：应用预设的底纹透明度。

当选择【无透明度】以外的透明度模式时，在属性栏中将会根据选择的模式，出现不同的设置选项，在这里只简单介绍几种经常出现的选项，其他选项可通过逐个试用来了解其功能。

- 【编辑透明度】：单击该按钮，将弹出【渐变透明度】对话框，用户可以根据需要在其中编辑所需的渐变，以改变透明度。
- 【复制透明度】：将文档中其他对象的透明度应用到选定对象上。
- 【合并模式】：在其列表中可以选择所需的透明度混合模式，有"常规""添加""减少""差异""乘""除""如果更亮""如果更暗""底纹化""色度""饱和度"和"亮度"等。
- 【透明度挑选器】：在其列表中选择所需的透明度类型，例如：不同的透明度程度、不同纹理的透明度等。
- 【冻结透明度】：单击该按钮，可以冻结透明度内容。在未单击该按钮之前，添加了透明度的对象，其透明度会随下方或上方其他对象的颜色的改变而改变；

单击该按钮之后，该对象的透明度会锁定，不会因为对其他对象进行调整而跟随改变。如图 9.2 所示为冻结透明度前对对象进行调整的对比效果，如图 9.3 所示为冻结透明度后对对象进行调整的对比效果。

图 9.2　未冻结透明度的调整效果

图 9.3　冻结透明度的调整效果

9.1.1　应用透明度

应用透明度的操作如下。

(1) 新建一个文档，在工具箱中选择【椭圆形工具】，在绘图页中绘制圆形，将其填充为红色，并取消轮廓线的填充，效果如图 9.4 所示。

(2) 选择工具箱中的【透明度工具】，在属性栏中单击【向量图样透明度】按钮，将【合并模式】设置为【反转】，如图 9.5 所示。

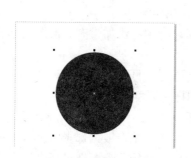

图 9.4　绘制圆形

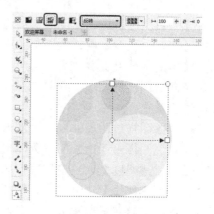

图 9.5　添加透明效果

9.1.2　编辑透明度

为图像添加透明度效果后，还可以对透明度进行编辑。下面介绍编辑透明度的操作。

(1) 继续上一小节的操作，在属性栏中单击【编辑透明度】按钮，弹出【编辑透明度】对话框，在该对话框中单击【水平镜像平铺】按钮，将【变换】选项组中的【倾斜】参数设置为 45°，如图 9.6 所示。

(2) 设置完成后单击【确定】按钮，编辑完透明度后的效果如图 9.7 所示。

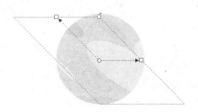

图 9.6　【编辑透明度】对话框　　　　　　图 9.7　编辑完透明度后的效果

9.1.3　更改透明度类型

下面介绍在属性栏中更改透明度类型的方法。

(1) 继续上一小节的操作，确认选中了绘图页中的图形，在属性栏中单击【渐变透明度】按钮■，在右侧单击【矩形渐变透明度】按钮□，即可更改透明度的类型，如图 9.8 所示。

(2) 继续在属性栏中进行设置，单击【透明度挑选器】按钮■▼，在弹出的面板中单击【私人】，在右侧选择一种图样并单击，然后在弹出的面板中单击【应用】按钮，如图 9.9 所示。

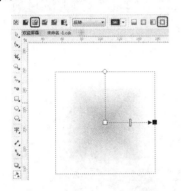

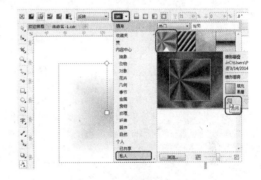

图 9.8　设置渐变类型　　　　　　　　图 9.9　继续设置属性

用户也可以选择其他的透明度类型，这里就不再介绍了。

9.1.4　应用透明度模式

下面介绍更改透明度的合并模式的操作方式。

(1) 继续上一小节的操作，在工具箱中选择【矩形工具】，在绘图页中绘制矩形，如图 9.10 所示。

(2) 在默认调色板中单击黄色色块，为矩形填充颜色。在工具箱中选择【透明度工具】，在属性栏中单击【向量图样透明度】按钮■，在右侧单击【合并模式】按钮，在弹出的下拉列表中选择【饱和度】选项，如图 9.11 所示。

(3) 选择【饱和度】合并模式后，效果如图 9.12 所示。

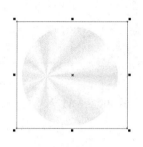

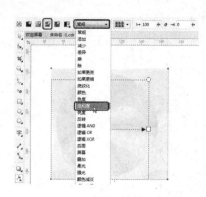

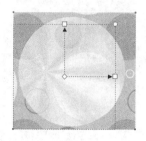

图 9.10　绘制矩形　　　　图 9.11　选择【饱和度】选项　　　图 9.12　饱和度合并模式的效果

9.2　透　　镜

在菜单栏中选择【窗口】|【泊坞窗】|【效果】|【透镜】命令，或者按 Alt+F3 组合键，即可打开【透镜】泊坞窗，如图 9.13 所示。在该窗口中可以为对象添加透镜效果。

下面通过一个小例子介绍透镜效果的应用操作。

(1) 新建一个空白文档，并按 Ctrl+I 组合键导入一张素材图片 "2.jpg"，如图 9.14 所示。

图 9.13　【透镜】泊坞窗　　　　　　　　图 9.14　导入的素材文件

(2) 选择工具箱中的【椭圆形工具】，在绘图页中配合 Ctrl 键绘制正圆，为新绘制的正圆填充洋黄色，然后取消轮廓线的填充，如图 9.15 所示。

(3) 按 Alt+F3 组合键，打开【透镜】窗口，将透镜类型定义为【放大】，将【数量】参数设置为 2，即可为正圆添加透镜效果，然后调整圆形的位置，如图 9.16 所示。

图 9.15　绘制正圆　　　　　　　　　　图 9.16　设置透镜效果

(4) 使用【选择工具】拖动添加了透镜类型的圆形，效果如图 9.17 所示。

选择不同类型的透镜得到的效果也不同，用户可以尝试着选择不同的类型，观察效果。

图 9.17　调整圆形的位置

提示

不能将透镜效果直接应用于链接群组，如调和的对象、勾画轮廓线的对象、立体化对象、阴影、段落文本或用艺术笔创建的对象。

9.3　上机实践

在学习完前面的知识后，下面通过一个实例对前面讲的知识进行巩固。

9.3.1　制作抽奖券的正面效果

下面制作抽奖券的正面，具体操作步骤如下，完成后的效果如图 9.18 所示。

图 9.18　抽奖券正面

(1) 启动软件后按 Ctrl+N 组合键，弹出【创建新文档】对话框，将【名称】设置为"抽奖券"；将【宽度】和【高度】分别设置为 370mm 和 340mm，将【原色模式】设置为 CMYK，如图 9.19 所示。

(2) 双击【矩形工具】，新建文档大小的矩形，并为其填充黑色，完成后的效果如图 9.20 所示。

(3) 使用【矩形工具】绘制宽和高分别为 265mm 和 95mm 的矩形，并将其【填充颜色】的 CMYK 值设置为 5、8、36、0，将轮廓设置为无，如图 9.21 所示。

(4) 继续使用【矩形工具】绘制宽和高分别为 197mm 和 83mm 的矩形，在属性栏中将【轮廓宽度】设置为 1.5mm，将【填充颜色】设置为无，将【轮廓颜色】的 CMYK 值设置为 73、71、100、50，如图 9.22 所示。

图 9.19 创建新文档

图 9.20 创建矩形并填充颜色

图 9.21 绘制矩形(1)

图 9.22 绘制矩形并设置轮廓

(5) 继续绘制宽和高分别为 193mm 和 80mm 的矩形，在属性栏中将【轮廓宽度】设置为 0.5mm，将【填充颜色】设置为无，将【轮廓颜色】的 CMYK 值设置为 25、26、55、0，如图 9.23 所示。

(6) 利用钢笔工具在矩形的左侧绘制直线，将【轮廓颜色】的 CMYK 值设为 25、26、55、0，如图 9.24 所示。

图 9.23 继续绘制矩形

图 9.24 绘制直线

(7) 选择上一步创建的直线，进行复制，将复制的直线移动到矩形的右侧，使用【调和工具】连接两个直线，在属性栏中将【调和对象】设置为 50，利用【透明度】工具，将【透明度】设置为 30%，完成后的效果如图 9.25 所示。

(8) 按 F8 键激活【文本工具】，输入"东丽·国际花园"，在属性栏中将【字体】设置为方正大标宋简体，将【字体大小】设置为 28pt，如图 9.26 所示。

(9) 选择上一步创建的文字，按 F11 键弹出【编辑填充】对话框，将第一个色标的 CMYK 值设置为 63、82、100、52，将第二个色标的 CMYK 值设置为 82、91、91、76，在【调和过渡】选项组中将【类型】设置为【矩形渐变填充】，如图 9.27 所示。

(10) 继续输入文字 Dongli Garden，在属性栏中将【字体】设置为 Blackadder ITC，将【字体大小】设置为 30pt，设置与上一步同样的渐变色，效果如图 9.28 所示。

图 9.25　调和对象

图 9.26　输入并设置文字(1)

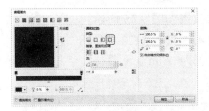

图 9.27　设置渐变色

图 9.28　输入并设置文字(2)

(11) 继续输入文字 "｛编号｝"，在属性栏中将【字体】设置为方正大标宋简体，将【字体大小】设置为 24pt，设置与上一步相同的渐变色，如图 9.29 所示。

(12) 选择上一步创建的文字进行复制，将文字修改为 001，将【字体大小】设置为 48pt，完成后的效果如图 9.30 所示。

图 9.29　输入并设置文字(3)

图 9.30　修改文字(1)

(13) 使用【贝塞尔工具】绘制如图 9.31 所示的形状，并为其填充与文字相同的渐变色，将轮廓颜色设置为无，如图 9.32 所示。

图 9.31　绘制形状

图 9.32　设置填充色

(14) 选择文字 001 进行复制，并将其修改为 "抽奖券"，在属性栏中将【字体】设置为方正大标宋简体，将【字体大小】设置为 60，如图 9.33 所示。

(15) 选择上一步输入的文字，按 Ctrl+T 组合键弹出【文本属性】泊坞窗，将【字符间距】设置为 0，然后利用【选择工具】将文字的高度适当拉长，完成后的效果如图 9.34 所示。

图 9.33　修改文字(2)

图 9.34　设置文字

(16) 使用同样的方法输入其他文字，完成后的效果如图 9.35 所示。

(17) 按 F8 键激活【文本工具】，在舞台中输入 "TEL：1234 5678"，在属性栏中将【字体】设置为汉仪超粗宋简，将【字体大小】设置为 20pt，设置与文字相同的渐变色，完成后的效果如图 9.36 所示。

图 9.35　输入并设置文字(4)

图 9.36　输入并设置文字(5)

(18) 按 F6 键激活【矩形工具】，绘制宽和高分别为 57mm 和 95mm 的矩形，如图 9.37 所示。

(19) 选择上一步创建的矩形，按 F11 键，弹出【编辑填充】对话框，将第一个色标的 CMYK 值设置为 62、77、100、45，将第二个色标的 CMYK 值设置为 63、82、100、52，如图 9.38 所示。

图 9.37　绘制矩形(2)

图 9.38　设置渐变色

(20) 单击【确定】按钮，返回到场景中，将轮廓颜色设置为无，完后的效果如图 9.39 所示。

(21) 按 F8 键，激活【文本工具】，输入 "抽奖券"，在属性栏中将【字体】设置为方正大标宋简体，将【字体大小】设置为 40pt，将【字符间距】设置为 0，效果如图 9.40 所示。

(22) 选择上一步创建的文字，按 F11 键弹出【编辑填充】对话框，将第一个色标的 CMYK 值设置为 0、4、43、0，将第二个色标的 CMYK 值设置为 1、4、53、0，如图 9.41 所示。

(23) 返回到场景中，利用【选择工具】将文字的高度适当拉长，完成后的效果如图 9.42 所示。

图 9.39　完成后的效果

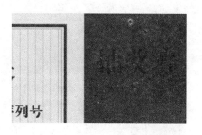

图 9.40　输入并设置文字(6)

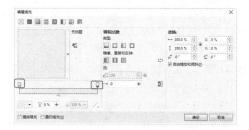

图 9.41　设置渐变色

图 9.42　完成后的效果

(24) 按 F6 键激活【矩形工具】，绘制宽和高分别为 37mm 和 0.2mm 的矩形，并对其填充与文字相同的渐变色，完成后的效果如图 9.43 所示。

(25) 按 F8 键激活【文本工具】，输入 RAFFLE TICKET，在属性栏中将【字体】设置为仿宋，将【字体大小】设置为 16pt，为其设置与矩形相同的渐变色，如图 9.44 所示。

图 9.43　绘制矩形(3)

图 9.44　输入并设置文字(7)

(26) 选择上一步创建的矩形，对其进行复制并调整位置，完成后的效果如图 9.45 所示。

(27) 使用【选择工具】选择文字〔编号〕和 001 并复制，将复制的文字调整到如图 9.46 所示的位置。

图 9.45　复制矩形

图 9.46　复制并调整位置

(28) 选择复制的文字，在【文本属性】泊坞窗中将【文字间距】设为 0，并适当调整文字的大小，设置与矩形相同的渐变色，完成后的效果如图 9.47 所示。

图 9.47　完成后的效果

9.3.2　制作抽奖券的反面效果

下面制作抽奖券的反面，具体操作步骤如下，完成后的效果如图 9.48 所示。

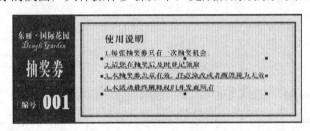

图 9.48　抽奖券反面

(1) 继续上一节例子的操作，使用【选择工具】选中抽奖券正面的底层矩形和控制曲线，按+键进行复制，然后在属性栏中将 X 设置为-476.239、Y 设置为-438.542mm、【旋转角度】设置为180°，调整后的效果如图 9.49 所示。

(2) 在工具箱中选择【文本工具】，在绘图页中输入文字。选中输入的文字，在属性栏中将 X 设置为-581.066mm，Y 设置为-408.666mm，单击【字体列表】选择【方正大标宋简体】，将【字体大小】设置为22pt，如图 9.50 所示。

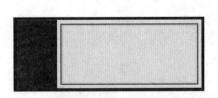

图 9.49　复制并设置对象

图 9.50　输入并设置文字(1)

(3) 按 F11 键打开【编辑填充】对话框，单击【渐变填充】按钮，将 0%位置色标的 CMYK 值设置为 0、4、43、0，将 100%位置色标的 CMYK 值设置为 1、4、53、0，在【变换】选项组中将【填充宽度】和【填充高度】均设置为100%，将 X 设置为 0%、Y 设置为 0%，设置完成后单击【确定】按钮，如图 9.51 所示。

(4) 继续使用【文本工具】输入文字，并选中输入的文字，在属性栏中将 X 设置为

-581.034mm、Y 设置为-417.384 mm，单击【字体列表】选择 Blackadder ITC，将【字体大小】设置为 25pt，如图 9.52 所示，其颜色与之前文字的颜色相同。

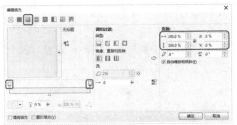

图 9.51 编辑填充　　　　　　　　　　　　图 9.52 输入并设置文字(2)

(5) 在工具箱中选择【矩形工具】□，在绘图页中绘制一个矩形，在属性栏中将【对象大小】的宽度设置为 37mm、高度设置为 0.2mm、X 设置为-580.507、Y 设置为-428.414mm，如图 9.53 所示，其颜色与之前文字的颜色相同。

(6) 确认选中绘制的矩形并按+键，复制矩形，在属性栏中设置其位置，将 X 设置为-580.354mm、Y 设置为-447.91mm，如图 9.54 所示。

图 9.53 绘制并调整矩形　　　　　　　　图 9.54 复制并调整矩形

(7) 在工具箱中选择【文本工具】字，在绘图页中输入文字并选中文字，在属性栏中将 X 设置为-580.308mm、Y 设置为-438.542mm，单击【字体列表】选择【方正大标宋简体】，将【字体大小】设置为 50pt，如图 9.55 所示，其颜色与之前文字的颜色相同。

(8) 继续使用【文本工具】字，在绘图页中输入文字并选中文字，在属性栏中将 X 设置为-595.38mm、Y 设置为-470.819mm，单击【字体列表】选择【方正大标宋简体】，将【字体大小】设置为 20pt，如图 9.56 所示，其颜色与之前文字的颜色相同。

图 9.55 输入并设置文字(3)　　　　　　图 9.56 输入并设置文字(4)

(9) 在工具箱中选择【文本工具】 字，在绘图页中输入文字并选中文字，在属性栏中将 X 设置为-569.296mm、Y 设置为-468.221mm，单击【字体列表】选择【汉仪超粗宋简】，将【字体大小】设置为50pt，如图 9.57 所示，其颜色与之前文字的颜色相同。

(10) 再次使用【文本工具】 字，在绘图页中输入文字并选中文字，在属性栏中将 X 设置为-506.614mm、Y 设置为-411.958 mm，单击【字体列表】选择【方正大标宋简体】，将【字体大小】设置为24pt，如图 9.58 所示，其颜色设置为黑色。

图 9.57　输入并设置文字(5)

图 9.58　输入并设置文字(6)

(11) 继续使用【文本工具】 字，在绘图页中输入文字并选中文字，在属性栏中将 X 设置为-477.576mm、Y 设置为-424.524mm，单击【字体列表】选择【方正大标宋简体】，将【字体大小】设置为18pt，如图 9.59 所示，其颜色设置为黑色。

(12) 使用同样的方法输入其他的文字，并进行设置，完成后的效果如图 9.60 所示。

图 9.59　输入并设置文字(7)

图 9.60　完成后的效果

(13) 保存场景。

思　考　题

1．【透明度工具】有几种模式？

2．【渐变透明度】有几种渐变类型？

3．各透明度模式的透明度目标有几种？

第10章　符号的编辑与应用

在 CorelDRAW 中，可以创建自定义的符号，并将它们保存以备将来使用。符号只需定义一次，就可以在绘图中多次引用。定义的符号信息都存储在作为 CorelDRAW(CDR)文件组成部分的符号管理器中。在绘图中使用符号有助于减小文件所占空间。

符号的选择控制柄与图形对象的选择控制柄不同。符号的选择控制柄是蓝色的；图形对象的选择控制柄是黑色的。定义符号后，还可以删除符号定义及实例和清除未使用的符号定义。

10.1　创 建 符 号

使用【创建符号】命令可将选择的一个或多个图形对象创建为符号。

下面介绍将图形对象创建为符号的操作步骤。

(1) 新建一个空白文件，在工具箱中选择工具，绘制图形并填充颜色，效果如图 10.1 所示。

(2) 在工具箱中选择【选择工具】，选择绘制的所有图形对象，在菜单栏中选择【对象】|【符号】|【新建符号】命令，如图 10.2 所示。

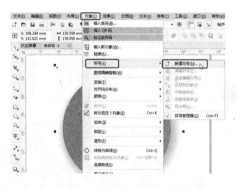

图 10.1　场景文件　　　　　　　　图 10.2　选择【新建符号】命令

(3) 在弹出的【创建新符号】对话框中，将【名称】命名为"星球"，然后单击【确定】按钮，如图 10.3 所示，即可将选择的对象创建为符号，如图 10.4 所示，此时的选择控制柄显示为蓝色。

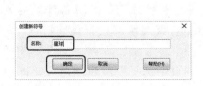

图 10.3　为符号命名　　　　　　　　图 10.4　将选择的对象创建为符号

(4) 在菜单栏中选择【对象】|【符号】|【符号管理器】命令或按 Ctrl+F3 组合键，打开【符号管理器】泊坞窗，即可看到创建的符号已经添加到符号管理器中，如图 10.5 所示。

图 10.5　打开【符号管理器】泊坞窗

10.2　符号在绘图中的应用

在绘图中插入符号，可以创建符号实例。可以修改符号实例的某些属性(如大小和位置)，而不会影响存储在库中的符号定义。可以将一个符号实例还原为一个或多个对象，而仍然保留其属性。

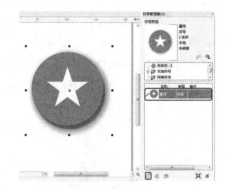

10.2.1　插入符号

继续上一节的操作，在【符号管理器】泊坞窗中，单击底部的【插入符号】按钮，即可将【符号管理器】泊坞窗中选择的符号插入绘图窗口中，如图 10.6 所示。

图 10.6　插入符号

> **提示**
>
> 如果希望插入的符号能自动缩放以适合当前绘图比例，可以按下【缩放到实际单位】按钮。

10.2.2　修改符号

将符号实例插入后，若要对定义的符号进行修改，可以通过【符号管理器】来实现。下面介绍修改符号的操作。

(1) 继续上一小节的操作，在菜单栏中选择【对象】|【符号】|【编辑符号】命令或在【符号管理器】泊坞窗中单击【编辑符号】按钮，此时绘图页中就只剩下一个符号并进入编辑状态，如图 10.7 所示。

(2) 在工具箱中选择【选择工具】，在绘图页中选择要编辑的对象，即可对其进行修改，如在默认调色板中单击需要的颜色色块，或更改图形对象的形状，效果如图 10.8

所示。

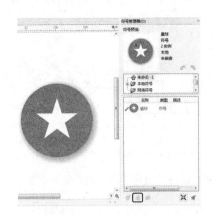

图 10.7　进入编辑状态　　　　　　　　　　图 10.8　选择并编辑对象

（3）编辑完成后，在菜单栏中选择【对象】|【符号】|【完成编辑符号】命令，如图 10.9 所示。

（4）完成符号编辑后，在【符号管理器】中再次单击【插入符号】按钮，即可根据编辑后的符号进行插入，效果如图 10.10 所示。

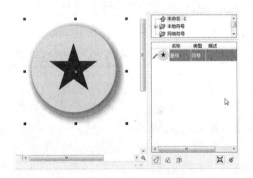

图 10.9　选择【完成编辑符号】命令　　　　图 10.10　再次插入符号的效果

10.2.3　将符号实例还原为一个或多个对象

下面介绍将符号还原为对象的操作。

（1）继续上一小节的操作，在绘图页中选中要还原为图形对象的符号，如图 10.11 所示。

（2）在菜单栏中选择【对象】|【符号】|【还原到对象】命令，即可将选择的符号还原为多个对象，如图 10.12 所示。

（3）还原到对象后，在绘图页中可以分别对各个对象进行选择并调整它们的位置，然后在空白处单击，取消对象选择，效果如图 10.13 所示。

（4）在默认调色板中单击需要的颜色分别为它们填充颜色，效果如图 10.14 所示。

图 10.11　选择符号

图 10.12　选择【还原到对象】命令

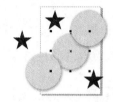

图 10.13　调整对象

图 10.14　更改颜色

注　意

这里的编辑只会影响选择的对象本身，而不会影响其他的对象。

10.3　在绘图之间共享符号

在 CorelDRAW 中，每个绘图都有自己的符号库，符号库是 CorelDRAW(CDR)文件的组成部分。通过复制和粘贴，可以在绘图之间共享符号。

可以将符号的实例复制并粘贴到剪贴板，或从剪贴板复制出来进行粘贴。粘贴符号实例会将符号放置在库中，并将该符号的实例放置在绘图中。之后再粘贴相同符号时会将该符号的另一个实例放置在绘图中，而不会添加到库中。符号实例的复制和粘贴方法与其他对象相同。

10.3.1　复制或粘贴符号

(1) 新建一个文档，在工具箱中选择工具绘制图形并填充颜色，然后将绘制的图形定义为符号，如图 10.15 所示。

(2) 在【符号管理器】泊坞窗中，选择创建的符号并单击鼠标右键，在弹出的快捷菜单中选择【复制】命令，如图 10.16 所示。

(3) 按 Ctrl+N 组合键新建一个文件，接着在【符号管理器】泊坞窗中右击，在弹出的快捷菜单中选择【粘贴】命令，如图 10.17 所示，即可将前面复制的符号粘贴到新的文件中，如图 10.18 所示。

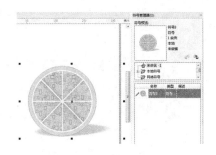

图 10.15　定义符号

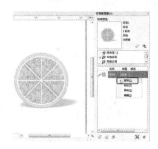

图 10.16　复制符号

图 10.17　选择【粘贴】命令

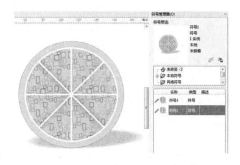

图 10.18　粘贴后的效果

(4) 在【符号管理器】泊坞窗中选择符号，单击左下角的【插入符号】按钮 ，即可将符号插入绘图页中。

10.3.2　导入与导出符号库

1. 导出符号库

继续上一小节的操作，在【符号管理器】泊坞窗中单击【导出库】按钮 ，如图 10.19 所示，弹出【导出库】对话框，在该对话框中选择一个存储路径，并在文件名处为文件命名，然后单击【保存】按钮，如图 10.20 所示。

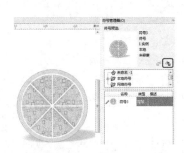

图 10.19　单击【导出库】按钮

图 10.20　【导出库】对话框

2. 导入符号库

新建一个空白文档，打开【符号管理器】泊坞窗，在【符号管理器】泊坞窗中单击【本地符号】项目，再单击【添加库】按钮 ，如图 10.21 所示，弹出【浏览文件或文件夹】对话框，并在其中选择需要导入的符号库，如图 10.22 所示。

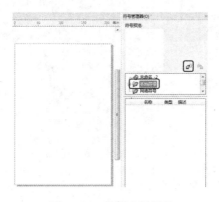

图 10.21　选择本地符号　　　　　　　图 10.22　选择导出的符号

单击【确定】按钮，即可将选择的符号导入【符号管理器】泊坞窗中，然后单击【插入符号】按钮 ，即可插入绘图页中，如图 10.23 所示。

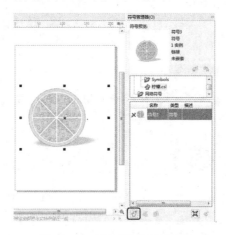

图 10.23　导入符号后的效果

10.4　上机实践——用符号绘制创意女鞋

下面通过实例介绍符号的应用。首先绘制符号，然后定义符号，并将符号导出，然后新建文档，将定义的符号拖曳到绘图页中，并调整符号的大小和位置，制作完成后的效果如图 10.24 所示。

图 10.24　创意女鞋

(1) 按 Ctrl+N 组合键，在弹出的对话框中将【名称】命名为"创意女鞋"，将【宽度】、【高度】分别设置为 297mm、210mm，将【原色模式】设置为 CMYK，单击【确定】按钮，如图 10.25 所示。

(2) 在工具箱中选择【钢笔工具】，然后在绘图区中绘制如图 10.26 所示的图形。

图 10.25　创建新文档

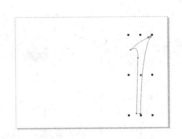

图 10.26　绘制图形(1)

(3) 在工具箱中选择【选择工具】，然后选择刚刚绘制的形状，在【对象属性】泊坞窗中单击【轮廓】按钮，将【轮廓宽度】设置为无，单击【填充】按钮，然后单击【均匀填充】按钮，将【模型】设置为 CMYK，将 CMYK 设置为 0、0、0、50，如图 10.27 所示。

(4) 继续使用钢笔工具在绘图区中绘制图形，效果如图 10.28 所示。

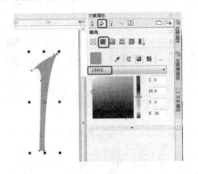

图 10.27　填充颜色

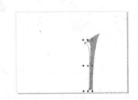

图 10.28　绘制图形(2)

(5) 在【对象属性】泊坞窗中单击【轮廓】按钮将【轮廓宽度】设置为无，单击【填充】按钮，然后单击【均匀填充】按钮，将【模型】设置为 CMYK，将 CMYK 设置为 0、0、0、70，完成后的效果如图 10.29 所示。

(6) 继续使用【钢笔工具】绘制图形，效果如图 10.30 所示。

图 10.29　填充图形

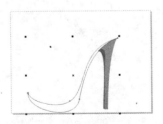

图 10.30　绘制图形(3)

(7) 选择刚刚绘制的图形，在【对象属性】泊坞窗中单击【轮廓】按钮，将【轮廓宽度】设置为无，单击【填充】按钮，然后单击【均匀填充】按钮，将【模型】设置为 CMYK，将 CMYK 设置为 0、0、0、50，完成后的效果如图 10.31 所示。

(8) 继续使用【钢笔工具】绘制图形，如图 10.32 所示。

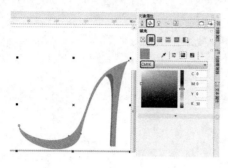

图 10.31　填充颜色后的效果

图 10.32　绘制图形(4)

(9) 选择刚刚绘制的图形，在【对象属性】泊坞窗中单击【轮廓】按钮，将【轮廓宽度】设置为无，单击【填充】按钮，然后单击【均匀填充】按钮，将【模型】设置为CMYK，将 CMYK 设置为 0、0、0、70，完成后的效果如图 10.33 所示。

(10) 使用【钢笔工具】绘制如图 10.34 所示的图形。

图 10.33　填充颜色后的效果

图 10.34　绘制图形(5)

(11) 使用同样的方法绘制其他图形，完成后的效果如图 10.35 所示。

(12) 选择刚刚绘制的所有花朵图形，单击【对象属性】泊坞窗中的【轮廓】按钮，将【轮廓宽度】设置为无。单击【均匀填充】按钮，将【模型】设置为 CMYK，将 CMYK设置为 3、45、0、0，如图 10.36 所示。

图 10.35　绘制图形(6)

图 10.36　填充颜色

(13) 使用【钢笔工具】绘制图形，完成后的效果如图 10.37 所示。

(14) 单击【对象属性】泊坞窗中的【轮廓】按钮，将【轮廓宽度】设置为无。单击【均匀填充】按钮，将【模型】设置为 CMYK，将 CMYK 设置为 0、0、0、70，完成后的效果如图 10.38 所示。

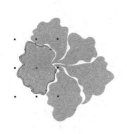
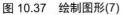
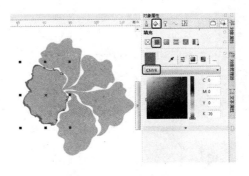

图 10.37 绘制图形(7)　　　　　　图 10.38 填充颜色

(15) 使用同样的方法绘制其他图形并进行填充，完成后的效果如图 10.39 所示。

(16) 使用【钢笔工具】绘制其他图形并填充颜色，完成后的效果如图 10.40 所示。

图 10.39 绘制并填充图形　　　　　　图 10.40 使用同样的方法绘制其他图形

(17) 选择绘制的所有花朵对象，单击鼠标右键，在弹出的快捷菜单中选择【组合对象】命令，如图 10.41 所示。

(18) 选择组合对象，选择【对象】|【符号】|【新建符号】命令，弹出【创建新符号】对话框，将【名称】设置为"花"，单击【确定】按钮，如图 10.42 所示。

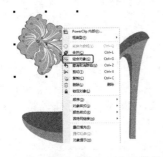

图 10.41 选择【组合对象】命令　　　　　　图 10.42 创建新符号"花"

(19) 选择刚刚创建的符号，单击鼠标右键，在弹出的快捷菜单中选择【还原到对象】命令，如图 10.43 所示。

(20) 在花对象上单击鼠标右键，在弹出的快捷菜单中选择【取消组合所有对象】命令，然后将部分对象删除并更改对象的颜色，将 CMYK 值设置为 1、19、0、0，如图 10.44 所示。

图 10.43 选择【还原到对象】命令

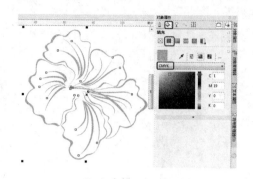

图 10.44 填充颜色

(21) 选择刚刚设置的对象，选择【对象】|【符号】|【新建符号】命令，弹出【创建新符号】对话框，在该对话框中将【名称】设置为"花 2"，单击【确定】按钮，如图 10.45 所示。

(22) 将花对象删除，在菜单栏中选择【窗口】|【泊坞窗】|【符号管理器】命令，打开【符号管理器】泊坞窗。选择【花】符号，单击【插入符号】按钮，即可在绘图区中插入符号，然后调整符号的位置，效果如图 10.46 所示。

图 10.45 创建新符号"花 2"

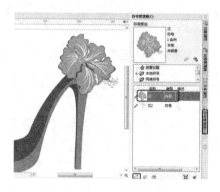

图 10.46 插入符号

(23) 使用同样的方法多次插入符号"花"并进行旋转和调整大小，完成后的效果如图 10.47 所示。

(24) 在【符号管理器】泊坞窗中选择【花 2】选项，然后单击【插入符号】按钮，即可插入符号，调整符号的大小和位置，效果如图 10.48 所示。

图 10.47 完成后的效果

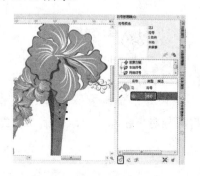

图 10.48 插入符号"花 2"

(25) 使用同样的方法多次插入符号"花 2"并进行旋转和调整大小，完成后的效果如图 10.49 所示。

(26) 至此，图形就制作完成了，按 Ctrl+S 组合键，在弹出的对话框中设置存储路径和保存类型，如图 10.50 所示。单击【保存】按钮即可将场景保存，然后将效果进行导出即可。

图 10.49　置入符号后的效果

图 10.50　【保存绘图】对话框

思 考 题

1. 将对象创建为符号后的控制点是什么颜色的？
2. 打开【符号管理器】泊坞窗的快捷键是什么？
3. 在对符号编辑完成后如何确认编辑操作？

第 11 章　位图的操作处理与转换

在 CorelDRAW 中的【位图】菜单中提供了很多与位图图像相关的功能，本章主要介绍通过【位图】菜单转换和编辑位图的方法，其中包括将矢量图转换为位图、调整位图色彩模式和扩充位图边框等。

11.1　转换为位图

使用【转换为位图】命令可以将矢量图转换为位图，从而可以在位图中应用不能用于矢量图的特殊效果。转换位图时可以选择位图的颜色模式，颜色模式用于决定构成位图的颜色数量和种类，因此文件的大小也会受到影响。

将矢量图转换为位图的具体操作步骤如下。

(1) 按 Ctrl+N 组合键新建一个横向的空白文档，然后在菜单栏中选择【文件】|【导入】命令，如图 11.1 所示。

(2) 在弹出的【导入】对话框中选择随书附带光盘中的 CDROM\素材\第 11 章\001.ai 文件，如图 11.2 所示。

图 11.1　选择【导入】命令

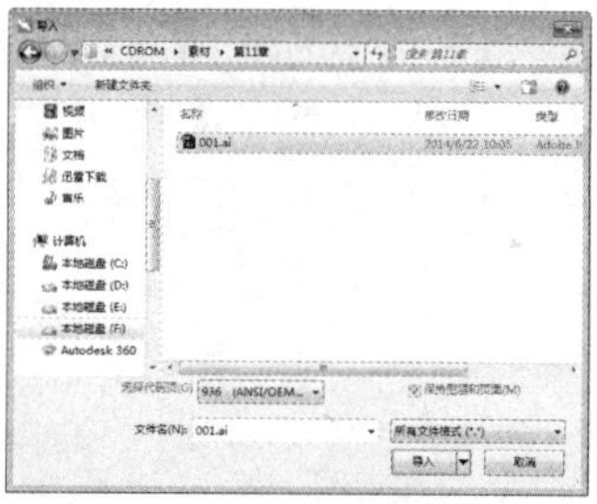

图 11.2　选择素材文件

(3) 单击【导入】按钮，在绘图页中指定文件的位置，效果如图 11.3 所示。

(4) 选中所有的素材文件，在菜单栏中选择【位图】|【转换为位图】命令，如图 11.4 所示。

图 11.3　导入素材文件

图 11.4　选择【转换为位图】命令

(5) 弹出【转换为位图】对话框，用户可以在对话框的【分辨率】下拉列表框中设置位图的分辨率，以及在【颜色模式】下拉列表框中选择合适的颜色模式，在这里使用默认设置即可，如图 11.5 所示。

(6) 设置完成后，单击【确定】按钮，再在绘图页中选中该对象，即可发现选中的对象以一个整体的形式显示，效果如图 11.6 所示。

图 11.5　【转换为位图】对话框

图 11.6　转换为位图后的效果

11.2　自 动 调 整

使用【自动调整】命令可以自动调整位图的颜色和对比度，从而使位图的色彩更加真实自然，具体的操作步骤如下。

(1) 新建一个空白文档，然后按 Ctrl+I 组合键在弹出的对话框中导入素材文件 002.jpg，如图 11.7 所示。

(2) 确定导入的素材文件处于选择状态，在菜单栏中选择【位图】|【自动调整】命令，如图 11.8 所示。

图 11.7　素材

图 11.8　选择【自动调整】命令

(3) 执行该命令后，即可完成图像的调整，调整后的效果如图 11.9 所示。

图 11.9　自动调整后的效果

11.3　图像调整实验室

虽然使用【自动调整】命令的工作效率高，但是无法对调整时的参数进行控制，调整后图像也未必能达到令用户满意的特定效果。因此为了更好地控制调整效果，可以选择使用【图像调整实验室】命令来对图像的颜色、亮度、对比度等属性进行调整。

使用【图像调整实验室】命令调整图像的操作步骤如下。

(1) 新建一个空白文档，然后按 Ctrl+I 组合键在弹出的对话框中导入素材文件 003.jpg，如图 11.10 所示。

(2) 确定导入的素材文件处于选择状态，在菜单栏中选择【位图】|【图像调整实验室】命令，如图 11.11 所示。

图 11.10　导入的素材文件

图 11.11　选择【图像调整实验室】命令

(3) 弹出【图像调整实验室】窗口，在该窗口中将【温度】、【淡色】、【饱和度】、【亮度】、【对比度】分别设置为 2.542、-26、-10、45、10，如图 11.12 所示。

(4) 设置完成后，单击【确定】按钮，调整图像后的效果如图 11.13 所示。

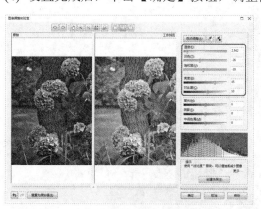

图 11.12　调整图像参数

图 11.13　调整后的效果

【图像调整实验室】窗口中各选项的功能介绍如下。

- 【逆时针旋转图像 90 度】按钮：单击该按钮可以使图像逆时针旋转 90°。
- 【顺时针旋转图像 90 度】按钮：单击该按钮可以使图像顺时针旋转 90°。
- 【平移工具】：单击该按钮可以使鼠标指针变成手形，从而可以在预览窗口中按住鼠标左键移动对象，以查看图像中无法完整显示的部分。

- 【放大】按钮 🔍：单击该按钮后，在预览窗口中单击即可放大图像。
- 【缩小】按钮 🔍：单击该按钮后，在预览窗口中单击即可缩小图像。
- 【显示适合窗口大小的图像】按钮 ⊡：单击该按钮后，可以缩放图像，使其刚好适合预览窗口的大小。
- 【以正常尺寸显示图像】按钮 ⊡：单击该按钮可以将图像恢复正常尺寸。
- 【全屏预览】按钮 ⊡：单击该按钮可以在预览窗口中以全屏方式预览对象。
- 【全屏预览之前和之后】按钮 ⊡：单击该按钮可以在预览窗口中预览调整前后的图像。
- 【拆分预览之前和之后】按钮 ⊡：单击该按钮可以在预览窗口中以拆分的方式预览调整前后的图像。
- 【自动调整】按钮：单击该按钮可以自动调整图像的亮度和对比度。
- 【选择白点】按钮 ✐：依据选择的白点自动调整图像的对比度。可以用该按钮使过暗的图像变亮。
- 【选择黑点】按钮 ✐：依据选择的黑点自动调整图像的对比度。可以用该按钮使过亮的图像变暗。
- 【温度】：使用该滑块可以调整图像的色温。通过色温的调节可以提高图像中的暖色调或冷色调，使图像具有温暖或者寒冷的感觉。
- 【淡色】：调整该滑块可以使图像的颜色偏向绿色或品红色，一般在使用【温度】滑块调节色温后，再使用该滑块进行微调。
- 【饱和度】：使用该滑块可以调节图像的饱和度，从而使图像显得鲜明或者灰暗。
- 【亮度】：使用该滑块可以调节图像的整体明暗度，如果要调整特定区域的明暗度，可以使用【高光】、【阴影】或【中间色调】滑块。
- 【对比度】：使用该滑块可以调整图像的对比度，从而增加或减少图像中暗色区域和明亮区域之间的色调差异。
- 【高光】：使用该滑块可以调整图像中最亮区域的亮度。
- 【阴影】：使用该滑块可以调整图像中最暗区域的亮度。
- 【中间色调】：使用该滑块可以调整图像内中间范围色调的亮度。
- 【撤销上一步操作】按钮 ↩：单击该按钮可以撤销最后一步的调整操作。
- 【重做最后撤销的操作】按钮 ↪：单击该按钮可以重做最后撤销的操作。
- 【重置为原始值】按钮：单击该按钮可以将调整后的图像重置为调整前的原始值。

11.4 矫正图像

使用【矫正图像】命令可以快速矫正位图图像。矫正以某个角度获取或扫描的相片时，该功能非常有用。矫正图像的具体操作步骤如下。

(1) 新建一个空白文档，然后按 Ctrl+I 组合键在弹出的对话框中导入素材文件 004.jpg，如图 11.14 所示。

(2) 确定导入的素材文件处于选择状态，在菜单栏中选择【位图】|【矫正图像】命

令，如图 11.15 所示。

图 11.14　导入的素材文件　　　　　　图 11.15　选择【矫正图像】命令

（3）在弹出的【矫正图像】窗口中将【旋转图像】设置为 15°，选中【裁剪图像】复选框，如图 11.16 所示。

（4）设置完成后，单击【确定】按钮，即可完成矫正图像，效果如图 11.17 所示。

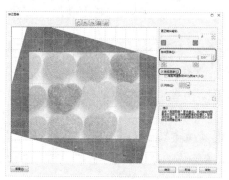

图 11.16　设置旋转图像　　　　　　图 11.17　矫正图像后的效果

11.5　模　　式

【模式】命令用于更改位图的色彩模式，不同的颜色模式下，色彩的表现方式和能够表现的丰富程度都不同，从而可以满足不同应用的需要。

11.5.1　黑白(1 位)

【黑白(1 位)】子菜单命令用于将图像转换为由黑和白两种色彩组成的黑白图像。【黑白】色彩模式是最简单的，其可以表现的色彩数量最少，因此只需用 1 个数据位来存储色彩信息，从而使得图像的体积也相对较小。

选择位图后，在菜单栏中选择【位图】|【模式】|【黑白(1 位)】命令，弹出【转换为 1 位】对话框，可以在【转换方法】下拉列表框中选择所需的色彩转换方法，然后在【选项】选项组中设置转换时的强度等选项，如图 11.18 所示。将位图转换为黑白色彩前后的对比效果如图 11.19 所示。

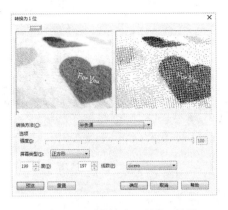

图 11.18　【转换为 1 位】对话框　　　　　图 11.19　转换后的效果

在【转换方法】下拉列表框中提供了 7 种转换方法，各个转换方法的功能如下。

- 【线条图】：产生高对比度的黑白图像。灰度值低于所设阈值的颜色将变成黑色，而灰度值高于所设阈值的颜色将变成白色。
- 【顺序】：将灰度级组织到重复的黑白像素的几何图案中。纯色得到强调，图像边缘变硬。此选项最适合标准色。
- Jarvis：将 Jarvis 算法应用于屏幕。这种形式的错误扩散适合于摄影图像。
- Stucki：将 Stucki 算法应用于屏幕。这种形式的错误扩散适合于摄影图像。
- Floyd-Steinberg：将 Floyd-Steinberg 算法应用于屏幕。这种形式的错误扩散适合于摄影图像。
- 【半色调】：通过改变图像中黑白像素的图案来创建不同的灰度。可以选择屏幕类型、半色调的角度、每单位线条数以及测量单位。
- 【基数分布】：应用计算并将结果分布到屏幕上，从而创建带底纹的外观。

11.5.2　灰度(8 位)

　　【灰度(8 位)】子菜单命令用于将图像转换为由黑色、白色以及中间过渡的灰色组成的图像。【灰度】色彩模式用 0～255 的亮度值来定义颜色，因此其色彩表现能力比【黑白】色彩模式更强，而存储色彩信息所用的数据位也更多。

　　选择位图后，在菜单栏中选择【位图】|【模式】|【灰度(8 位)】命令，即可将图像转换为【灰度】色彩模式，转换前后的对比效果如图 11.20 所示。

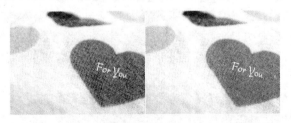

图 11.20　转换为【灰度】模式前后的对比效果

11.5.3 双色(8 位)

【双色(8 位)】子菜单命令用于将图像转换为【双色调】色
彩模式。【双色调】色彩模式是在【灰度】模式的基础上附加
1~4 种颜色，从而增强了图像的色彩表现能力。

选择位图后，在菜单栏中选择【位图】|【模式】|【双色(8
位)】命令，将弹出【双色调】对话框，可以在对话框的【类
型】下拉列表框中选择一种色调类型，然后在下方的色彩列表
框中选择某一色调，再在右侧的网格中按住鼠标左键拖曳鼠标
指针调整色调曲线，从而控制添加到图像中的色调的强度，如
图 11.21 所示。

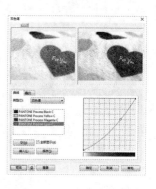

图 11.21 设置曲线

除此之外，单击对话框中的【空】按钮可以将曲线恢复到
默认值；单击【保存】按钮可以保存已调整的曲线；而单击【装入】按钮可以导入保存的
曲线。也可以切换到【叠印】选项卡，然后在【叠印】选项卡中指定打印图像时要叠印的
颜色，如图 11.22 所示。将位图转换为【双色调】色彩模式前后的对比效果如图 11.23
所示。

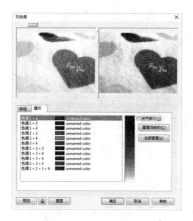

图 11.22 【叠印】选项卡

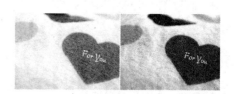

图 11.23 转换为双色(8 位)后的效果

11.5.4 调色板色(8 位)

【调色板色(8 位)】子菜单命令用于将图像转换为调色板类型的色彩模式。【调色板】
色彩模式也称为【索引】色彩模式，其将色彩分为 256 种颜色值，并将这些颜色值存储在
调色板中。将图像转换为调色板色彩模式时，会给每个像素分配一个固定的颜色值，因
此，该颜色模式的图像在色彩逼真度较高的情况下保持了较小的文件体积，比较适合在屏
幕上使用。

选择位图后，在菜单栏中选择【位图】|【模式】|【调色板色(8 位)】命令，弹出【转
换至调色板色】对话框，可以在对话框中设置图像的平滑度，选择要使用的调色板，以及
选择递色处理的方式和抵色强度，如图 11.24 所示。

除此之外，也可以切换到【范围的灵敏度】选项卡，然后在打开的选项卡中指定范围

灵敏度颜色，如图 11.25 所示。或者切换到【已处理的调色板】选项卡，查看和编辑调色板，如图 11.26 所示。将位图转换为【调色板】色彩模式前后的对比效果如图 11.27 所示。

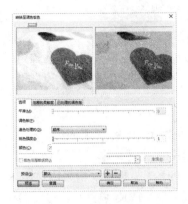

图 11.24　【选项】选项卡

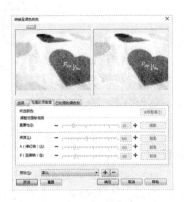

图 11.25　【范围的灵敏度】选项卡

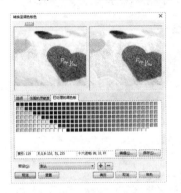

图 11.26　【已处理的调色板】选项卡

图 11.27　转换至调色板后的效果

11.5.5　RGB 颜色(24 位)

【RGB 颜色(24 位)】子菜单命令用于将图像转换为 RGB 类型的色彩模式。RGB 色彩模式使用三原色 Red(红)、Green(绿)、Blue(蓝)来描述色彩，可以显示更多的颜色。因此，在要求有精确色彩逼真度的场合，都可以采用 RGB 模式。选择位图后，在菜单栏中选择【位图】|【模式】|【RGB 颜色(24 位)】命令，即可将图像转换为 RGB 色彩模式。

11.5.6　Lab 色(24 位)

【Lab 色(24 位)】子菜单命令用于将图像转换为 Lab 类型的色彩模式。Lab 颜色模式使用 L(亮度)、a(绿色到红色)、b(蓝色到黄色)来描述图像，是一种与设备无关的色彩模式，无论使用何种设备创建或输出图像，这种模式都能生成一致的颜色。选择位图后，在菜单栏中选择【位图】|【模式】|【Lab 色(24 位)】命令，即可将图像转换为 Lab 色彩模式，效果如图 11.28 所示。

图 11.28　转换为 Lab 色(24 位)

11.5.7　CMYK 色(32 位)

【CMYK 色(32 位)】子菜单命令用于将图像转换为 CMYK 类型的色彩模式。CMYK 色彩模式使用青色(C)、品红色(M)、黄色(Y)和黑色(K)来描述色彩，可以产生真实的黑色和范围很广的色调。因此，在商业印刷等需要精确打印的场合，图像一般采用 CMYK 模式。

选择位图后，在菜单栏中选择【位图】|【模式】|【CMYK 色(32 位)】命令，即可将图像转换为 CMYK 色彩模式，转换前后的对比效果如图 11.29 所示。

图 11.29　转换为 CMYK 色彩模式

11.6　位图边框扩充

【位图边框扩充】菜单命令用于扩充位图图像边缘的空白部分，用户可以选择自动扩充位图边框，也可以手动调节位图边框。

11.6.1　自动扩充位图边框

如果要自动扩允位图边框，可以在菜单栏中选择【位图】|【位图边框扩充】|【自动扩充位图边框】命令，再次选择该子菜单命令即可取消自动扩充边框功能。

11.6.2　手动扩充位图边框

除了可以使用自动扩充外，也可以选择手动扩充位图边框。手动扩充位图边框的具体操作步骤如下。

(1) 按 Ctrl+O 组合键弹出【打开绘图】对话框，打开 006.cdr 素材文件，效果如图 11.30 所示。

(2) 在绘图页中选择位图图像，然后在菜单栏中选择【位图】|【位图边框扩充】|【手动扩充位图边框】命令，如图 11.31 所示。

图 11.30　素材　　　　　　　　图 11.31　选择【手动扩充位图边框】命令

(3) 弹出【位图边框扩充】对话框，在该对话框中将【扩大方式】下的参数设置为110%，如图 11.32 所示。

(4) 设置完成后单击【确定】按钮，扩充边框后的效果如图 11.33 所示。

图 11.32　设置位图边框填充参数　　　　　图 11.33　扩充边框后的效果

11.7　轮　廓　描　摹

轮廓描摹方式是使用无轮廓的曲线对象进行描摹，适用于描摹剪贴画、徽标和相片图像。

在绘图页中选择需要描摹的位图图像，然后在菜单栏中选择【位图】|【轮廓描摹】命令，在弹出的子菜单中选择一种描摹方式，如图 11.34 所示。

选择任意一种子菜单命令后，都可以弹出 PowerTRACE 对话框，在该对话框中可以对描摹参数进行设置，如图 11.35 所示。

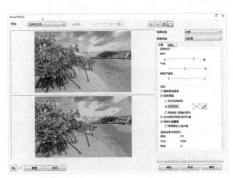

图 11.34　选择【轮廓描摹】命令　　　　图 11.35　PowerTRACE 对话框

- 【线条图】：适用于描摹黑白草图和图解，描摹效果如图 11.36 所示。
- 【徽标】：适用于描摹细节和颜色较少的简单徽标，描摹效果如图 11.37 所示。

图 11.36 【线条图】效果　　　　　　　图 11.37 【徽标】效果

- 【详细徽标】：适用于描摹包含精细细节和许多颜色的徽标，描摹效果如图 11.38 所示。
- 【剪贴画】：适用于描摹根据细节量和颜色数而现成不同的图形，描摹效果如图 11.39 所示。

图 11.38 【详细徽标】效果　　　　　　图 11.39 【剪贴画】效果

- 【低品质图像】：适用于描摹细节不足(或包括要忽略的精细细节)的相片，描摹效果如图 11.40 所示。
- 【高质量图像】：适用于描摹高质量、超精细的相片，描摹效果如图 11.41 所示。

图 11.40 【低品质图像】效果　　　　　图 11.41 【高质量图像】效果

11.8　三　维　效　果

使用【位图】菜单中【三维效果】下的命令可以创建具有三维纵深感的效果。

11.8.1　三维旋转

【三维旋转】子菜单命令用于创建三维方向上的立体旋转效果。下面简单介绍三维旋转的操作步骤。

(1) 导入 008.jpg 素材文件，选择位图后，在菜单栏中选择【位图】|【三维效果】|【三维旋转】命令，弹出【三维旋转】对话框，在该对话框中可以对相关参数进行设置，如图 11.42 所示。

(2) 设置完成后，单击【确定】按钮，设置【三维旋转】前后的对比效果如图 11.43 所示。

- 【垂直】：使图像垂直向上或向下旋转，形成立体感。
- 【水平】：使图像水平向左或向右旋转，形成立体感。
- 【最适合】：使图像在原始大小内进行立体旋转。

图 11.42　【三维旋转】对话框

图 11.43　三维旋转对比效果

11.8.2　柱面

【柱面】子菜单命令用于在垂直或水平方向上拉伸或压缩图像，使图像显得较长或较扁。选择位图后，在菜单栏中选择【位图】|【三维效果】|【柱面】命令，弹出【柱面】对话框，在该对话框中可以对相关参数进行设置，如图 11.44 所示。设置【柱面】前后的对比效果如图 11.45 所示。

- 【水平】：以水平方式来改变柱面的效果。
- 【垂直的】：以垂直方式来改变柱面的效果。
- 【百分比】：设置柱面的百分比。

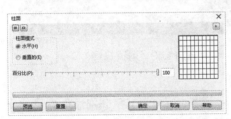

图 11.44　【柱面】对话框

图 11.45　添加柱面后的效果

11.8.3　浮雕

【浮雕】子菜单命令用于创建各种浮雕效果。选择位图后，在菜单栏中选择【位图】|【三维效果】|【浮雕】命令，弹出【浮雕】对话框，在该对话框中可以对相关参数进行设置，如图 11.46 所示。设置【浮雕】前后的对比效果如图 11.47 所示。

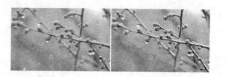

图 11.46　【浮雕】对话框　　　　　　　　图 11.47　添加浮雕后的效果

- 【深度】：控制浮雕效果的明显度，控制值为 1～20。
- 【层次】：控制画面的层次度，层次值为 1～500。层次一般和深度配合起来使用。
- 【方向】：用来控制浮雕的方向。
- 【浮雕色】：默认的有原始颜色、灰色、黑色和其他。使用【其他】选项可以自定义选择浮雕颜色。

11.8.4　卷页

　　【卷页】子菜单命令用于创建图像的卷页效果，使得图像好像翻卷的书页一样卷曲。

　　(1) 导入 009.jpg 素材文件，选中该图像，在菜单栏中选择【位图】|【三维效果】|【卷页】命令，弹出【卷页】对话框，在该对话框中选择卷页方向，将【卷曲】颜色设置为白色，将 CMYK 值设置为 4、91、100、0，将【宽度】和【高度】都设置为 77，如图 11.48 所示。

　　(2) 设置完成后，单击【确定】按钮，即可完成卷页效果，如图 11.49 所示。

图 11.48　设置卷页参数　　　　　　　　图 11.49　卷页效果

　　【卷页】对话框中各个选项的功能如下。

- 【卷页角】：可以给图像的左上角、右上角、左下角和右下角分别添加卷页效果。
- 【定向】：设置卷页的方向为水平卷页还是垂直卷页。
- 【纸张】：选择纸张为透明或不透明。
- 【颜色】：设置卷页的颜色和背景颜色。一般背景默认为白色，这样可以很明显地看到卷上去的效果，当然也可以设置为其他颜色。
- 【宽度】：设置卷页的宽度，设置比例为 1%～100%。
- 【高度】：设置卷页的高度，设置比例为 1%～100%。

11.8.5　透视

　　【透视】子菜单命令用于创建立体透视效果。选择位图后，在菜单栏中选择【位图】|

【三维效果】|【透视】命令，弹出【透视】对话框，在该对话框中可以对相关参数进行设置，如图 11.50 所示。设置【透视】前后的对比效果如图 11.51 所示。

图 11.50　【透视】对话框

图 11.51　透视效果

11.8.6　挤远/挤近

【挤远/挤近】子菜单命令用于在图像上的某一点产生挤压效果，可以向外挤压(挤近)，也可以向内挤压(挤远)。选择位图后，在菜单栏中选择【位图】|【三维效果】|【挤远/挤近】命令，弹出【挤远/挤近】对话框，在该对话框中可以对相关参数进行设置，如图 11.52 所示。设置【挤远/挤近】前后的对比效果如图 11.53 所示。

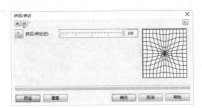

图 11.52　【挤远/挤近】对话框

图 11.53　挤远/挤近效果

11.8.7　球面

【球面】子菜单命令用于在图像上的某一点产生球面凹陷或凸出的效果，类似于通过球面透镜观察图像的效果。选择位图后，在菜单栏中选择【位图】|【三维效果】|【球面】命令，弹出【球面】对话框，在该对话框中可以对相关参数进行设置，如图 11.54 所示。设置【球面】前后的对比效果如图 11.55 所示。

图 11.54　【球面】对话框

图 11.55　球面效果

【球面】对话框中各选项的功能如下。

● 【优化】：该选项组中的【速度】和【质量】选项用于控制图像品质。【速度】品质较差，【质量】品质较好，但渲染速度比较慢。

● 【百分比】：设置凹凸效果。

11.9 艺 术 笔 触

使用【位图】菜单中【艺术笔触】下的命令可以快速地将图像效果模拟为传统绘画效果。

11.9.1 炭笔画

【炭笔画】子菜单命令用来模拟传统的炭笔画效果，执行该命令，可以把图像转换为传统的炭笔黑白画效果。选择位图后，在菜单栏中选择【位图】|【艺术笔触】|【炭笔画】命令，弹出【炭笔画】对话框，在该对话框中可以对相关参数进行设置，如图 11.56 所示。设置【炭笔画】前后的对比效果如图 11.57 所示。

- 【大小】：设置画笔的笔尖大小。
- 【边缘】：设置炭笔画的边缘绘画效果。

图 11.56 【炭笔画】对话框

图 11.57 炭笔画效果

11.9.2 单色蜡笔画

【单色蜡笔画】子菜单命令用于模拟传统的单色蜡笔画效果。选择位图后，在菜单栏中选择【位图】|【艺术笔触】|【单色蜡笔画】命令，弹出【单色蜡笔画】对话框，在该对话框中可以对相关参数进行设置，如图 11.58 所示。设置【单色蜡笔画】前后的对比效果如图 11.59 所示。

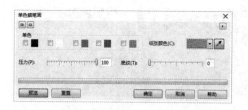

图 11.58 【单色蜡笔画】对话框

图 11.59 单色蜡笔画效果

- 【单色】：用来设置蜡笔的颜色。
- 【纸张颜色】：设置传统纸张的颜色。
- 【压力】：调整蜡笔的深刻效果，压力越小，效果越柔和，反之则效果越明显。
- 【底纹】：控制图像的纹理。

11.9.3　蜡笔画

【蜡笔画】子菜单命令用来模拟传统蜡笔画的效果。选择位图后，在菜单栏中选择【位图】|【艺术笔触】|【蜡笔画】命令，弹出【蜡笔画】对话框，在该对话框中可以对相关参数进行设置，如图 11.60 所示。设置【蜡笔画】前后的对比效果如图 11.61 所示。

- 【大小】：控制蜡笔笔尖的大小。
- 【轮廓】：控制蜡笔效果的层次度，轮廓越大，层次越明显。

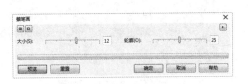

图 11.60　【蜡笔画】对话框

图 11.61　蜡笔画效果

11.9.4　立体派

立体派是把对象分割成许多呈现不同角度的面，因此立体派作品看起来像是把很多碎片放在一个平面上。使用 CorelDRAW X7 中的【立体派】子菜单命令，可以很好地再现这种效果。选择位图后，在菜单栏中选择【位图】|【艺术笔触】|【立体派】命令，弹出【立体派】对话框，在该对话框中可以对相关参数进行设置，如图 11.62 所示。设置【立体派】前后的对比效果如图 11.63 所示。

- 【大小】：控制画笔的大小。
- 【亮度】：控制画面的亮度。
- 【纸张色】：用于设置传统绘画纸张的颜色。

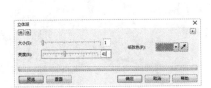

图 11.62　【立体派】对话框

图 11.63　立体派效果

11.9.5　印象派

印象派也叫印象主义，是 19 世纪 60—90 年代在法国兴起的画派。印象派绘画用点取代了传统绘画中简单的线与面，从而可以表现出传统绘画所无法表现的对光的描绘。具体地说，当从近处观察印象派绘画作品时，我们看到的是许多不同的色彩凌乱的点，但是当我们从远处观察它们时，这些点就会像七色光一样汇聚在一起，达到意想不到的效果。使用 CorelDRAW X7 中的【印象派】子菜单命令，可以很好地再现和模拟这种效果。

选择位图后，在菜单栏中选择【位图】|【艺术笔触】|【印象派】命令，弹出【印象派】对话框，在该对话框中可以对相关参数进行设置，如图 11.64 所示。设置【印象派】前后的对比效果如图 11.65 所示。

- 【样式】：即再现的两种样式，一种是笔触再现，另一种是色块再现。
- 【技术】：包含【笔触】、【着色】和【亮度】3 个选项。【笔触】用来控制笔触的力度和大小；【着色】控制画面的染色度；【亮度】控制画面的明暗度。

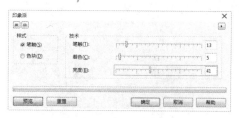

图 11.64 【印象派】对话框

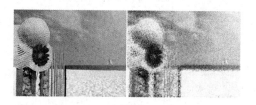

图 11.65 印象派效果

11.9.6 调色刀

调色刀，又称画刀，由富有弹性的薄钢片制成，有尖状、圆状之分，用于在调色板上调匀颜料，不少画家也以刀代笔，直接用刀作画形成颜料层面、肌理，增加表现力。

选择位图后，在菜单栏中选择【位图】|【艺术笔触】|【调色刀】命令，弹出【调色刀】对话框，在该对话框中可以对相关参数进行设置，如图 11.66 所示。设置【调色刀】前后的对比效果如图 11.67 所示。

- 【刀片尺寸】：控制刀片的大小。数值越小，用调色刀表现的画面越细腻；数值越大，表现的画面颜色就越粗糙。
- 【柔软边缘】：控制图像的边缘效果。
- 【角度】：设置调色刀的角度。

图 11.66 【调色刀】对话框

图 11.67 调色刀效果

11.9.7 彩色蜡笔画

【彩色蜡笔画】子菜单命令用来模拟传统的彩色蜡笔画效果。选择位图后，在菜单栏中选择【位图】|【艺术笔触】|【彩色蜡笔画】命令，弹出【彩色蜡笔画】对话框，在该对话框中可以对相关参数进行设置，如图 11.68 所示。设置【彩色蜡笔画】前后的对比效果如图 11.69 所示。

图 11.68　【彩色蜡笔画】对话框

图 11.69　彩色蜡笔画效果

11.9.8　钢笔画

【钢笔画】子菜单命令用来模拟钢笔画效果。选择位图后，在菜单栏中选择【位图】|【艺术笔触】|【钢笔画】命令，弹出【钢笔画】对话框，在该对话框中可以对相关参数进行设置，如图 11.70 所示。设置【钢笔画】前后的对比效果如图 11.71 所示。

- 　【样式】：设置钢笔绘画的样式，包括【交叉阴影】和【点画】两种样式。
- 　【密度】：控制画面中钢笔画的密度。
- 　【墨水】：控制钢笔绘画时的墨水使用量。

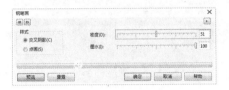

图 11.70　【钢笔画】对话框

图 11.71　钢笔画效果

11.9.9　点彩派

点彩派的特点是画面上只有带色彩的斑点。在绘画时将对象分析成细碎的色彩斑块，用画笔一点一点地画在画布上。

这些绘制的斑斑点点，通过视觉作用达到自然结合，形成各种物像。

选择位图后，在菜单栏中选择【位图】|【艺术笔触】|【点彩派】命令，弹出【点彩派】对话框，在该对话框中可以对相关参数进行设置，如图 11.72 所示。设置【点彩派】前后的对比效果如图 11.73 所示。

图 11.72　【点彩派】对话框

图 11.73　点彩派效果

- 　【大小】：设置点画的大小。
- 　【亮度】：控制画面的明暗程度。

11.9.10 木版画

木版画俗称木刻，雕版印刷书籍中的插图，是版画家族中最古老，也是最有代表性的作品。木版画具有刀法刚劲有力、黑白相间的特点，使作品极有力度。通过使用CorelDRAW X7 中的【木版画】子菜单命令，可以很好地模拟这一效果。

选择位图后，在菜单栏中选择【位图】|【艺术笔触】|【木版画】命令，弹出【木版画】对话框，在该对话框中可以对相关参数进行设置，如图 11.74 所示。设置【木版画】前后的对比效果如图 11.75 所示。

- 【刮痕至】：设置木板的颜色，包含【颜色】和【白色】两个选项，【颜色】即当前应用图像的颜色。
- 【密度】：控制木版画面的密度。
- 【大小】：设置木板刀刻的大小。

图 11.74 【木版画】对话框　　　　　图 11.75 木版画效果

11.9.11 素描

【素描】子菜单命令用来模拟传统的纸上素描效果。选择位图后，在菜单栏中选择【位图】|【艺术笔触】|【素描】命令，弹出【素描】对话框，在该对话框中可以对相关参数进行设置，如图 11.76 所示。设置【素描】前后的对比效果如图 11.77 所示。

- 【铅笔类型】：包括【碳色】和【颜色】两种。【颜色】即当前默认的图像颜色。
- 【样式】：控制画面的粗糙和精细程度。
- 【笔芯】：通过笔芯选项，可以找到最适合的铅笔类型。
- 【轮廓】：设置图像轮廓的深浅。数值越大，轮廓越清晰。

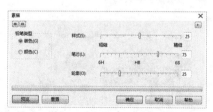

图 11.76 【素描】对话框　　　　　图 11.77 素描效果

11.9.12 水彩画

水彩画具有灵活自然、滋润流畅、淋漓痛快、韵味无尽的特点。使用 CorelDRAW X7 中的【水彩画】子菜单命令，可以很好地模拟这一效果。

选择位图后，在菜单栏中选择【位图】|【艺术笔触】|【水彩画】命令，弹出【水彩

画】对话框，在该对话框中可以对相关参数进行设置，如图 11.78 所示。设置【水彩画】前后的对比效果如图 11.79 所示。

- 【画刷大小】：控制水彩画笔的笔刷大小。
- 【粒状】：控制水彩的浓淡程度。
- 【水量】：控制颜料中的水分。
- 【出血】：控制水彩的渗透力度。
- 【亮度】：控制画面的明暗。

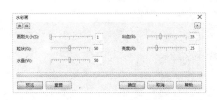

图 11.78　【水彩画】对话框

图 11.79　水彩画效果

11.9.13　水印画

【水印画】子菜单命令用来模拟水印画艺术笔触效果。选择位图后，在菜单栏中选择【位图】|【艺术笔触】|【水印画】命令，会弹出【水印画】对话框，在该对话框中可以对相关参数进行设置，如图 11.80 所示。设置【水印画】前后的对比效果如图 11.81 所示。

- 【变化】：选择颜色在水中的变化方式，包含【默认】、【顺序】和【随机】3个选项。
- 【大小】：决定颜料晕开的大小程度，值越大，晕开的颜色范围就越大。
- 【颜色变化】：控制画面的颜色变化。

图 11.80　【水印画】对话框

图 11.81　水印画效果

11.9.14　波纹纸画

【波纹纸画】子菜单命令用来模拟在波纹纸上作画的效果。选择位图后，在菜单栏中选择【位图】|【艺术笔触】|【波纹纸画】命令，弹出【波纹纸画】对话框，在该对话框中可以对相关参数进行设置，如图 11.82 所示。设置【波纹纸画】前后的对比效果如图 11.83 所示。

- 【笔刷颜色模式】：设置波纹纸画的颜色，包含【颜色】和【黑白】两种模式。
- 【笔刷压力】：控制笔刷的压力程度。

图 11.82 【波纹纸画】对话框

图 11.83 波纹纸画效果

11.10 模 糊

使用【位图】菜单中的【模糊】命令可以给图像添加不同程度的模糊效果。【模糊】命令共包含 10 个子菜单命令，如图 11.84 所示。

11.10.1 定向平滑

【定向平滑】子菜单命令主要用来校正图像中比较细微的缺陷部分，可以使这部分图像变得更加平滑。选择位图后，在菜单栏中选择【位图】|【模糊】|【定向平滑】命令，会弹出【定向平滑】对话框，如图 11.85 所示。通过拖动【百分比】滑块可以调节图像的平滑程度。

图 11.84 【模糊】子菜单

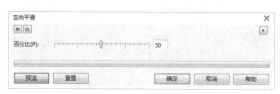

图 11.85 【定向平滑】对话框

11.10.2 高斯式模糊

【高斯式模糊】子菜单命令是【模糊】命令中使用最频繁的一个命令，高斯式模糊是建立在高斯函数基础上的一个模糊计算方法。选择位图后，在菜单栏中选择【位图】|【模糊】|【高斯式模糊】命令，会弹出【高斯式模糊】对话框，如图 11.86 所示，通过设置其中的【半径】选项，可以控制高斯式模糊的模糊效果。设置【高斯式模糊】前后的对比效果如图 11.87 所示。

图 11.86 【高斯式模糊】对话框

图 11.87 高斯式模糊效果

11.10.3   锯齿状模糊

【锯齿状模糊】子菜单命令主要用来校正边缘参差不齐的图像，属于细微的模糊调节。选择位图后，在菜单栏中选择【位图】|【模糊】|【锯齿状模糊】命令，弹出【锯齿状模糊】对话框，如图 11.88 所示，通过调节其中的【宽度】和【高度】值来控制图像效果。设置【锯齿状模糊】前后的对比效果如图 11.89 所示。

图 11.88   【锯齿状模糊】对话框   图 11.89   锯齿状模糊效果

11.10.4   低通滤波器

【低通滤波器】子菜单命令用于对图像进行低通滤波模糊处理。选择位图后，在菜单栏中选择【位图】|【模糊】|【低通滤波器】命令，弹出【低通滤波器】对话框，如图 11.90 所示，拖动其中的【百分比】滑块可以调节模糊的程度，拖动【半径】滑块可以调节模糊处理的半径。设置【低通滤波器】前后的对比效果如图 11.91 所示。

图 11.90   【低通滤波器】对话框   图 11.91   低通滤波器效果

11.10.5   动态模糊

使用【动态模糊】子菜单命令可以使图像产生动感模糊的效果。选择位图后，在菜单栏中选择【位图】|【模糊】|【动态模糊】命令，弹出【动态模糊】对话框，如图 11.92 所示，设置其中的【间距】可以控制动感力度，设置【方向】可以控制动感的方向。设置【动态模糊】前后的对比效果如图 11.93 所示。

图 11.92   【动态模糊】对话框   图 11.93   动态模糊效果

11.10.6　放射式模糊

使用【放射式模糊】子菜单命令可以给图像添加一种自中心向周围呈旋涡状的放射模糊状态。选择位图后，在菜单栏中选择【位图】|【模糊】|【放射式模糊】命令，弹出【放射状模糊】对话框，如图 11.94 所示，通过设置其中的【数量】来控制放射力度，设置【放射式模糊】前后的对比效果如图 11.95 所示。

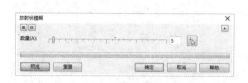

图 11.94　【放射状模糊】对话框

图 11.95　放射式模糊效果

11.10.7　平滑

使用【平滑】子菜单命令可以使图像变得更加平滑，通常用于优化位图图像。选择位图后，在菜单栏中选择【位图】|【模糊】|【平滑】命令，弹出【平滑】对话框，如图 11.96 所示，设置其中的【百分比】可以控制平滑力度。设置【平滑】前后的对比效果如图 11.97 所示。

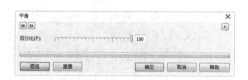

图 11.96　【平滑】对话框

图 11.97　平滑效果

11.10.8　柔和

【柔和】子菜单命令和【平滑】子菜单命令的作用基本相同，都是用来优化图像的。选择位图后，在菜单栏中选择【位图】|【模糊】|【柔和】命令，弹出【柔和】对话框，如图 11.98 所示，设置其中的【百分比】可以控制柔和力度。设置【柔和】后的效果如图 11.99 所示。

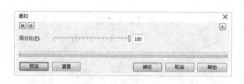

图 11.98　【柔和】对话框

图 11.99　柔和效果

11.10.9　缩放

使用【缩放】子菜单命令可以使图像自中心产生一种爆炸式的效果。选择位图后，在

菜单栏中选择【位图】|【模糊】|【缩放】命令，会弹出【缩放】对话框，如图 11.100 所示，设置其中的【数量】可以控制爆炸的力度。设置【缩放】前后的对比效果如图 11.101 所示。

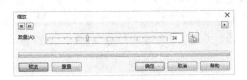

图 11.100　【缩放】对话框

图 11.101　缩放效果

11.10.10　智能模糊

使用【智能模糊】命令可以光滑表面，同时又可以保留鲜明的边缘。选择位图后，在菜单栏中选择【位图】|【模糊】|【智能模糊】命令，会弹出【智能模糊】对话框，如图 11.102 所示，设置其中的【数量】可以调整模糊的程度。设置【智能模糊】前后的对比效果如图 11.103 所示。

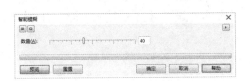

图 11.102　【智能模糊】对话框

图 11.103　智能模糊效果

11.11　轮　廓　图

使用【位图】菜单中【轮廓图】子菜单中的命令可以突出显示和增强图像的边缘，其中包括【边缘检测】、【查找边缘】和【描摹轮廓】命令。

11.11.1　边缘检测

【边缘检测】子菜单命令用于突出刻画图像的边缘轮廓，而忽略图像的色彩。选择位图后，在菜单栏中选择【位图】|【轮廓图】|【边缘检测】命令，弹出【边缘检测】对话框，如图 11.104 所示，可以在【背景色】选项组中选择一种颜色作为图像的背景色，然后通过拖动【灵敏度】滑块来调节检测和刻画时的灵敏度。设置【边缘检测】前后的对比效果如图 11.105 所示。

图 11.104　【边缘检测】对话框

图 11.105　边缘检测效果

11.11.2　查找边缘

　　【查找边缘】子菜单命令用于检测并刻画图像的线条，从而突出图像轮廓的层次感。选择位图后，在菜单栏中选择【位图】|【轮廓图】|【查找边缘】命令，弹出【查找边缘】对话框，如图 11.106 所示，在该对话框中先选择一种边缘类型，然后可以通过拖动【层次】滑块来调节图像轮廓的层次感。设置【查找边缘】前后的对比效果如图 11.107 所示。

图 11.106　【查找边缘】对话框

图 11.107　查找边缘效果

11.11.3　描摹轮廓

　　通过【描摹轮廓】子菜单命令可以使用多种颜色描摹图像的轮廓。选择位图后，在菜单栏中选择【位图】|【轮廓图】|【描摹轮廓】命令，弹出【描摹轮廓】对话框，如图 11.108 所示，拖动【层次】滑块可以调节刻画轮廓时的层次感。设置【描摹轮廓】前后的对比效果如图 11.109 所示。

图 11.108　【描摹轮廓】对话框

图 11.109　描摹轮廓效果

11.12　创　造　性

　　使用【位图】菜单中【创造性】子菜单中的命令可以为图像应用各种底纹和形状。

11.12.1　工艺

　　【工艺】子菜单命令可以用某种对象分解图像，从而创造出各种拼图效果。选择位图后，在菜单栏中选择【位图】|【创造性】|【工艺】命令，会弹出【工艺】对话框，如图 11.110 所示。设置【工艺】前后的对比效果如图 11.111 所示。

- 　【样式】：在该下拉列表框中选择一种拼图样式。
- 　【大小】：拖动滑块调节拼图块的大小。
- 　【完成】：拖动滑块调节拼图的完成程度。
- 　【亮度】：拖动滑块可以调节图像的亮度。
- 　【旋转】：调节图像旋转的方向。

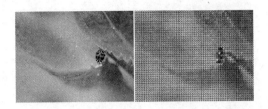

图 11.110　【工艺】对话框　　　　　图 11.111　工艺效果

11.12.2　晶体化

【晶体化】子菜单命令可以模拟将图像分解为多个晶体块的效果。选择位图后，在菜单栏中选择【位图】|【创造性】|【晶体化】命令，弹出【晶体化】对话框，如图 11.112所示。用户可以拖动【大小】滑块来调整晶体块的大小，设置【晶体化】前后的对比效果如图 11.113 所示。

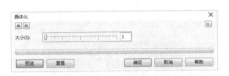

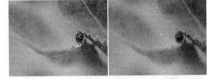

图 11.112　【晶体化】对话框　　　　图 11.113　晶体化效果

11.12.3　织物

【织物】子菜单命令可以模拟用各种织物编制图像的效果。选择位图后，在菜单栏中选择【位图】|【创造性】|【织物】命令，弹出【织物】对话框，如图 11.114 所示。设置【织物】前后的对比效果如图 11.115 所示。

- 【样式】：在该下拉列表框中选择一种织物样式。
- 【大小】：拖动滑块调节织物线条的大小。
- 【完成】：拖动滑块调节编织的完成程度。
- 【亮度】：拖动滑块调节图像的亮度。
- 【旋转】：调节图像旋转的方向。

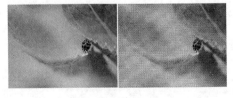

图 11.114　【织物】对话框　　　　　图 11.115　织物效果

11.12.4　框架

使用【框架】子菜单命令可以让图像按照框架的样式来显示。具体操作如下。

(1) 导入素材文件，选中该素材文件，在菜单栏中选择【位图】|【创造性】|【框架】命令，即可弹出【框架】对话框，在该对话框中的左侧列表框中选择任意一种框架，如

图 11.116 所示。更改边框后的效果如图 11.117 所示。

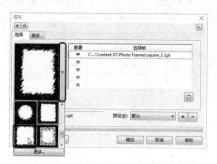

图 11.116 选择框架

图 11.117 更改边框后的效果

(2) 在该对话框中切换到【修改】选项卡，将【不透明】、【模糊/羽化】、【水平】、【垂直】分别设置为 55、1、110、110，如图 11.118 所示。

(3) 设置完成后，单击【确定】按钮，即可完成修改，效果如图 11.119 所示。

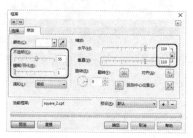

图 11.118 设置边框参数

图 11.119 修改边框参数后的效果

11.12.5 玻璃砖

使用【玻璃砖】子菜单命令可以模拟玻璃砖的效果。选择位图后，在菜单栏中选择【位图】|【创造性】|【玻璃砖】命令，弹出【玻璃砖】对话框，如图 11.120 所示。设置【玻璃砖】前后的对比效果如图 11.121 所示。

- 【块宽度】：拖动滑块调节玻璃砖块的宽度。
- 【块高度】：拖动滑块调节玻璃砖块的高度。
- 【锁定比例】按钮🔒：选中该按钮，可以同时调节玻璃砖块的高度和宽度。

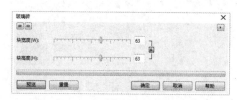

图 11.120 【玻璃砖】对话框

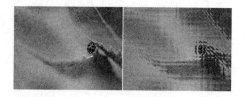

图 11.121 玻璃砖效果

11.12.6 儿童游戏

使用【儿童游戏】子菜单命令可以模拟将图像分解成各种儿童游戏图案的效果。选择

位图后，在菜单栏中选择【位图】|【创造性】|【儿童游戏】命令，弹出【儿童游戏】对话框，如图 11.122 所示。设置【儿童游戏】前后的对比效果如图 11.123 所示。

- 【游戏】：在该下拉列表框中选择儿童绘画或图案样式。
- 【大小】：拖动滑块调节拼图块的大小。
- 【完成】：拖动滑块调节拼图的完成程度。
- 【亮度】：拖动滑块调节图像的亮度。
- 【旋转】：调节图像旋转的方向。

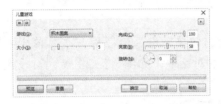

图 11.122　【儿童游戏】对话框

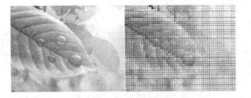

图 11.123　儿童游戏效果

11.12.7　马赛克

使用【马赛克】子菜单命令可以模拟为图像打上马赛克的效果。选择位图后，在菜单栏中选择【位图】|【创造性】|【马赛克】命令，弹出【马赛克】对话框，如图 11.124 所示。设置【马赛克】前后的对比效果如图 11.125 所示。

图 11.124　【马赛克】对话框

图 11.125　马赛克效果

- 【大小】：拖动滑块调节马赛克的大小。
- 【背景色】：设置背景颜色。
- 【虚光】：选中该复选框后，可以对图像进行虚光处理。

11.12.8　粒子

【粒子】子菜单命令用于为图像添加星状或气泡状的粒子。选择位图后，在菜单栏中选择【位图】|【创造性】|【粒子】命令，弹出【粒子】对话框，如图 11.126 所示。设置【粒子】前后的对比效果如图 11.127 所示。

- 【样式】：在该选项组中选择【星星】或【气泡】粒子样式。
- 【粗细】：拖动滑块调节粒子的大小。
- 【密度】：拖动滑块调节粒子的密度。
- 【着色】：拖动滑块调节粒子的颜色浓度。
- 【透明度】：拖动滑块调节粒子的透明度。
- 【角度】：调节粒子的角度。

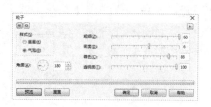

图 11.126　【粒子】对话框

图 11.127　添加粒子后的效果

11.12.9　散开

　　【散开】子菜单命令用于制作图像颜色扩散的效果。选择位图后，在菜单栏中选择【位图】|【创造性】|【散开】命令，弹出【散开】对话框，如图 11.128 所示。设置【散开】前后的对比效果如图 11.129 所示。

- 　【水平】：拖动滑块调节水平方向上的扩散程度。
- 　【垂直】：拖动滑块调节垂直方向上的扩散程度。

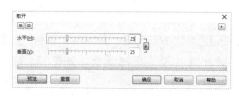

图 11.128　【散开】对话框

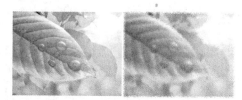

图 11.129　添加散开后的效果

11.12.10　茶色玻璃

　　【茶色玻璃】子菜单命令用于制作茶色玻璃图像效果。选择位图后，在菜单栏中选择【位图】|【创造性】|【茶色玻璃】命令，弹出【茶色玻璃】对话框，如图 11.130 所示。设置【茶色玻璃】前后的对比效果如图 11.131 所示。

- 　【淡色】：拖动滑块调节玻璃颜色的浓度。
- 　【模糊】：拖动滑块调节图像的模糊程度。
- 　【颜色】：选择茶色玻璃的颜色。

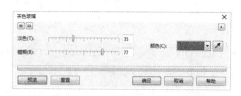

图 11.130　【茶色玻璃】对话框

图 11.131　茶色玻璃效果

11.12.11　彩色玻璃

　　【彩色玻璃】子菜单命令用于制作彩色玻璃图像效果，也就是多种彩色块拼凑成一块玻璃的效果。选择位图后，在菜单栏中选择【位图】|【创造性】|【彩色玻璃】命令，弹出

【彩色玻璃】对话框，如图 11.132 所示。设置【彩色玻璃】前后的对比效果如图 11.133 所示。

- 【大小】：拖动滑块调节玻璃色块的大小。
- 【光源强度】：拖动滑块调节玻璃反射光线的强度。
- 【焊接宽度】：设置焊接拼缝的宽度。
- 【焊接颜色】：选择焊接拼缝的颜色。
- 【三维照明】：如果选中该复选框，可以产生三维立体化效果。

图 11.132　【彩色玻璃】对话框　　　　　图 11.133　彩色玻璃效果

11.12.12　虚光

【虚光】子菜单命令用于制作图像中光线柔和渐变的效果。选择位图后，在菜单栏中选择【位图】|【创造性】|【虚光】命令，弹出【虚光】对话框，如图 11.134 所示。设置【虚光】前后的对比效果如图 11.135 所示。

- 【颜色】：在该选项组中选择光线的颜色。
- 【形状】：在该选项组中选择光线散射的形状。
- 【偏移】：拖动滑块调节光线渐变的扩展程度。
- 【褪色】：拖动滑块调节光线渐变的褪色速度。

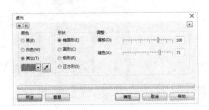 

图 11.134　【虚光】对话框　　　　　图 11.135　虚光效果

11.12.13　旋涡

【旋涡】子菜单命令用于在图像中创建旋涡效果。选择位图后，在菜单栏中选择【位图】|【创造性】|【旋涡】命令，弹出【旋涡】对话框，如图 11.136 所示。设置【旋涡】前后的对比效果如图 11.137 所示。

- 【样式】：在该下拉列表框中选择旋涡样式。
- 【粗细】：拖动滑块调节旋涡的纹路大小。
- 【内部方向】和【外部方向】：调节旋涡内部和外部的旋转方向。

图 11.136 【旋涡】对话框

图 11.137 旋涡效果

11.12.14 天气

【天气】子菜单命令用于在图像中创建雪、雨、雾等天气效果，具体操作如下。

(1) 新建一个空白文档，导入 019.jpg 素材文件，如图 11.138 所示。

(2) 选中该位图，在菜单栏中选择【位图】|【创造性】|【天气】命令，在弹出的对话框中选中【雪】单选按钮，其他使用默认参数即可，如图 11.139 所示。

图 11.138 导入的素材文件

图 11.139 【天气】对话框

(3) 设置完成后，单击【确定】按钮，完成后的效果如图 11.140 所示。

图 11.140 雪效果

【天气】对话框中各个选项的功能如下。

- 【预报】：在该选项组中选择一种天气。
- 【浓度】：拖动滑块调节天气的恶劣程度。
- 【大小】：拖动滑块调节雪、雨、雾等颗粒的大小。
- 【随机化】按钮：单击该按钮可随机地选择颗粒的分布。

11.13 扭 曲

【位图】菜单中【扭曲】子菜单中的各命令可以创建多种图像表面的扭曲效果。

11.13.1 块状

【块状】子菜单命令用于创建碎块状的图像扭曲效果。选择位图后，在菜单栏中选择【位图】|【扭曲】|【块状】命令，弹出【块状】对话框，如图 11.141 所示。设置【块状】前后的对比效果如图 11.142 所示。

- 【未定义区域】：在该选项组中选择碎块空隙间的颜色。
- 【块宽度】和【块高度】：拖动滑块调节碎块的宽度和高度。

- 【最大偏移】：拖动滑块调节碎块的偏移量。

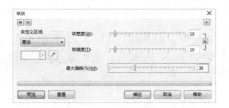

图 11.141　【块状】对话框

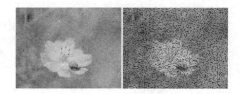

图 11.142　块状效果

11.13.2　置换

【置换】子菜单命令可以使用多种网格置换图像的原有区域，从而创建图像被网格切割的效果。选择位图后，在菜单栏中选择【位图】|【扭曲】|【置换】命令，弹出【置换】对话框，如图 11.143 所示。设置【置换】前后的对比效果如图 11.144 所示。

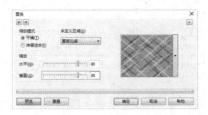

图 11.143　【置换】对话框

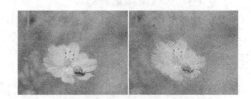

图 11.144　添加置换后的效果

- 【缩放模式】：在该选项组中选择适合图像大小的方式。
- 【未定义区域】：在该下拉列表框中选择处理图像边缘区域的选项。
- 【水平】和【垂直】：拖动滑块调节水平和垂直方向上的网格大小。
- 网格预览窗口：在该窗口中选择要使用的网格样式。

11.13.3　网孔扭曲

【网孔扭曲】子菜单命令可以使用网格来调整图像的扭曲效果。选择位图后，在菜单栏中选择【位图】|【扭曲】|【网孔扭曲】命令，弹出【网孔扭曲】对话框，如图 11.145 所示。设置【置换】前后的对比效果如图 11.146 所示。

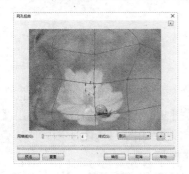

图 11.145　【网孔扭曲】对话框

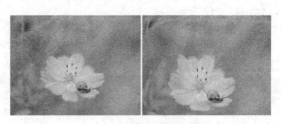

图 11.146　添加网孔扭曲后的效果

11.13.4　偏移

【偏移】子菜单命令用于创建图像内部偏移的效果。选择位图后，在菜单栏中选择【位图】|【扭曲】|【偏移】命令，弹出【偏移】对话框，如图 11.147 所示。设置【偏移】前后的对比效果如图 11.148 所示。

图 11.147　【偏移】对话框

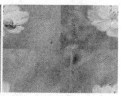

图 11.148　添加偏移后的效果

- 【位移】：在该选项组中拖动【水平】和【垂直】滑块可以调节图像在水平和垂直方向上的偏移量。
- 【未定义区域】：在该下拉列表框中选择偏移后超出图像边框部分的处理方式。

11.13.5　像素

【像素】子菜单命令用于对图像进行像素化处理，从而创建像素化图像效果。选择位图后，在菜单栏中选择【位图】|【扭曲】|【像素】命令，弹出【像素】对话框，如图 11.149 所示。设置【像素】前后的对比效果如图 11.150 所示。

图 11.149　【像素】对话框

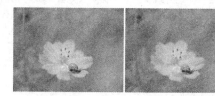

图 11.150　添加像素后的效果

- 【像素化模式】：在该选项组中选择像素化的方式。
- 【调整】：在该选项组中拖动【宽度】和【高度】滑块来调节像素颗粒的宽度和高度。
- 【不透明】：拖动滑块调节颗粒的不透明度。

11.13.6　龟纹

【龟纹】子菜单命令用于对图像进行龟纹效果处理，使图像产生水平或垂直方向上的波纹状扭曲。选择位图后，在菜单栏中选择【位图】|【扭曲】|【龟纹】命令，弹出【龟纹】对话框，如图 11.151 所示。设置【龟纹】前后的对比效果如图 11.152 所示。

- 【主波纹】：在该选项组中调节主波纹的周期和振幅。
- 【优化】：在该选项组中选择是优化扭曲速度还是图像质量。
- 【垂直波纹】：如果选中该复选框，还可以为图像添加垂直方向上的扭曲。

- 【扭曲龟纹】：如果选中该复选框，可以进一步深化扭曲的程度。
- 【角度】：调节纹路扭曲的角度。

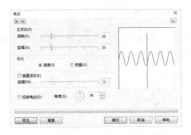

图 11.151　【龟纹】对话框

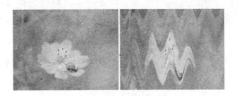

图 11.152　添加龟纹后的效果

11.13.7　旋涡

【旋涡】子菜单命令用于使图像产生旋涡状的扭曲。选择位图后，在菜单栏中选择【位图】|【扭曲】|【旋涡】命令，弹出【旋涡】对话框，如图 11.153 所示。设置【旋涡】前后的对比效果如图 11.154 所示。

- 【定向】：在该选项组中选择旋涡的方向。
- 按钮：单击该按钮后，在图像中单击可以确定旋涡中心。
- 【优化】：在该选项组中选择是优化扭曲速度还是图像质量。
- 【整体旋转】：拖动滑块可以调节旋涡的旋转圈数。
- 【附加度】：拖动滑块可以在圈数不变的情况下调整图像的旋转程度。

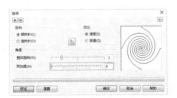

图 11.153　【旋涡】对话框

图 11.154　添加旋涡后的效果

11.14.8　平铺

使用【平铺】子菜单命令可以创建用多幅缩略图整齐地铺满原图像的效果。选择位图后，在菜单栏中选择【位图】|【扭曲】|【平铺】命令，弹出【平铺】对话框，如图 11.155 所示。设置【平铺】前后的对比效果如图 11.156 所示。

- 【水平平铺】或【垂直平铺】：拖动滑块可以调节水平或垂直方向上缩略图的数量。
- 【重叠】：拖动滑块可以调节缩略图之间的重叠程度。

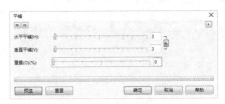

图 11.155　【平铺】对话框

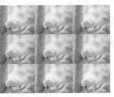

图 11.156　平铺效果

11.13.9　湿笔画

使用【湿笔画】子菜单命令可以制作出因颜料水分过多而流淌的效果。选择位图后，在菜单栏中选择【位图】|【扭曲】|【湿笔画】命令，弹出【湿笔画】对话框，如图 11.157 所示。设置【湿笔画】前后的对比效果如图 11.158 所示。

- 【润湿】：拖动滑块可以调节水滴颜色的深浅。
- 【百分比】：拖动滑块可以调节水滴的大小。

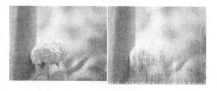

图 11.157　【湿笔画】对话框　　　　　　　图 11.158　添加湿笔画

11.13.10　涡流

【涡流】子菜单命令用于在图像中创建涡流效果，使图像产生旋涡状扭曲。选择位图后，在菜单栏中选择【位图】|【扭曲】|【涡流】命令，弹出【涡流】对话框，如图 11.159 所示。设置【涡流】前后的对比效果如图 11.160 所示。

- 【间距】：拖动滑块可以调节旋涡图案间的距离。
- 【弯曲】：选中该复选框，可以使旋涡的条纹更加弯曲。
- 【擦拭长度】：拖动滑块可以调节旋涡条纹的长度。
- 【扭曲】：拖动滑块可以调节图像的扭曲程度。
- 【条纹细节】：拖动滑块可以调节旋涡条纹刻画的细致程度。
- 【样式】：在该下拉列表框中可以选择预设的旋涡样式。

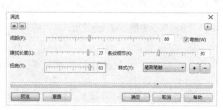

图 11.159　【涡流】对话框　　　　　　　图 11.160　添加涡流后的效果

11.13.11　风吹效果

【风吹效果】子菜单命令用于模拟风从某个角度掠过物体时的效果。选择位图后，在菜单栏中选择【位图】|【扭曲】|【风吹效果】命令，弹出【风吹效果】对话框，如图 11.161 所示。设置【风吹效果】前后的对比效果如图 11.162 所示。

- 【浓度】：拖动滑块可以调节风掠过时的猛烈程度。
- 【不透明】：拖动滑块可以调节刮痕的不透明度。
- 【角度】：调节风产生的角度。

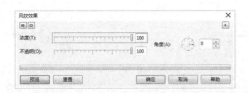

图 11.161　【风吹效果】对话框

图 11.162　添加风吹后的效果

思　考　题

1. 简述扩充位图边框的两种方法。
2. 简述【位图】菜单中【轮廓图】子菜单中的各命令的功能。

第12章 项目指导——文字排版与设计

本章将介绍画册内页和杂志内页的设计制作。用流畅的线条、和谐的图片或优美的文字组合可以制作出具有可读性、可观赏性的精美画册，以全方位展示企业或个人的风貌、理念，宣传产品、品牌形象。杂志可分为专业性杂志、行业杂志、消费者杂志等。由于各类杂志的读者群比较明确，因此是各类专业商品广告的良好媒介。

12.1 画册排版设计

本案例将介绍如何制作装饰公司的画册内页，画面颜色多为暗黄色，图文并茂地介绍装饰公司的基本信息，完成后的效果如图 12.1 所示。

图 12.1 画册排版

(1) 启动软件后，按 Ctrl+N 组合键，在弹出的对话框中将【名称】命名为"画册排版设计"，将【宽度】、【高度】分别设置为 650mm、530mm，将【原色模式】设置为 CMYK，将【渲染分辨率】设置为 300dpi，如图 12.2 所示。单击【确定】按钮，即可新建文档。

(2) 在绘图区中双击标尺，打开【选项】对话框，选择【辅助线】选项下的【水平】选项，在右侧【水平】选项下的文本框中输入 4，将单位设置为【毫米】，然后单击【添加】按钮，使用同样的方法依次输入 264、266、526，如图 12.3 所示。

(3) 选择【垂直】选项，在【垂直】选项下的文本框中输入4，单击【添加】按钮，使用同样的方法依次输入 324、326、646，如图 12.4 所示。

(4) 单击【确定】按钮，此时绘图区中会添加辅助线，效果如图 12.5 所示。

图 12.2 新建文档

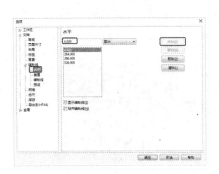

图 12.3 设置水平辅助线

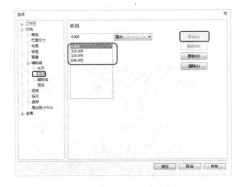

图 12.4 设置垂直辅助线

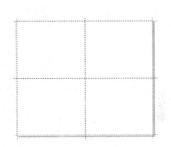

图 12.5 添加辅助线后的效果

(5) 在工具箱中选择【矩形工具】，在绘图区中绘制矩形，在属性栏中将宽度、高度设置为 320mm、260mm，然后将其与辅助线对齐，效果如图 12.6 所示。

(6) 在【对象属性】泊坞窗中单击【轮廓】按钮，将【轮廓宽度】设置为无，单击【填充】按钮，将【颜色模型】设置为 CMYK，将 CMYK 值设置为 70、70、84、 42，效果如图 12.7 所示。

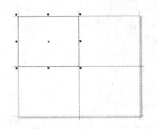

图 12.6 绘制矩形

图 12.7 设置矩形

(7) 按 Ctrl+C 组合键复制绘制的矩形，然后调整复制矩形的位置，完成后的效果如图 12.8 所示。

(8) 继续使用【矩形工具】，在绘图区中绘制矩形，将宽度、高度分别设置为 180、260，然后调整其位置，效果如图 12.9 所示。

(9) 按 Ctrl+I 组合键弹出【导入】对话框，在该对话框中选择随书附带光盘中的 CDROM\素材\第 12 章\02.jpg 素材文件，如图 12.10 所示。

(10) 单击【导入】按钮，在绘图区中单击鼠标，将图片导入。选择导入的图片，右键拖动图片至刚刚绘制的矩形内，当鼠标指针改变形状时，松开鼠标，在弹出的快捷菜单中选择【图框精确剪裁内部】命令，如图 12.11 所示。

图 12.8　复制后的效果

图 12.9　绘制矩形

图 12.10　【导入】对话框

图 12.11　选择【图框精确剪裁内部】命令

(11) 单击【编辑 PowerClip】按钮，进入编辑状态，调整图片的大小及位置，然后单击【停止编辑内容】按钮，完成后的效果如图 12.12 所示。

(12) 在【对象属性】泊坞窗中单击【轮廓】按钮，将【轮廓宽度】设置为无，如图 12.13 所示。

图 12.12　编辑完成后的效果

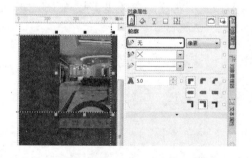

图 12.13　将轮廓设置为无

(13) 继续使用矩形工具在绘图区中绘制矩形，将宽度、高度分别设置为 140mm、119mm，如图 12.14 所示。

(14) 按 Ctrl+I 组合键，在弹出的【导入】对话框中选择随书附带光盘中的 CDROM\素材\第 12 章\01.jpg 素材文件，如图 12.15 所示。

(15) 单击【导入】按钮，然后在绘图区中的菜单栏中选择【对象】|【图框精确剪裁】|【置于图文框内部】命令，此时鼠标指针会变成黑色的箭头，在刚刚绘制的矩形中单击，即可将图片置入图文框内部，如图 12.16 所示。

图 12.14　绘制矩形

图 12.15　【导入】对话框

（16）进入编辑状态，然后调整图片的大小和位置，退出编辑状态，完成后的效果如图 12.17 所示。

图 12.16　将图片置于图文框内部

图 12.17　调整图片的位置及大小

（17）在工具箱中选择【2 点线工具】，然后在绘图区中绘制垂直和水平的直线，将绘制的线段的【轮廓宽度】设置为 4px，完成后的效果如图 12.18 所示。

（18）在工具箱中选择【文本工具】，输入文字"南都好安装饰有限公司"。选择输入的文字，在【对象属性】泊坞窗中将字体设置为【汉仪综艺体简】，将字体大小设置为 18pt，将【均匀填充】的 CMYK 值设置为 39、48、80、0，然后调整文字的位置，效果如图 12.19 所示。

图 12.18　绘制垂直相交的线段

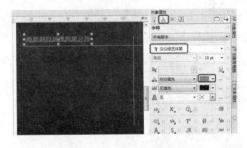

图 12.19　输入文字并进行调整

（19）继续使用【文本工具】输入文本"简介"，将字体设置为【汉仪综艺体简】，将字体大小设置为 16pt，将【均匀填充】的 CMYK 值设置为 39、48、80、0，然后调整文字的位置，效果如图 12.20 所示。

（20）使用同样的方法输入文字下方对应的英文，完成后的效果如图 12.21 所示。

（21）使用【文本工具】在绘图区中绘制文本框，然后在文本框内输入文本，选择输入的文本，将字体设置为【方正楷体简体】，将【均匀填充】的 CMYK 值设置为 39、48、

80、0，将字体大小设置为 13pt，完成后的效果如图 12.22 所示。

图 12.20　输入并设置文本

图 12.21　输入英文

(22) 在菜单栏中选择【文本】|【段落文本】|【显示文本框】命令，将文本框取消显示。在工具箱中选择【矩形工具】，在另一矩形上方绘制矩形，将宽度、高度分别设置为175mm、260mm，将【轮廓宽度】设置为无，将填充颜色的 CMYK 值设置为 9、9、9、0，效果如图 12.23 所示。

图 12.22　设置文字

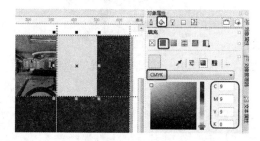

图 12.23　绘制矩形

(23) 继续使用矩形工具绘制矩形，将宽度、高度分别设置为 175mm、22mm，将填充颜色的 CMYK 值设置为 28、22、21、0，将【轮廓宽度】设置为无，如图 12.24 所示。

(24) 使用【文本工具】，在刚刚绘制的矩形上输入文本"工程案例"，将字体设置为【汉仪综艺体简】，将字体大小设置为 20pt，将字体颜色 CMYK 设置为 39、48、80、0，效果如图 12.25 所示。

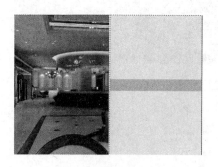

图 12.24　绘制矩形

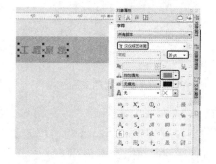

图 12.25　输入文本

(25) 使用【矩形工具】绘制矩形，在属性栏中将宽度、高度分别设置为 166mm、100mm，将转角半径设置为 5mm，如图 12.26 所示。

(26) 按 Ctrl+I 组合键，在弹出的对话框中选择随书附带光盘中的 CDROM\素材\第 12 章\03.jpg 素材文件，单击【导入】按钮，如图 12.27 所示。

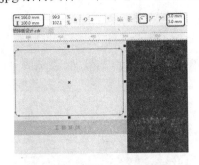

图 12.26　绘制矩形

图 12.27　【导入】对话框

(27) 在绘图区中单击鼠标即可导入图片，使用前面介绍的方法将图片置入刚刚绘制的矩形框内，然后调整图片的大小和位置，在【对象属性】泊坞窗中将【轮廓宽度】设置为无，完成后的效果如图 12.28 所示。

(28) 继续使用矩形工具绘制矩形，然后导入图片，将图片置入矩形框内，然后进入编辑状态，调整图片的大小和位置，完成后的效果如图 12.29 所示。

图 12.28　导入图片

图 12.29　调整图片

(29) 使用【文本工具】在绘图区中输入文本，在【对象属性】泊坞窗中将字体设置为【方正楷体简体】，将字体大小设置为 18pt，将字体颜色的 CMYK 值设置为 39、48、80、0，完成后的效果如图 12.30 所示。

(30) 在文字下方输入英文，然后使用【文本工具】绘制文本框，在文本框内输入文本，将字体设置为【方正楷体简体】，将字体大小设置为 12pt，将字体颜色的 CMYK 值设置为 39、48、80、0，完成后的效果如图 12.31 所示。

图 12.30　输入并设置文字

图 12.31　输入段落文字并进行设置

(31) 使用前面介绍的方法将图片置入矩形框内并进行编辑，完成后的效果如图 12.32 所示。

(32) 使用【文本工具】在绘图区左下角的矩形内输入文字，将字体设置为【方正楷体简体】，将字体颜色 CMYK 设置为 39、48、80、0，完成后的效果如图 12.33 所示。

图 12.32　置入图片

图 12.33　输入并设置文字

(33) 使用前面介绍的方法绘制矩形并导入图片，将图片置入矩形框内，效果如图 12.34 所示。

(34) 使用【矩形工具】绘制矩形，将宽度、高度分别设置为 175mm、260mm，将轮廓设置为无，将填充颜色 CMYK 设置为 9、9、9、0，效果如图 12.35 所示。

图 12.34　绘制矩形并导入图片

图 12.35　绘制并设置矩形

(35) 使用前面介绍的方法输入文本并设置文本，调整文本的位置，完成后的效果如图 12.36 所示。

(36) 使用前面的方法绘制矩形并导入图片，将导入的图片置入矩形框内并调整图片，效果如图 12.37 所示。

图 12.36　输入文本后的效果

图 12.37　将图片置入矩形框内并进行调整

(37) 使用同样的方法在最后一个大矩形内绘制矩形并将图片置入矩形框内，完成后的效果如图 12.38 所示。

(38) 再次使用【矩形工具】绘制矩形，将填充颜色 CMYK 设置为 100、100、100、100，在属性栏中单击【倒棱角】按钮，然后使用【形状工具】调整矩形右下角的顶点，完成后的效果如图 12.39 所示。

图 12.38　将导入的图片置入矩形框内　　　　图 12.39　绘制矩形并调整矩形的顶点

(39) 使用同样的方法置入图片并将图片置入绘制的矩形框内，然后使用【文本工具】输入文本，效果如图 12.40 所示。

(40) 至此场景就制作完成了，按 Ctrl+S 组合键打开【保存绘图】对话框，在该对话框中设置存储路径和文件类型，设置完成后单击【保存】按钮即可将场景保存，如图 12.41 所示。场景保存后将场景导出即可。

图 12.40　完成后的效果　　　　　　　　　　图 12.41　保存场景

12.2　汽车杂志内页排版设计

本例将介绍如何制作汽车杂志内页，此内页以黄色为主色调，与汽车颜色的红色形成鲜明对比，完成后的效果如图 12.42 所示。

(1) 按 Ctrl+N 组合键，在弹出的对话框中将【名称】命名为"汽车杂志内页"，将【宽度】、【高度】分别设置为 220mm、148mm，将【原色模式】设置为 CMYK，将【渲染分别率】设置为 300dpi，如图 12.43 所示，单击【确定】按钮即可新建空白文档。

(2) 在菜单栏中选择【布局】|【页面背景】命令，打开【选项】对话框，在该对话框中选中【纯色】单选按钮，单击其右侧的颜色下三角按钮，在下拉列表中单击【更多】按钮，如图 12.44 所示。

图 12.42　汽车杂志内页

图 12.43　创建新文档

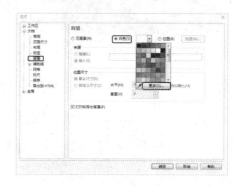

图 12.44　单击【更多】按钮

（3）弹出【选择颜色】对话框，在该对话框中将【模型】设置为 CMYK，将 CMYK 值设置为 2、36、88、0，单击【确定】按钮，如图 12.45 所示。

（4）返回到【选项】对话框中单击【确定】按钮，此时页面背景由原来的白色更改为刚刚设置的颜色，效果如图 12.46 所示。

图 12.45　设置颜色

图 12.46　更改完成后的效果

（5）在工具箱中选择【钢笔工具】，在绘图区中绘制如图 12.47 所示的图形。

（6）在【对象属性】泊坞窗中单击【轮廓】按钮，将【轮廓宽度】设置为无，单击【填充】按钮，然后单击【均匀填充】按钮，将 CMYK 值设置为 100、100、100、100，完成后的效果如图 12.48 所示。

图 12.47 绘制图形

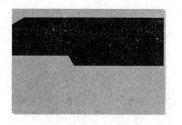

图 12.48 为绘制的图形填充颜色

(7) 按 Ctrl+I 组合键，在弹出的对话框中选择随书附带光盘中的 CDROM\素材\第 12 章\L1.png 素材文件，如图 12.49 所示。

(8) 单击【导入】按钮，然后在绘图区中单击导入图片。选择导入的图片，在菜单栏中选择【对象】|【图框精确剪裁】|【置于图文框内部】命令，此时鼠标指针变成黑色箭头，将鼠标指针移至刚刚绘制的图形框内，单击鼠标即可将图片置入框内，效果如图 12.50 所示。

图 12.49 库选择导入的素材文件

图 12.50 将图片置入框内

(9) 继续使用【钢笔工具】在绘图区中绘制如图 12.51 所示的图形，在【对象属性】泊坞窗中单击【轮廓】按钮，将【轮廓宽度】设置为无。单击【填充】按钮，然后单击【均匀填充】按钮，将【颜色模型】设置为 CMYK，将 CMYK 值设置为 56、81、93、35，如图 12.51 所示。

(10) 使用【矩形工具】在绘图区绘制矩形，将宽度、高度分别设置为 71mm、43mm，然后调整其位置，完成后的效果如图 12.52 所示。

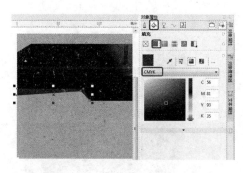

图 12.51 绘制图形并调整其位置

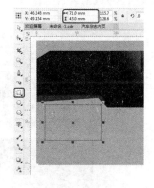

图 12.52 绘制矩形

(11) 使用前面介绍的方法导入图片，然后右键拖曳导入的图片至刚刚绘制的矩形内，松开鼠标，在弹出的快捷菜单中选择【图框精确剪裁内部】命令，如图 12.53 所示。

(12) 选择图片，单击【编辑 PowerClip】按钮，进入编辑状态，调整图片的大小和位置，然后单击【停止编辑内容】按钮，完成后效果如图 12.54 所示。

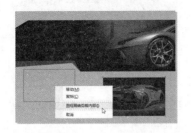

图 12.53　选择【图框精确剪裁内部】命令　　　　图 12.54　调整图片

(13) 使用同样的方法绘制矩形并导入图片，然后将导入的图片置入图文框内部，完成后的效果如图 12.55 所示。

(14) 使用【文本工具】绘制文本框，然后在文本框中输入文本。选择输入的文本，将【字体】设置为【方正仿宋简体】，将字体大小设置为 8pt，完成后的效果如图 12.56 所示。

图 12.55　导入图片　　　　　　图 12.56　输入文本并进行调整

(15) 在工具箱中选择【矩形工具】，然后在绘图区中绘制矩形，将其填充颜色设置为白色，将轮廓宽度设置为无，在属性栏中将宽度、高度分别设置为 9mm、26mm，完成后的效果如图 12.57 所示。

(16) 使用【2 点线工具】，在绘图区沿着矩形的右侧边绘制直线，将颜色设置为白色，完成后的效果如图 12.58 所示。

图 12.57　绘制矩形　　　　　　图 12.58　绘制线段

(17) 选择刚刚绘制的矩形，按+键复制矩形，将复制的矩形的宽度、高度分别设置为9mm、6mm，然后调整矩形的位置，效果如图 12.59 所示。

(18) 使用【文本工具】在刚刚绘制的大矩形中输入文字"车型介绍"，在小矩形中输入文字 051。将文字的字体设置为汉仪中隶书简，字体大小设置为 10pt；将数字的字体设置为汉仪中隶书简，字体大小设置为 8pt，完成后的效果如图 12.60 所示。

图 12.59　复制并调整矩形

图 12.60　输入文字并进行设置

(19) 对绘制的矩形以及直线进行复制，然后选择复制的对象，单击【水平镜像】按钮。调整镜像后对象的位置，然后使用【文本工具】输入文本，效果如图 12.61 所示。

(20) 使用【文本工具】输入数字 3，在【对象属性】泊坞窗中将字体设置为【汉仪综艺体简】，将字体大小设置为 50pt，将字体颜色设置为白色，效果如图 12.62 所示。

图 12.61　调整后的效果

图 12.62　输入数字"3"并进行设置

(21) 继续使用【文本工具】输入文本，将字体设置为【汉仪综艺体简】，将字体大小设置为 26pt，在【对象属性】泊坞窗中单击【填充】按钮，将【均匀填充】的 CMYK 值设置为 2、36、88、0，效果如图 12.63 所示。

(22) 使用同样的方法输入其他文字和英文，完成后的效果如图 12.64 所示。

图 12.63　输入文字"亿"并进行设置

图 12.64　完成后的效果

(23) 至此汽车杂志内页就制作完成了，按 Ctrl+S 组合键弹出【保存绘图】对话框，在该对话框选择保存路径和保存类型，如图 12.65 所示。

(24) 单击【保存】按钮，即可将场景保存。按 Ctrl+E 组合键，弹出【导出】对话框，在该对话框中设置存储路径和保存类型。在这里将【保存类型】设置为【JPG-JPEG 位图】格式，单击【导出】按钮，如图 12.66 所示，在弹出的对话框中保持默认设置并单击【确定】按钮即可将图片导出。

图 12.65　【保存绘图】对话框

图 12.66　【导出】对话框

第13章 项目指导——企业 VI 设计

VI(Visual Identity)，即企业 VI 视觉设计，通译为视觉识别系统，是 CIS 系统中最具传播力和感染力的层面。设计科学、实施有利的视觉识别，是传播企业经营理念、建立企业知名度、塑造企业形象的快速便捷之途。企业通过 VI 设计，对内可以征得员工的认同感、归属感，增强企业凝聚力，对外可以树立企业的整体形象，有控制地将企业的信息传达给受众，通过视觉符号，不断地强化受众的意识，从而获得认同。

13.1 标 志 设 计

企业标志可以通过简练的造型、生动的形象来传达企业的理念，具有内容、产品特性等信息。标志的设计不仅要具有强烈的视觉冲击力，而且还要表达出独特的个性和时代感，还必须能广泛适应各种媒体、各种材料及各种用品的制作，所以在设计之前，要对企业有全面深入的了解。本例将介绍亚森大酒店标志的制作方法，最终效果如图 13.1 所示。

(1) 按 Ctrl+N 组合键弹出【创建新文档】对话框，在该对话框中设置【名称】为"标志设计"，将【宽度】和【高度】分别设置为 280mm 和 65mm，单击【确定】按钮，如图 13.2 所示。

图 13.1　标志效果　　　　　　　　图 13.2　创建新文档

(2) 在工具箱中选择【文本工具】，在绘图页中输入 y。选择输入的文字，在属性栏中将字体设置为【方正粗倩简体】，将字体大小设置为 142pt，如图 13.3 所示。

(3) 按 F11 键弹出【编辑填充】对话框，单击【均匀填充】按钮，然后将 CMYK 值设置为 54、100、100、44，单击【确定】按钮，如图 13.4 所示。

(4) 在输入的文字上单击鼠标右键，在弹出的快捷菜单中选择【转换为曲线】命令，如图 13.5 所示，将输入的文字转换为曲线。

(5) 在工具箱中选择【形状工具】，在绘图页中调整曲线的形状，如图 13.6 所示。

(6) 使用同样的方法，输入文字 s，将其填充颜色的 CMYK 值设置为 0、20、60、20，然后转换为形状并调整其形状，如图 13.7 所示。

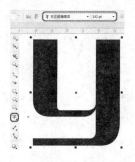

图 13.3　输入并设置文字

图 13.4　设置填充颜色

图 13.5　选择【转换为曲线】命令　　图 13.6　调整曲线的形状　　图 13.7　输入文本并调整形状

(7) 在工具箱中选择【钢笔工具】，在绘图页中绘制图形。选择绘制的图形，在文档调色板上单击 CMYK 值为 54、100、100、44 的色块，然后右键单击⊠色块，取消轮廓线的填充，效果如图 13.8 所示。

(8) 使用【钢笔工具】在绘图页中绘制图形，并为绘制的图形填充颜色，效果如图 13.9 所示。

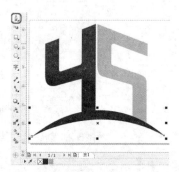

图 13.8　绘制图形并填充颜色

图 13.9　绘制并填充图形

(9) 选择新绘制的两个图形，单击鼠标右键，在弹出的快捷菜单中选择【顺序】|【向后一层】命令，如图 13.10 所示，即可将选择的图形对象向后移动一层。

(10) 在工具箱中选择【星形工具】，在绘图页中绘制星形。选择绘制的星形，在文档调色板上单击 CMYK 值为 0、20、60、20 的色块，然后右键单击⊠色块，取消轮廓线的填充，效果如图 13.11 所示。

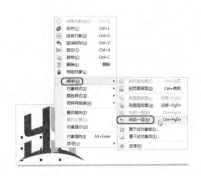

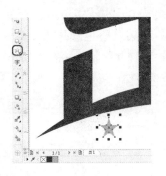

图 13.10　选择【向后一层】命令　　　　图 13.11　绘制星形并填充颜色

(11) 按小键盘上的+号键复制绘制的星形，并调整其位置，效果如图 13.12 所示。

(12) 在工具箱中选择【调和工具】，在一个星形上单击鼠标左键并拖动鼠标至另一个星形上，添加调和效果，然后在属性栏中将【调和对象】设置为 3，效果如图 13.13 所示。

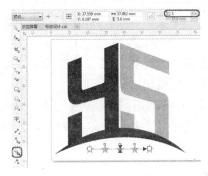

图 13.12　复制并调整星形　　　　　　图 13.13　添加调和效果

(13) 在工具箱中选择【文本工具】，在绘图页中输入文字。选择输入的文字，在属性栏中将字体设置为【经典粗仿黑】，将字体大小设置为 110pt，在文档调色板上单击 CMYK 值为 0、20、60、20 的色块为选择的文字填充颜色，如图 13.14 所示。

(14) 在工具箱中选择【2 点线工具】，在绘图页中绘制直线。选择绘制的直线，在属性栏中将【轮廓宽度】设置为 1.6mm，在文档调色板上右键单击 CMYK 值为 0、20、60、20 的色块为绘制的直线填充颜色，效果如图 13.15 所示。

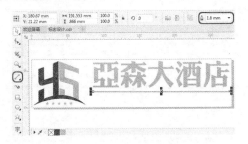

图 13.14　输入并设置文字　　　　　　图 13.15　绘制并设置直线

(15) 在工具箱中选择【文本工具】，在绘图页中输入文字。选择输入的文字，在属性栏中将字体设置为 Clarendon Blk BT，将字体大小设置为 38pt，在文档调色板上单击

CMYK 值为 0、20、60、20 的色块为选择的文字填充颜色，如图 13.16 所示。

（16）在菜单栏中选择【文本】|【文本属性】命令，弹出【文本属性】泊坞窗，单击【段落】按钮，将【字符间距】设置为 165%，设置字符间距后的效果如图 13.17 所示。至此，标志就制作完成了，然后将场景文件保存即可。

图 13.16　输入并设置文字

图 13.17　设置字符间距后的效果

13.2　名片设计

名片是新朋友互相认识、自我介绍的最快最有效的方法。下面介绍名片的制作过程，完成后的效果如图 13.18 所示。

（1）按 Ctrl+N 组合键弹出【创建新文档】对话框，在该对话框中输入【名称】为"名片设计"，将【宽度】和【高度】分别设置为 185mm 和 120mm，单击【确定】按钮，如图 13.19 所示。

图 13.18　名片效果

图 13.19　创建新文档

（2）按 Ctrl+I 组合键弹出【导入】对话框，在该对话框中选择随书附带光盘中的素材图片"名片背景.jpg"，单击【导入】按钮，如图 13.20 所示。

（3）在绘图页内单击鼠标左键，即可导入选择的素材图片，在属性栏中将素材图片的【缩放因子】设置为 68.5%，然后调整其位置，如图 13.21 所示。

（4）在工具箱中选择【矩形工具】 ，在素材图片的上方绘制一个宽为 185mm、高为 120mm 的矩形，并为绘制的矩形填充一种颜色，然后取消轮廓线的填充，效果如图 13.22 所示。

（5）在绘图页中选择素材图片，在菜单栏中选择【对象】|【图框精确剪裁】|【置于图文框内部】命令，当鼠标指针变成➡样式时，在绘制的矩形上单击鼠标，即可将素材图片

置于单击的矩形内，效果如图 13.23 所示。

图 13.20 选择素材图片

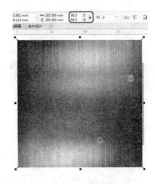

图 13.21 调整素材图片

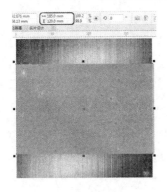

图 13.22 绘制矩形

图 13.23 图框精确剪裁

(6) 在工具箱中选择【矩形工具】▢，在绘图页中绘制一个宽为 90mm、高为 54mm 的矩形，并为绘制的矩形填充白色，然后取消轮廓线的填充，效果如图 13.24 所示。

(7) 在工具箱中选择【2 点线工具】✐，在绘图页中绘制直线，然后选择绘制的直线，在属性栏中将【轮廓宽度】设置为 1.5mm，如图 13.25 所示。

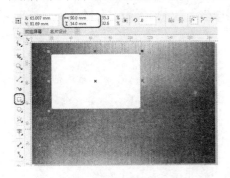

图 13.24 绘制矩形

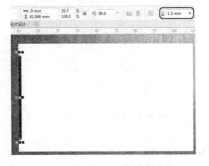

图 13.25 绘制直线

(8) 按 F12 键弹出【轮廓笔】对话框，单击【颜色】右侧的▾按钮，在弹出的下拉列表中单击【更多】按钮，如图 13.26 所示。

(9) 弹出【选择颜色】对话框，在该对话框中将 CMYK 值设置为 0、20、60、20，单击【确定】按钮，如图 13.27 所示。

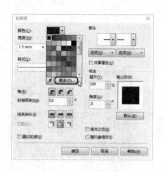

图 13.26　单击【更多】按钮

图 13.27　设置颜色

（10）返回到【轮廓笔】对话框，单击【确定】按钮，即可为绘制的直线填充颜色，效果如图 13.28 所示。

（11）按 Ctrl+I 组合键弹出【导入】对话框，在该对话框中选择随书附带光盘中的素材文件 logo.cdr，单击【导入】按钮，如图 13.29 所示。

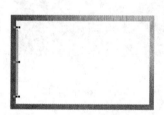

图 13.28　为直线填充颜色

图 13.29　选择素材文件

（12）在绘图页内单击鼠标左键，即可导入选择的素材文件，然后在绘图页中调整其大小和位置，效果如图 13.30 所示。

（13）在工具箱中选择【矩形工具】，在绘图页中绘制一个宽为 56mm、高为 16mm的矩形，然后在属性栏中取消选择【同时编辑所有角】按钮，并将矩形左下方的圆角设置为 5mm，效果如图 13.31 所示。

图 13.30　调整图片

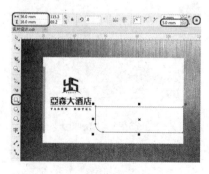

图 13.31　绘制并调整矩形

(14) 确认绘制的矩形处于选择状态，在文档调色板上单击 CMYK 值为 0、20、60、20 的色块，然后右键单击☒色块，取消轮廓线的填充，效果如图 13.32 所示。

(15) 在工具箱中选择【文本工具】，在绘图页中输入文字。选择输入的文字，在属性栏中将字体设置为【黑体】，将字体大小设置为 12pt，如图 13.33 所示。

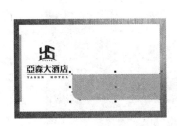

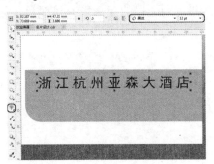

图 13.32　填充颜色　　　　　　　图 13.33　输入并设置文字

(16) 在工具箱中选择【交互式填充工具】，在属性栏中单击填充色右侧的按钮，在弹出的面板中单击【颜色滴管】按钮，在导入的 logo 上单击鼠标左键吸取颜色，即可为选择的文字填充该颜色，效果如图 13.34 所示。

(17) 使用同样的方法，输入并设置其他文字，然后使用【2 点线工具】绘制直线，效果如图 13.35 所示。

图 13.34　填充颜色　　　　　　　图 13.35　输入文字并绘制直线

(18) 在绘图页中选择白色矩形和 logo 对象，然后按小键盘上的+号键进行复制，如图 13.36 所示。

(19) 在绘图页中调整复制图形的位置，效果如图 13.37 所示。

图 13.36　复制选择的对象　　　　　图 13.37　调整对象位置

(20) 在菜单栏中选择【窗口】|【泊坞窗】|【对象管理器】命令，弹出【对象管理器】泊坞窗，在该泊坞窗中将复制后的对象移至"图框精确剪裁矩形"的上方，如图 13.38 所示。

(21) 在绘图页中选择复制的矩形，在文档调色板上单击 CMYK 值为 0、20、60、20 的色块，即可为选择的矩形填充该颜色，效果如图 13.39 所示。

图 13.38 调整对象排列顺序

图 13.39 为矩形填充颜色

(22) 在绘图页中选择复制后的 logo，并调整其大小和位置，效果如图 13.40 所示。

(23) 在工具箱中选择【2 点线工具】，在绘图页中绘制直线。选择绘制的直线，在属性栏中将【轮廓宽度】设置为 1.5mm，并在文档调色板上右键单击 CMYK 值为 54、100、100、44 的色块，为绘制的直线填充该颜色，效果如图 13.41 所示。

图 13.40 调整 logo

图 13.41 绘制并设置直线

(24) 在绘图页中选择白色矩形，在工具箱中选择【阴影工具】，在属性栏的【预设】列表中选择【平面右下】选项，将【阴影偏移】设置为 1.5mm 和-1.5mm，如图 13.42 所示。

(25) 使用同样的方法，为复制后的矩形对象添加阴影，效果如图 13.43 所示。至此，名片就制作完成了，将场景文件保存即可。

图 13.42 添加阴影

图 13.43 为复制后的矩形对象添加阴影

13.3　工作证设计

工作证是一个人在某单位工作的证件。下面介绍工作证的制作过程，完成后的效果如图 13.44 所示。

(1) 按 Ctrl+N 组合键弹出【创建新文档】对话框，在该对话框中输入【名称】为"工作证设计"，将【宽度】和【高度】分别设置为 280mm 和 210mm，单击【确定】按钮，如图 13.45 所示。

图 13.44　工作证效果

图 13.45　创建新文档

(2) 在工具箱中选择【矩形工具】，在绘图页中绘制一个宽为 280mm、高为 210mm 的矩形，如图 13.46 所示。

(3) 确认绘制的矩形处于选择状态，按 F11 键弹出【编辑填充】对话框，在【调和过渡】选项组中单击【椭圆形渐变填充】类型按钮，然后将左侧色标的 CMYK 值设置为 0、0、0、100，将右侧色标的 CMYK 值设置为 0、0、0、60，单击【确定】按钮，如图 13.47 所示，即可为绘制的矩形填充渐变颜色。

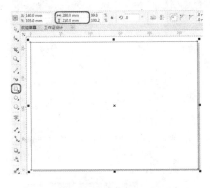

图 13.46　绘制矩形

图 13.47　设置渐变颜色

(4) 右键单击默认 CMYK 调色板上的色块，取消轮廓线的填充，效果如图 13.48 所示。

(5) 在工具箱中选择【矩形工具】，在绘图页中绘制一个宽为 95mm、高为 160mm 的矩形。选择绘制的矩形，在属性栏中单击【同时编辑所有角】按钮，将圆角设置为 7.5mm，将【轮廓宽度】设置为 1mm，然后在默认的 CMYK 调色板上右键单击 CMYK 值为 0、0、0、30 的色块，效果如图 13.49 所示。

图 13.48　取消轮廓填充颜色

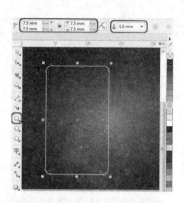

图 13.49　绘制并设置矩形

(6) 确认绘制的矩形处于选择状态，按小键盘上的+号键进行复制，然后在默认 CMYK 调色板上单击 CMYK 值为 0、0、0、20 的色块，为复制后的矩形填充该颜色，并右键单击⊠色块取消轮廓线的填充，效果如图 13.50 所示。

(7) 在工具箱中选择【透明度工具】🖼，在属性栏中单击【均匀透明度】按钮🖼，将【透明度】设置为 80，添加透明度后的效果如图 13.51 所示。

(8) 在工具箱中选择【矩形工具】🖵，在绘图页中绘制一个宽为 88mm、高为 133mm 的矩形，如图 13.52 所示。

图 13.50　复制矩形并填充颜色

图 13.51　添加透明度

图 13.52　绘制矩形

(9) 确认绘制的矩形处于选择状态，按 Shift+F11 组合键弹出【编辑填充】对话框，将 CMYK 值设置为 54、100、100、44，单击【确定】按钮，如图 13.53 所示，即可为选择的矩形填充该颜色。

(10) 右键单击默认 CMYK 调色板上的⊠色块，取消轮廓线的填充，效果如图 13.54 所示。

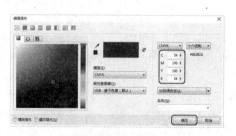

图 13.53　设置填充颜色

图 13.54　取消轮廓填充颜色

(11) 在工具箱中选择【钢笔工具】，在绘图页中绘制图形，如图 13.55 所示。

(12) 确认绘制的图形处于选择状态，按 Shift+F11 组合键弹出【编辑填充】对话框，将 CMYK 值设置为 0、0、20、0，单击【确定】按钮，如图 13.56 所示。

图 13.55　绘制图形

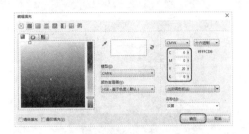

图 13.56　设置填充颜色

(13) 右键单击默认 CMYK 调色板上的☒色块，取消轮廓线的填充，效果如图 13.57 所示。

(14) 继续使用【钢笔工具】在绘图页中绘制图形，并为绘制的图形填充 CMYK 值为 0、20、60、20 的颜色，然后取消轮廓线的填充，效果如图 13.58 所示。

图 13.57　取消轮廓填充颜色

图 13.58　绘制图形并填充颜色

(15) 使用同样的方法绘制其他图形，并为绘制的图形填充颜色，效果如图 13.59 所示。

(16) 在工具箱中选择【矩形工具】，在绘图页中绘制一个宽为 32mm、高为 8mm 的矩形。选择绘制的矩形，在属性栏中将圆角设置为 4mm，然后在默认 CMYK 调色板上右键单击白色色块，效果如图 13.60 所示。

(17) 继续使用【矩形工具】在绘图页中绘制一个宽为 13mm、高为 10mm 的矩形。选择绘制的矩形，在默认 CMYK 调色板上单击 CMYK 值为 0、0、0、50 的色块，然后右键单击白色色块，效果如图 13.61 所示。

图 13.59　绘制其他图形

图 13.60　绘制并设置圆角矩形

图 13.61　绘制矩形并填充颜色

(18) 在工具箱中选择【透明度工具】，在属性栏中单击【均匀透明度】按钮，将【透明度】设置为 50，添加透明度后的效果如图 13.62 所示。

(19) 在工具箱中选择【矩形工具】，在绘图页中绘制一个宽为 8.5mm、高为 16mm 的矩形。选择绘制的矩形，在属性栏中取消选择【同时编辑所有角】按钮，将矩形左下方和右下方的圆角设置为 2mm，效果如图 13.63 所示。

图 13.62　添加透明度

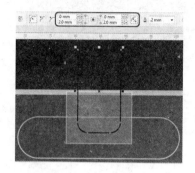

图 13.63　绘制矩形

(20) 按 F11 键弹出【编辑填充】对话框，将左侧色标的 CMYK 值设置为 0、0、0、100，在 64%位置处添加一个色标并将其 CMYK 值设置为 0、0、0、8，将右侧节点的 CMYK 值设置为 0、0、0、0，在【变换】选项组中将【旋转】设置为 80.5°，单击【确定】按钮，如图 13.64 所示，即可为绘制的矩形填充渐变颜色。

(21) 在工具箱中选择【椭圆形工具】，按住 Ctrl 键的同时在绘图页中绘制正圆，效果如图 13.65 所示。

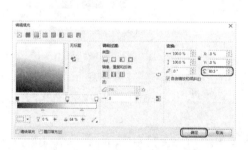

图 13.64　设置渐变颜色

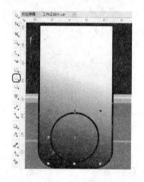

图 13.65　绘制正圆

(22) 选择绘制的正圆，按 F11 键弹出【编辑填充】对话框，将左侧色标的 CMYK 值设置为 0、0、0、100，将右侧色标的 CMYK 值设置为 0、0、0、0，将中间色标移至 19%位置处，在【变换】选项组中将【填充宽度】和【填充高度】设置为 140%，单击【确定】按钮，如图 13.66 所示。

(23) 按小键盘上的+号键复制绘制的正圆，然后按住 Shift 键的同时缩小复制的正圆，效果如图 13.67 所示。

(24) 在绘图页中选择除背景以外的所有对象，然后按小键盘上的+号键进行复制，并调整复制对象的位置，效果如图 13.68 所示。

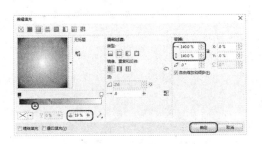

图 13.66　设置渐变颜色

图 13.67　复制并调整正圆

(25) 在工具箱中选择【文本工具】，在左侧工作证上输入文字。选择输入的文字，在属性栏中将字体设置为【方正黑体简体】，将字体大小设置为 48pt，在文档调色板上单击 CMYK 值为 0、0、20、0 的色块为选择的文字填充颜色，效果如图 13.69 所示。

(26) 使用同样的方法继续输入文字，并将文字的字体设置为 Arial，将字体大小设置为 17pt，然后为其填充颜色，效果如图 13.70 所示。

图 13.68　复制对象并调整位置

图 13.69　输入并设置文字

图 13.70　输入文字

(27) 在工具箱中选择【文本工具】，在绘图页中绘制文本框并输入文字，在属性栏中将字体设置为【黑体】，将文字"浙江杭州亚森大酒店"的字体大小设置为 12pt，将其他文字的字体大小设置为 7pt，然后为输入的文字填充 CMYK 值为 0、0、20、0 的颜色，效果如图 13.71 所示。

(28) 选择绘制的文本框，在菜单栏中选择【文本】|【文本属性】命令，弹出【文本属性】泊坞窗，在该窗口中单击【居中】按钮，并将【段前间距】设置为 120%，设置段落后的效果如图 13.72 所示。

图 13.71　输入并设置段落文字

图 13.72　设置段落后的效果

(29) 按 Ctrl+I 组合键弹出【导入】对话框，在该对话框中选择随书附带光盘中的素材文件 logo2.cdr，单击【导入】按钮，如图 13.73 所示。

(30) 在绘图页内单击鼠标左键，即可导入选择的素材文件。在文档调色板上单击 CMYK 值为 0、0、20、0 的色块，为导入的文件填充该颜色，然后将其调整至右侧的工作证上，效果如图 13.74 所示。

图 13.73　选择文件

图 13.74　导入并调整文件

(31) 在工具箱中选择【矩形工具】□，在绘图页中绘制一个宽为 32mm、高为 42mm 的矩形。选择绘制的矩形，在属性栏中将圆角设置为 4mm，在文档调色板上右键单击 CMYK 值为 0、0、20、0 的色块，效果如图 13.75 所示。

(32) 按 F12 键弹出【轮廓笔】对话框，将【宽度】设置为 0.3mm，在【样式】列表框中选择如图 13.76 所示的样式，并单击【确定】按钮。

图 13.75　绘制并调整矩形

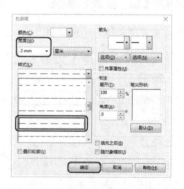

图 13.76　设置轮廓

(33) 在工具箱中选择【文本工具】字，在绘图页中输入文字，并为输入的文字设置字体、大小和颜色，效果如图 13.77 所示。

(34) 在工具箱中选择【2 点线工具】，在绘图页中绘制直线，并设置直线的轮廓宽度和颜色，效果如图 13.78 所示。

(35) 在绘图页中选择除背景以外的所有对象，按 Ctrl+G 组合键群组选择的对象，如图 13.79 所示。

(36) 在菜单栏中选择【对象】|【变换】|【缩放和镜像】命令，弹出【变换】泊坞窗，单击【垂直镜像】按钮，将【副本】设置为 1，单击【应用】按钮，即可镜像复制群组对象，然后调整对象的位置，效果如图 13.80 所示。

图 13.77　输入并设置文字　　　　　图 13.78　绘制并设置直线

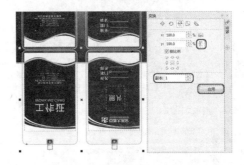

图 13.79　群组对象　　　　　图 13.80　镜像复制群组对象

(37) 在工具箱中选择【透明度工具】，在属性栏中单击【渐变透明度】按钮，然后在绘图区中单击并拖动鼠标，即可为选择的对象添加渐变透明度，效果如图 13.81 所示。

(38) 至此，工作证就制作完成了，完成后的效果如图 13.82 所示，然后将场景文件保存即可。

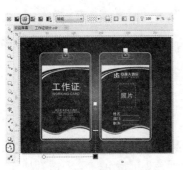

图 13.81　添加透明度　　　　　图 13.82　完成后的效果

13.4　笔记本设计

下面介绍在 VI 设计中笔记本图形的制作方法，完成后的效果如图 13.83 所示。

(1) 按 Ctrl+N 组合键弹出【创建新文档】对话框，在该对话框中输入【名称】为"笔记本设计"，将【宽度】和【高度】分别设置为 355mm 和 290mm，单击【确定】按钮，如图 13.84 所示。

图 13.83　笔记本效果

图 13.84　创建新文档

（2）在工具箱中选择【矩形工具】□，在绘图页中绘制一个宽为 130mm、高为 184mm 的矩形。选择绘制的矩形，然后在属性栏中取消选择【同时编辑所有角】按钮🔒，将矩形右上方和右下方的圆角设置为 3mm，效果如图 13.85 所示。

（3）按 Shift+F11 组合键弹出【编辑填充】对话框，将 CMYK 值设置为 54、100、100、44，单击【确定】按钮，如图 13.86 所示，即可为绘制的矩形填充该颜色。

图 13.85　绘制矩形

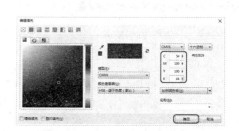

图 13.86　设置填充颜色

（4）在默认 CMYK 调色板上右键单击⊠色块，取消轮廓线的填充，效果如图 13.87 所示。

（5）在工具箱中选择【矩形工具】□，在绘图页中绘制一个宽为 127mm、高为 178mm 的矩形。选择绘制的矩形，然后在属性栏中将矩形右上方和右下方的圆角设置为 5mm，效果如图 13.88 所示。

（6）按 F12 键弹出【轮廓笔】对话框，将【颜色】设置为白色，将【宽度】设置为 0.4mm，在【样式】列表框中选择如图 13.89 所示的样式，并单击【确定】按钮。

图 13.87　取消轮廓填充颜色

图 13.88　绘制矩形

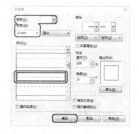

图 13.89　设置轮廓

(7) 设置矩形轮廓后的效果如图 13.90 所示。

(8) 在新绘制的矩形上单击鼠标右键，在弹出的快捷菜单中选择【转换为曲线】命令，如图 13.91 所示。

(9) 在工具箱中选择【形状工具】 ，然后单击矩形的左侧边，按 Delete 键将其删除，删除边后的效果如图 13.92 所示。

图 13.90　设置矩形轮廓　　　图 13.91　选择【转换为曲线】命令　　　图 13.92　删除边后的效果

(10) 在绘图页中选择作为笔记本封面的大矩形，在工具箱中选择【阴影工具】 ，在属性栏的【预设】列表中选择【平面右下】选项，将【阴影偏移】设置为 3mm 和-3mm，如图 13.93 所示。

(11) 使用同样的方法，继续绘制并编辑圆角矩形，然后添加阴影，效果如图 13.94 所示。

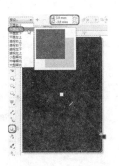 

图 13.93　添加阴影　　　　　图 13.94　编辑矩形并添加阴影

(12) 按 Ctrl+I 组合键弹出【导入】对话框，在该对话框中选择随书附带光盘中的素材文件 logo.cdr，单击【导入】按钮，如图 13.95 所示。

(13) 在绘图页内单击鼠标左键，即可导入选择的素材文件。按 Shift+F11 组合键弹出【编辑填充】对话框，将 CMYK 值设置为 0、20、60、20，单击【确定】按钮，如图 13.96 所示，即可为导入的素材文件填充该颜色。

(14) 在绘图页中调整 logo 的位置，效果如图 13.97 所示。

(15) 按 Ctrl+A 组合键选择所有的对象，按 Ctrl+G 组合键群组选择的对象，然后按小键盘上的+号键复制群组后的对象，如图 13.98 所示。

图 13.95 导入文件

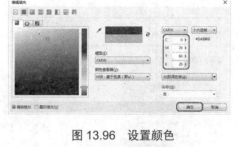

图 13.96 设置颜色

图 13.97 调整位置

图 13.98 复制群组对象

(16) 在属性栏中将复制的群组对象的【旋转角度】设置为300°，如图 13.99 所示。

(17) 在菜单栏中选择【窗口】|【泊坞窗】|【对象管理器】命令，弹出【对象管理器】泊坞窗，在该泊坞窗中将复制对象移至最底层，效果如图 13.100 所示。

图 13.99 设置旋转角度

图 13.100 移动排列位置

(18) 在绘图页中调整复制对象的位置，效果如图 13.101 所示。

(19) 在工具箱中选择【矩形工具】 ，在绘图页中绘制一个宽为 355mm、高为 290mm 的矩形，如图 13.102 所示。

(20) 确认绘制的矩形处于选择状态，按 F11 键弹出【编辑填充】对话框，在【调和过渡】选项组中单击【椭圆形渐变填充】类型按钮 ，然后将左侧色标的 CMYK 值设置为 73、65、62、16，将右侧色标的 CMYK 值设置为 13、9、9、0，在【变换】选项组中将

【填充宽度】和【填充高度】均设置为 126%，单击【确定】按钮，如图 13.103 所示，即可为绘制的矩形填充渐变颜色。

(21) 在默认 CMYK 调色板中右键单击⊠色块，取消轮廓线的填充，效果如图 13.104 所示。

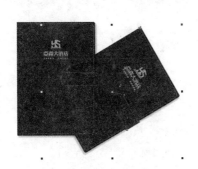

图 13.101　调整对象位置

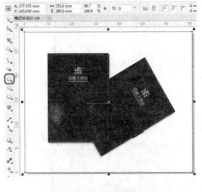

图 13.102　绘制矩形

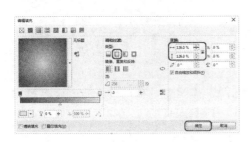

图 13.103　设置渐变颜色

图 13.104　取消轮廓填充颜色

(22) 在绘制的矩形上单击鼠标右键，在弹出的快捷菜单中选择【顺序】|【到图层后面】命令，如图 13.105 所示，即可将矩形移至最底层，效果如图 13.106 所示。至此，笔记本就制作完成了，将场景文件保存即可。

图 13.105　选择【到图层后面】命令

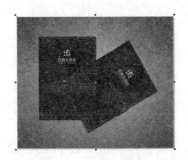

图 13.106　调整排列顺序

13.5　档案袋设计

下面来介绍在 VI 设计中档案袋的制作方法，完成后的效果如图 13.107 所示。

(1) 按 Ctrl+N 组合键弹出【创建新文档】对话框，在该对话框中输入【名称】为"档案袋设计"，将【宽度】和【高度】设置为 740mm 和 516mm，单击【确定】按钮，如图 13.108 所示。

图 13.107　档案袋效果

图 13.108　创建新文档

(2) 在工具箱中选择【矩形工具】 ，在绘图页中绘制一个宽为 250mm、高为 350mm 的矩形，如图 13.109 所示。

(3) 选择绘制的矩形，按 Shift+F11 组合键弹出【编辑填充】对话框，将 CMYK 值设置为 0、20、60、20，单击【确定】按钮，如图 13.110 所示，即可为选择的矩形填充该颜色。

图 13.109　绘制矩形

图 13.110　设置颜色

(4) 在默认的 CMYK 调色板上右键单击⊠色块，取消轮廓线的填充，效果如图 13.111 所示。

(5) 在工具箱中选择【钢笔工具】 ，在绘图页中绘制图形，如图 13.112 所示。

(6) 选择绘制的图形，按 F11 键弹出【编辑填充】对话框，将左侧色标的 CMYK 值设置为 54、100、100、44，在 50%位置处添加一个色标并将其 CMYK 值设置为 0、20、60、20，将右侧色标的 CMYK 值设置为 54、100、100、44，单击【确定】按钮，如图 13.113 所示，即可为绘制的图形填充渐变颜色。

(7) 取消轮廓线的填充，继续使用【钢笔工具】 在绘图页中绘制图形，如图 13.114

所示。

图 13.111　填充颜色

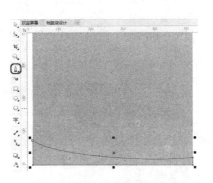

图 13.112　绘制图形

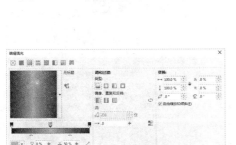

图 13.113　设置渐变颜色

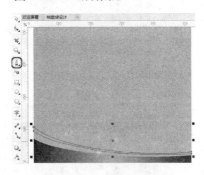

图 13.114　绘制图形

(8) 选择绘制的图形，按 Shift+F11 组合键弹出【编辑填充】对话框，将 CMYK 值设置为 0、0、20、0，单击【确定】按钮，如图 13.115 所示，即可为绘制的图形填充颜色，然后取消轮廓线的填充。

(9) 使用同样的方法，继续绘制图形，并为绘制的图形填充 CMYK 值为 54、100、100、44 的颜色，然后取消轮廓线的填充，效果如图 13.116 所示。

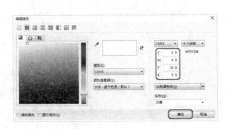

图 13.115　设置颜色

图 13.116　绘制图形并填充颜色

(10) 在工具箱中选择【钢笔工具】，在绘图页中绘制图形，并为绘制的图形填充 CMYK 值为 54、100、100、44 的颜色，然后取消轮廓线的填充，效果如图 13.117 所示。

(11) 在工具箱中选择【椭圆形工具】，按住 Ctrl 键的同时绘制正圆，并为绘制的正圆填充白色，然后取消轮廓线的填充，效果如图 13.118 所示。

(12) 选择绘制的正圆，在工具箱中选择【阴影工具】，在属性栏的【预设】列表中选择【平面右下】选项，将【阴影偏移】设置为 3mm 和-3mm，将【阴影的不透明度】设置为 70，将【阴影羽化】设置为 20，如图 13.119 所示。

(13) 在工具箱中选择【椭圆形工具】 ◎，按住 Ctrl 键的同时绘制正圆，如图 13.120 所示。

图 13.117　绘制图形并填充颜色

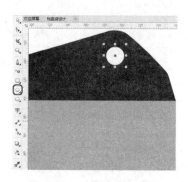

图 13.118　绘制正圆并填充颜色

图 13.119　添加阴影

图 13.120　绘制正圆

(14) 选择绘制的正圆，按 Shift+F11 组合键弹出【编辑填充】对话框，将 CMYK 值设置为 60、54、51、0，单击【确定】按钮，如图 13.121 所示，即可为绘制的正圆填充该颜色，并取消轮廓线的填充。

(15) 使用同样的方法，继续绘制黑色无轮廓线的正圆，效果如图 13.122 所示。

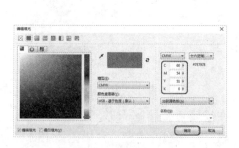

图 13.121　设置填充颜色

图 13.122　绘制黑色无轮廓线的正圆

(16) 在工具箱中选择【钢笔工具】 ◎，在绘图页中绘制曲线，如图 13.123 所示。

(17) 选择绘制的曲线，按 F12 键弹出【轮廓笔】对话框，将【颜色】设置为 60%黑，将【宽度】设置为 0.6mm，在【样式】列表框中选择如图 13.124 所示的样式，并单击【确定】按钮。

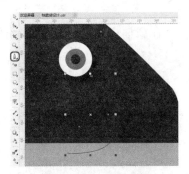

图 13.123　绘制曲线

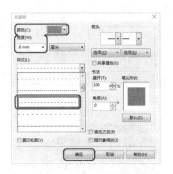

图 13.124　设置轮廓样式

(18) 在工具箱中选择【阴影工具】，在属性栏的【预设】列表中选择【平面右下】选项，将【阴影偏移】设置为 1mm 和-1mm，将【阴影的不透明度】设置为 60，将【阴影羽化】设置为 5，如图 13.125 所示。

(19) 按 Ctrl+I 组合键弹出【导入】对话框，在该对话框中选择随书附带光盘中的素材文件 logo.cdr，单击【导入】按钮，如图 13.126 所示。

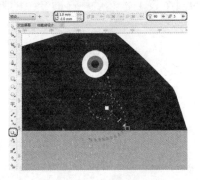

图 13.125　添加阴影

图 13.126　选择素材文件

(20) 在绘图页内单击鼠标左键，即可导入选择的素材文件，然后在绘图页中调整其大小和位置，效果如图 13.127 所示。

(21) 按 Ctrl+A 组合键选择所有的对象，然后在菜单栏中选择【对象】|【变换】|【缩放和镜像】命令，弹出【变换】泊坞窗，单击【水平镜像】按钮，将【副本】设置为 1，单击【应用】按钮，即可镜像复制选择对象，然后调整对象的位置，效果如图 13.128 所示。

图 13.127　调整素材文件

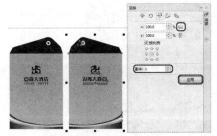

图 13.128　镜像复制对象

(22) 在复制的对象上选择 logo、绘制的曲线和所有的正圆对象，如图 13.129 所示，然后按 Delete 键将其删除。

(23) 在绘图页中选择如图 13.130 所示的图形，并在属性栏中单击【垂直镜像】按钮，然后在绘图页中调整其位置。

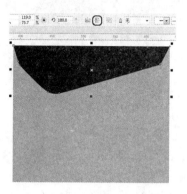

图 13.129　选择对象　　　　　　　　　　图 13.130　垂直镜像对象

(24) 在绘图页中选择绘制的所有正圆对象，效果如图 13.131 所示。

(25) 复制两次选择的对象，将其调整至复制的档案袋上，然后用前面介绍的方法绘制曲线并添加阴影，效果如图 13.132 所示。

图 13.131　选择正圆对象　　　　　　　　图 13.132　复制对象并绘制曲线

(26) 在工具箱中选择【文本工具】，在绘图页中绘制文本框并输入文字。选择文本框，在属性栏中将字体设置为【黑体】，将字体大小设置为 16pt，并为输入的文字填充 CMYK 值为 54、100、100、44 的颜色，效果如图 13.133 所示。

(27) 在菜单栏中选择【文本】|【文本属性】命令，弹出【文本属性】泊坞窗，将【行间距】设置为 150%，效果如图 13.134 所示。

图 13.133　输入并设置段落文字　　　　　图 13.134　设置行间距

(28) 在工具箱中选择【文本工具】字，在绘图页中输入文字。选择输入的文字，在属性栏中将字体设置为【黑体】，将字体大小设置为 65pt，然后为文字填充 CMYK 值为 54、100、100、44 的颜色，效果如图 13.135 所示。

(29) 继续使用【文本工具】字在绘图页中输入文字，并设置文字的字体、大小和颜色，效果如图 13.136 所示。

图 13.135 输入并设置文字

图 13.136 设置文字

(30) 按 Ctrl+I 组合键弹出【导入】对话框，在该对话框中选择随书附带光盘中的素材文件 "档案袋背景.cdr"，单击【导入】按钮，如图 13.137 所示。在绘图页内单击鼠标左键，即可导入选择的素材文件。

(31) 在素材文件上单击鼠标右键，在弹出的快捷菜单中选择【顺序】|【到图层后面】命令，如图 13.138 所示。效果如图 13.139 所示。

图 13.137 选择素材文件

图 13.138 选择【到图层后面】命令

(32) 在绘图页中选择正面档案袋的矩形，在工具箱中选择【阴影工具】，在属性栏的【预设】列表中选择【平面右下】选项，将【阴影偏移】设置为 6mm 和-4mm，如图 13.140 所示。

(33) 使用同样的方法，为其他对象添加阴影，效果如图 13.141 所示。

图 13.139 调整排列顺序

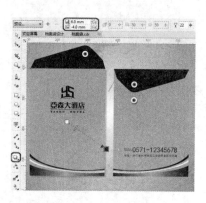

图 13.140 添加阴影

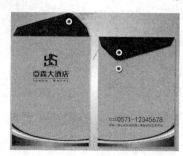

图 13.141 为其他对象添加阴影

第 14 章 项目指导——宣传单设计

宣传单不仅仅是将文字和图片罗列组合在一起，更应该考虑如何使宣传单与企业文化、企业理念相吻合，并注入创意和创新，使之区别于其他企业的常规样本，从而产生很好的营销宣传效果。本章将通过几个实例来介绍宣传单的设计与制作。

14.1 名表维修公司宣传单

本案例将介绍如何制作名表维修公司的宣传单，此宣传单主体的颜色为暗黑色，与名表形成鲜明的对比，可以彰显名表的尊贵。本宣传单的主题明确，一目了然，完成的最终效果如图 14.1 所示。

图 14.1 名表维修公司宣传单

(1) 启动软件后，按 Ctrl+N 组合键，在弹出的对话框中将【名称】命名为"名表维修公司宣传单"，将【宽度】、【高度】分别设置为 470mm、320mm，将【原色模式】设置为 CMYK，将【渲染分辨率】设置为 300，如图 14.2 所示。单击【确定】按钮，即可新建文档。

(2) 在工具箱中选择【矩形工具】，在绘图区中绘制矩形，在属性栏中将宽度和高度分别设置为 210mm、285mm，使用【选择工具】调整其位置，完成后的效果如图 14.3 所示。

图 14.2 新建文档

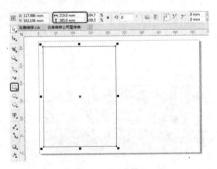

图 14.3 绘制矩形

(3) 按 Ctrl+I 组合键，在弹出的对话框中选择随书附带光盘中的 CDROM\素材\第 14

章\L01.jpg 素材文件，如图 14.4 所示。

(4) 单击【导入】按钮，然后在绘图区中单击鼠标，即可将图片导入舞台中，完成后的效果如图 14.5 所示。

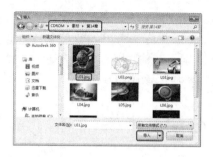

图 14.4 【导入】对话框

图 14.5 导入图片后的效果

(5) 选择导入的图片，在菜单栏中选择【对象】|【图框精确剪裁】|【置于图文框内部】命令，此时鼠标指针变成黑色的箭头，将箭头移至绘制的矩形内部，单击鼠标，完成后的效果如图 14.6 所示。

(6) 在工具箱中选择【文本工具】，在绘图区中输入文字。选择输入的文字，在属性栏中将字体设置为 Arial Unicode MS，将字体大小设置为 13pt，在调色板中单击白色，为文字填充白色，效果如图 14.7 所示。

图 14.6 置于图文框后的效果

图 14.7 输入文字

(7) 在工具箱中选择【两点线】工具，在绘图区中绘制线段。在属性栏中将高度设置为 5，在【对象属性】泊坞窗中将【轮廓宽度】设置为 6px，将【轮廓颜色】的 CMYK 值设置为 0、0、0、70，完成后的效果如图 14.8 所示。

(8) 使用【钢笔工具】绘制如图 14.9 所示的图形，在属性栏中将【轮廓宽度】设置为 4px，将【轮廓颜色】设置为白色，效果如图 14.9 所示。

图 14.8 绘制线段

图 14.9 绘制图形

(9) 选择绘制的线段进行复制并移动位置，完成后的效果如图 14.10 所示。

(10) 按 Ctrl+I 组合键在弹出的对话框中选择随书附带光盘中的 CDROM\素材\第 14 章\
L02.png 素材文件，单击【导入】按钮，如图 14.11 所示。

图 14.10　复制并移动对象后的效果

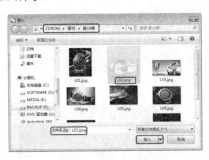

图 14.11　【导入】对话框

(11) 在绘图区中单击鼠标，将图片导入场景中。在场景中调整图片的位置和大小，效
果如图 14.12 所示。

(12) 继续使用【文本工具】在绘图区中绘制文本框，在文本框内输入文字"与时间同
在"和"我们为您的时间保驾护航"，在属性栏中将字体设置为 Arial Unicode MS，将字
体大小设置为 19pt，将字体颜色设置为白色，效果如图 14.13 所示。

图 14.12　调整后的效果

图 14.13　输入文字

(13) 在菜单栏中选择【布局】|【页面背景】命令，弹出【选项】对话框，在该对话框
中选中【纯色】单选按钮，单击其右侧的颜色块，在弹出的下拉列表中单击【更多】按
钮。在弹出的对话框中将【模型】设置为 CMYK 值，将 CMYK 值设置为 100、100、
100、100，如图 14.14 所示。

(14) 单击【确定】按钮返回到【选项】对话框中，单击【确定】按钮，此时页面背景
变成黑色，效果如图 14.15 所示。

图 14.14　设置颜色

图 14.15　设置完成后的效果

(15) 使用【矩形工具】在绘图区中绘制矩形，将宽度、高度分别设置为 210mm、

285mm，在【对象属性】泊坞窗中将【填充颜色】的 CMYK 值设置为 20、0、0、80，然后调整矩形的位置，如图 14.16 所示。

(16) 使用【矩形工具】在绘图区中绘制矩形，将宽度、高度分别设置为 193mm、80mm，使用【形状工具】，单击矩形右下角的顶点，拖动出圆角，完成后的效果如图 14.17 所示。

图 14.16　绘制矩形后的效果

图 14.17　将矩形拖动出圆角

(17) 按 Ctrl+I 组合键，在弹出的对话框中选择随书附带光盘中的 CDROM\素材\第 14 章\L03.jpg 素材文件，单击【导入】按钮，如图 14.18 所示。

(18) 在绘图区中单击鼠标导入图片，选择导入的图片，在菜单栏中选择【对象】|【图框精确剪裁】|【置于图文框内部】命令，然后将鼠标指针移至矩形内部，单击鼠标，然后将矩形的轮廓线设置为无，效果如图 14.19 所示。

图 14.18　选择要导入的图片

图 14.19　导入图片效果

(19) 在工具箱中选择【阴影工具】，在场景中单击刚刚导入的图片，在属性栏中单击【预设】按钮，在弹出的下拉列表中选择【平面右下】，如图 14.20 所示。

(20) 在属性栏中设置阴影与对象之间的距离，将水平偏移距离设置为 4mm，将垂直偏移距离设置为-5mm，将【阴影羽化】设置为 8，完成后的效果如图 14.21 所示。

图 14.20　选择阴影偏移方式

图 14.21　设置阴影参数

(21) 使用【文本工具】在绘图区中绘制文本框，然后输入文字，在属性栏中将字体设置为【方正黑体简体】，将字体大小设置为 12pt，将文字颜色设置为白色，完成后的效果如图 14.22 所示。

(22) 继续选择【文本工具】，在绘图区中输入文字"服务流程"，在属性栏中将字体设置为 Arial Unicode MS，将字体大小设置为 24pt，将文字颜色设置为白色，如图 14.23 所示。

图 14.22 输入段落文本并进行设置

图 14.23 输入文字并进行设置

(23) 使用【钢笔工具】绘制如图 14.24 所示的图形，在属性栏中将轮廓宽度设置为 4px，将轮廓颜色设置为白色，如图 14.24 所示。

(24) 复制绘制的图形，将其向右水平移动，然后使用【调和工具】连接绘制的两个图形，在属性栏中将步长数设置为 60，如图 14.25 所示。

图 14.24 绘制图形

图 14.25 设置步长数

(25) 使用【矩形工具】，绘制宽度为 57mm、高度为 31mm 的矩形，然后使用【形状工具】单击矩形右下角的顶点，拖动顶点使其更改为圆角，完成后的效果如图 14.26 所示。

(26) 按 Ctrl+I 组合键，在弹出的对话框中选择随书附带光盘中的 CDROM\素材\第 14 章\L04.jpg 素材文件，单击【导入】按钮，如图 14.27 所示。

图 14.26 绘制并调整矩形

图 14.27 【导入】对话框

(27) 在绘图区中单击鼠标导入图片，然后调整图片的大小。确认选中图片，在菜单栏中选择【对象】|【图框精确剪裁】|【置于图文框内部】命令，然后在绘制的矩形上单击鼠标，完成后的效果如图 14.28 所示。

(28) 将矩形的轮廓设置为无，然后在工具箱中单击【阴影工具】按钮。选择刚刚绘制的矩形，在属性栏中单击【预设】按钮，在弹出的下拉列表中选择【平面右下】命令，如图 14.29 所示。

图 14.28 设置图片

图 14.29 选择阴影类型

(29) 在属性栏中调整阴影与对象的距离，将阴影水平偏移设置为 1.5mm，将垂直偏移设置为-1.5mm，将【阴影羽化】设置为 6，完成后的效果如图 14.30 所示。

(30) 使用同样的方法绘制矩形并将图片置于矩形框内，然后设置对象的阴影，完成后的效果如图 14.31 所示。

图 14.30 设置阴影

图 14.31 绘制矩形并置入图片

(31) 在工具箱中单击【文本工具】按钮，然后在绘图区中输入文本。选择输入的文本，将字体设置为【方正黑体简体】，将字体大小设置为 8pt，将字体颜色设置为白色，如图 14.32 所示。

(32) 使用同样的方法输入其他文字，完成后的效果如图 14.33 所示。

图 14.32 输入并设置文字

图 14.33 完成后的效果

(33) 在菜单栏中选择【文件】|【保存】命令，弹出【保存绘图】对话框，在该对话框中设置存储路径和保存类型，单击【保存】按钮，即可将场景保存，如图 14.34 所示。

(34) 选择【文件】|【导出】命令，在弹出的对话框中设置存储路径和保存类型，在这里将保存类型设置为 JPEG，单击【导出】按钮，如图 14.35 所示。

图 14.34　保存文档　　　　　　　　　　图 14.35　【导出】对话框

(35) 弹出【导出到 JPEG】对话框，在该对话框中保持默认设置并单击【确定】按钮，即可将图片导出。

14.2　家纺宣传单

本例将介绍如何制作家纺宣传单，主要使用【图框精确剪裁】命令，将图片置于图文框内部，完成后的效果如图 14.36 所示。

图 14.36　家纺宣传单

(1) 启动软件后按 Ctrl+N 组合键，在弹出的对话框中将【名称】命名为"家纺宣传单"，将【宽度】、【高度】分别设置为 362mm、262mm，将【原色模式】设置为 CMYK，将【渲染分辨率】设置为 300，单击【确定】按钮，如图 14.37 所示。

(2) 在工具箱中选择【矩形工具】，在绘图区中绘制矩形，在属性栏中将宽度、高度分别设置为 164mm、240mm。在【对象属性】泊坞窗中单击【轮廓】按钮，将【轮廓宽度】设置为无，单击【填充】按钮，然后单击【均匀填充】按钮，将【颜色模型】设置为

CMYK 值,将 CMYK 值设置为 11、16、33、0,如图 14.38 所示。

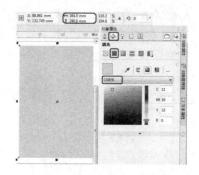

图 14.37　新建文档　　　　　　　图 14.38　绘制矩形并进行设置

(3) 调整矩形的位置,然后复制矩形。选择复制的矩形,调整其位置,在【对象属性】泊坞窗中将其填充颜色的 CMYK 值设置为 69、87、74、53,完成后的效果如图 14.39 所示。

(4) 继续使用【矩形工具】在绘图区中绘制矩形,在属性栏中将宽度、高度分别设置为 51mm、240mm,将填充颜色的 CMYK 值设置为 69、87、74、53,将轮廓设置为无,然后调整其位置,效果如图 14.40 所示。

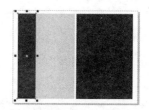

图 14.39　复制矩形后的效果　　　　图 14.40　绘制 51×240 矩形

(5) 使用【矩形工具】绘制矩形,将宽度、高度分别设置为 158mm、234mm,将填充颜色的 CMYK 值设置为 11、16、33、0,将【轮廓宽度】设置为无,然后调整其位置,效果如图 14.41 所示。

(6) 使用【矩形工具】绘制宽度、高度分别为 113mm、120mm 的矩形,然后调整其位置,效果如图 14.42 所示。

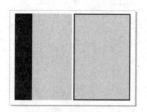

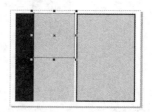

图 14.41　绘制 158×234 矩形　　　　图 14.42　绘制 113×120 矩形

(7) 按 Ctrl+I 组合键,弹出【导入】对话框,在该对话框中选择随书附带光盘中的 CDROM\素材\第 14 章\J1.tif 图片,如图 14.43 所示。

(8) 单击【导入】按钮,在绘图区中单击鼠标,将图片导入。选择导入的图片,在菜

单栏中选择【对象】|【图框精确剪裁】|【置于图文框内部】命令，如图 14.44 所示。

图 14.43　【导入】对话框　　　　　　图 14.44　选择【置于图文框内部】命令

(9) 此时鼠标指针变成黑色的箭头，将鼠标指针移至刚刚绘制的矩形内部，单击鼠标，将图片置入矩形框内。在【对象属性】泊坞窗中单击【轮廓】按钮，将【轮廓宽度】设置为无，完成后的效果如图 14.45 所示。

(10) 在工具箱中单击【矩形工具】按钮，在绘图区中绘制矩形，将宽度、高度分别设置为 160mm、4mm，在【对象属性】泊坞窗中将填充颜色的 CMYK 值设置为 69、87、74、53，将【轮廓宽度】设置为无，如图 14.46 所示。

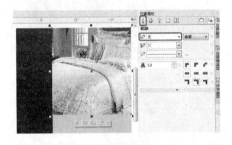
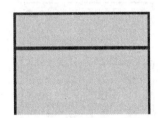

图 14.45　将图片移入矩形框　　　　　　图 14.46　绘制 160×4 矩形

(11) 继续使用【矩形工具】在绘图区内绘制矩形，将其宽度、高度分别设置为 31mm、23mm，将【转角半径】设置为 1.778mm，完成后的效果如图 14.47 所示。

(12) 对绘制的矩形进行复制，然后调整位置，完成后的效果如图 14.48 所示。

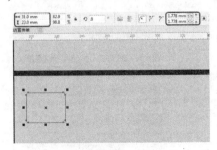

图 14.47　绘制 31×23 矩形　　　　　　图 14.48　复制矩形并调整位置

(13) 选择如图 14.49 所示的矩形，在【对象属性】泊坞窗中单击【轮廓】按钮，将【轮廓宽度】设置为无。单击【填充】按钮，将 CMYK 值设置为 38、77、73、1，如

图 14.49 所示。

(14) 选择如图 14.50 所示的矩形，将其填充颜色 CMYK 值设置为 11、59、46、0，将【轮廓宽度】设置为无，效果如图 14.50 所示。

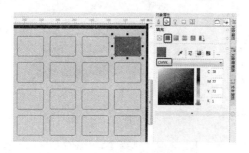

图 14.49　填充颜色

图 14.50　填充颜色后的效果

(15) 使用同样的方法填充其他矩形，完成后的效果如图 14.51 所示。

(16) 按 Ctrl+I 组合键打开【导入】对话框，在该对话框中选择随书附带光盘中的 CDROM\素材\第 14 章\J2.tif 图片，单击【导入】按钮，如图 14.52 所示。

图 14.51　填充完成后的效果

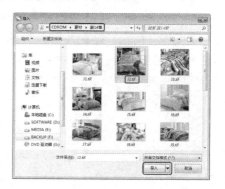

图 14.52　【导入】对话框

(17) 在绘图区中单击鼠标导入图片，然后调整图片的大小。选择图片，在菜单栏中选择【对象】|【图框精确剪裁】|【置于图文框内部】命令，然后将鼠标指针移至矩形中，单击鼠标。在【对象属性】泊坞窗中将【轮廓宽度】设置为无，如图 14.53 所示。

(18) 使用同样的方法在其他矩形中置入图片并将矩形的轮廓宽度设置为无，设置完成后的效果如图 14.54 所示。

图 14.53　填充图片

图 14.54　导入图片的效果

(19) 使用【文本工具】在矩形框内输入文字，选择输入的文字，将字体设置为【方正黑体简体】，将字体大小设置为 15pt，将字体颜色设置为白色，如图 14.55 所示。

(20) 继续使用【文本工具】输入文字，选择输入的文字，将字体设置为【方正黑体简体】，将字体大小设置为 8pt，如图 14.56 所示。

图 14.55　输入并设置文字(1)

图 14.56　输入并设置文字(2)

(21) 使用同样的方法输入其他文字，完成后的效果如图 14.57 所示。

(22) 在工具箱中单击【文本工具】按钮，输入文字"千禧年家纺有限公司"。选择输入的文字，将字体设置为【华文楷体】，将字体大小设置为 16pt，将文本方向更改为【垂直方向】，将填充颜色的 CMYK 值设置为 11、16、33、0，如图 14.58 所示。

图 14.57　输入并设置文字(3)

图 14.58　输入并设置文字(4)

(23) 使用同样的方法输入其他竖排的文字，将字体设置为华文楷体，将字体大小设置为 10pt，将字体颜色的 CMYK 值设置为 11、16、33、0，如图 14.59 所示。

(24) 再次使用【文本工具】，将文字方向设置为水平，输入文字"千禧年家纺"。选择输入的文字，将字体设置为【华文楷体】，将字体大小设置为 20pt，将文字颜色的 CMYK 值设置为 11、16、33、0，然后调整其位置，如图 14.60 所示。

图 14.59　输入并设置文字(5)

图 14.60　输入并设置文字(6)

(25) 继续使用【文本工具】输入文本"设计改变生活，千禧年与您相约"，将字体更改为【华文楷体】，将字体大小设置为 7pt，将文字颜色的 CMYK 值设置为 11、16、33、0，如图 14.61 所示。

(26) 使用同样的方法输入其他文字，完成后的效果如图 14.62 所示。

图 14.61 输入并设置文字(7)

图 14.62 输入并设置文字(8)

(27) 选择【文本】|【段落文本框】|【显示文本框】命令，将文本框取消显示。使用【文本工具】在绘图区中绘制文本框，输入文本"全方位搭配选择"和"品味千禧年优质品质"。选择"全方位搭配选择"文字，将字体设置为华文楷体，将字体大小设置为24pt。选择"品味千禧年优质品质"，将字体设置为【方正黑体简体】，将字体大小设置为24pt，将字体颜色的 CMYK 值设置为 69、87、74、53，如图 14.63 所示。

(28) 继续使用【文本工具】输入文字，将字体设置为【华文楷体】，将字体大小设置为15，将字体颜色的 CMYK 值设置为 69、87、74、53，然后调整其位置，如图 14.64 所示。

图 14.63 输入并设置文字(9)

图 14.64 输入并设置文字(10)

(29) 使用【文本工具】绘制文本框，选择【文本】|【项目符号】命令，弹出【项目符号】对话框，选中【使用项目符号】复选框，将符号设置为如图 14.65 所示的符号。

(30) 在文本框中输入文本，将字体设置为【华文楷体】，将字体大小设置为 13pt，将文字颜色的 CMYK 值设置为 69、87、74、53，如图 14.66 所示。

(31) 使用同样的方法输入其他文字，完成后的效果如图 14.67 所示。

(32) 继续使用【文本工具】在绘图区输入文本"千禧年家纺"，将字体设置为【华文楷体】，将字体大小设置为 24pt，将字体颜色的 CMYK 值设置为 69、87、74、53，完成后的效果如图 14.68 所示。

图 14.65 【项目符号】对话框

图 14.66 输入并设置文字(11)

图 14.67 输入并设置文字(12)

图 14.68 输入并设置文字(13)

(33) 使用【文本工具】输入文本，将字体设置为【华文楷体】，将字体大小设置为 17pt，将字体颜色的 CMYK 值设置为 69、87、74、53，然后调整其位置，如图 14.69 所示。

(34) 在工具箱中选择【2 点线工具】，在绘图区中按住 Shift 键绘制水平的线段，在属性栏中将宽度设置为 130。在【对象属性】泊坞窗中单击【轮廓】按钮，将【轮廓宽度】设置为 10px，将轮廓颜色的 CMYK 值设置为 69、87、74、53，如图 14.70 所示。

图 14.69 输入并设置文字(14)

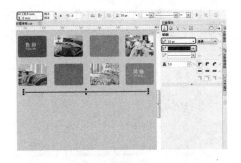

图 14.70 绘制线段并进行设置

(35) 继续使用【2 点线工具】，在绘图区中按住 Shift 键绘制垂直的线段，将高度设置为 45mm，在【对象属性】泊坞窗中将【轮廓宽度】设置为细线，将【轮廓颜色】的 CMYK 值设置为 69、87、74、53，如图 14.71 所示。

(36) 复制水平和垂直的线段并进行移动，完成后的效果如图 14.72 所示。

(37) 使用【文本工具】，在刚刚绘制的由线段组成的矩形内绘制文本框，然后在菜单栏中选择【文本】|【项目符号】命令，弹出【项目符号】对话框，选中【项目符号】复选框，并选择如图 14.73 所示的符号。

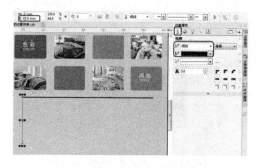

图 14.71　绘制垂直的线段　　　　　　　　图 14.72　复制线段并进行移动

(38) 单击【确定】按钮，然后在文本框中输入文本，将字体设置为华文楷体，将字体大小设置为 11pt。在文本中选择"送"和"双倍"文字，将字体大小设置为 15pt，将文字颜色的 CMYK 值设置为 69、87、74、53，完成后的效果如图 14.74 所示。

图 14.73　【项目符号】对话框　　　　　　图 14.74　输入并设置文字(15)

(39) 使用同样的方法输入其他文字，完成后的效果如图 14.75 所示。

(40) 选择【文件】|【另存为】命令，弹出【保存绘图】对话框，在该对话框中设置存储路径和文件类型，单击【保存】按钮，如图 14.76 所示。

图 14.75　输入并设置文字(16)　　　　　　图 14.76　【保存绘图】对话框

(41) 选择【文件】|【导出】命令，弹出【导出】对话框，在对话框中设置存储路径和保存类型，在这里将保存类型设置为 JPG 格式，单击【导出】按钮，如图 14.77 所示。

(42) 弹出【导出到 JPEG】对话框，在该对话框中保持默认设置，单击【确定】按钮，如图 14.78 所示。

图 14.77　【导出】对话框

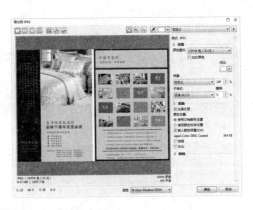

图 14.78　【导出到 JPEG】对话框

第 15 章　项目指导——商业包装设计

包装设计是指选用合适的包装材料，运用巧妙的工艺手段，为包装商品进行的容器结构造型和包装的美化装饰设计。包装设计构图是将商品包装展示面的商标、图形、文字组合排列在一起成为一个完整的画面。包装设计作为一门综合性学科，具有商品和艺术相结合的双重性。本章将重点讲解如何制作包装设计。

15.1　咖啡包装设计

本例介绍咖啡包装设计的制作，涉及咖啡包装的平面图和立体图的制作方法，主要用到的工具有【矩形工具】▢、【钢笔工具】▨、【文本工具】字等，制作完成的效果如图 15.1 所示。

(1) 按 Ctrl+N 组合键，在弹出的【创建新文档】对话框中，将【宽度】和【高度】分别设置为 100mm 和 80mm，如图 15.2 所示。

图 15.1　效果图

图 15.2　【创建新文档】对话框

(2) 单击【确定】按钮，新建一个空白文档。在工具箱中单击【矩形工具】按钮▢，在空白文档中绘制一个矩形，如图 15.3 所示。

(3) 确认绘制的矩形图形处于编辑状态，然后按 Shift+F11 组合键，在弹出的【编辑填充】对话框中将其颜色的 CMYK 值设置为 0、96、100、0，如图 15.4 所示。

图 15.3　绘制矩形图形

图 15.4　设置参数

(4) 单击【确定】按钮，填充后的效果如图 15.5 所示。

(5) 在工具箱中单击【钢笔工具】按钮▨，然后在场景文件中绘制矩形，如图 15.6 所示。

(6) 按 F11 键，在弹出的【编辑填充】对话框中，将左端色标的 CMYK 值设置为 0、

100、100、0，将右端色标的 CMYK 值设置为 38、100、100、4，如图 15.7 所示。

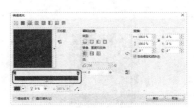

图 15.5　填充后的效果　　　　图 15.6　绘制矩形　　　　图 15.7　设置渐变色

(7) 单击【确定】按钮，填充渐变后的效果如图 15.8 所示。

(8) 在菜单栏中选择【文件】|【导入】命令，在弹出的【导入】对话框中选择随书附带光盘中的 CDROM\素材\第 15 章\咖啡包装背景.jpg 文件，如图 15.9 所示，单击【导入】按钮，将其导入场景文件中。

(9) 按住 Shift 键，调整其位置和大小，调整后的效果如图 15.10 所示。

图 15.8　填充渐变后的效果　　　图 15.9　【导入】对话框　　　图 15.10　调整图片的大小和位置

(10) 在菜单栏中选择【窗口】|【泊坞窗】|【对象管理器】命令，弹出【对象管理器】泊坞窗，在【图层 1】选项下将【咖啡包装背景.jpg】拖动到【矩形】图层的下方，如图 15.11 所示。

(11) 在场景文件中选中导入的图片，然后在菜单栏中选择【对象】|【图框精确剪裁】|【置于图文框内部】命令，效果如图 15.12 所示。

(12) 在工具箱中单击【文本工具】按钮 字，在场景文件中输入文字。选中文字，并在属性栏中将字体设置为【汉仪综艺体简】，将字体大小设置为 24pt，如图 15.13 所示。

图 15.11　调整图层位置　　　　图 15.12　设置后的效果　　　　图 15.13　输入并设置文字

(13) 确认文字处于编辑状态，然后在默认调色板中单击【白色】色块，为其填充颜色，如图 15.14 所示。

(14) 在工具箱中单击【钢笔工具】按钮 ，在场景文件中绘制图形，并为其填充颜色，效果如图 15.15 所示。

(15) 确认刚刚绘制的图形处于编辑状态，然后在默认调色板中右击⊠按钮，去除轮廓颜色，效果如图 15.16 所示。

图 15.14　填充颜色　　　　图 15.15　绘制图形并填充颜色　　　图 15.16　去除轮廓颜色

(16) 在菜单栏中选择【文件】|【导入】命令，在弹出的【导入】对话框中选择随书附带光盘中的 CDROM\素材\第 15 章\文字.ai 文件，如图 15.17 所示。

(17) 单击【导入】按钮，将文件导入场景文件中，并调整其大小和位置，效果如图 15.18 所示。

图 15.17　【导入】对话框　　　　　　　图 15.18　调整位置和大小

(18) 在工具箱中单击【椭圆形工具】按钮◯，然后按住 Ctrl 键在场景文件中绘制一个正圆，如图 15.19 所示。

(19) 确认刚刚绘制的图形处于编辑状态，然后在数字键盘中按+键复制，然后进行调整，如图 15.20 所示。

(20) 在工具箱中单击【文本工具】按钮字，在复制的图形上输入文字，如图 15.21 所示。

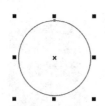

图 15.19　绘制正圆　　　　　图 15.20　复制正圆　　　　　图 15.21　输入文字

(21) 使用【选择工具】按钮▯，调整圆和文字在场景中的位置，调整后的效果如图 15.22 所示。

(22) 在工具箱中单击【钢笔工具】按钮▯，在场景中绘制图形，如图 15.23 所示。

(23) 确认刚刚绘制的图形处于编辑状态，按 Shift+F11 组合键，在弹出的【编辑填充】对话框中，将其填充颜色的 CMYK 值设置为 0、60、60、40，效果如图 15.24 所示。

图 15.22　调整标志位置　　　　图 15.23　绘制图形　　　　图 15.24　填充颜色

(24) 确认绘制的图形处于编辑状态，在数字键盘中按+键复制，然后调整其大小，并在默认调色板中单击【红色】色块，为其填充颜色，如图 15.25 所示。

(25) 在菜单栏中选择【文件】|【导入】命令，在弹出的【导入】对话框中导入随书附带光盘中的"咖啡豆.jpg"文件，如图 15.26 所示。

(26) 在工具箱中单击【透明度工具】按钮，在属性栏中的【预设】下拉列表框中选择【渐变透明度】，然后用鼠标调整透明角度，效果如图 15.27 所示。

图 15.25　复制并填充颜色　　　图 15.26　导入文件　　　　图 15.27　设置透明度

(27) 在菜单栏中选择【效果】|【图框精确剪裁】|【置于图文框内部】命令，将图片放置在刚才复制的图形中，效果如图 15.28 所示。

(28) 在工具箱中单击【文本工具】按钮，按住鼠标左键在场景中拖动出一个文本框，然后输入文字，如图 15.29 所示。

(29) 选中刚刚输入的文本，在属性栏中将字体设置为【经典隶书简】，将字体大小设置为 8pt，并在默认调色板中单击【白色】色块，然后在工具箱中选择【对象】|【转换为曲线】命令，如图 15.30 所示。

图 15.28　置入图片　　　　　图 15.29　输入文字　　　图 15.30　选择【转换为曲线】命令

(30) 在菜单栏中选择【效果】|【添加透视】命令，如图 15.31 所示。

(31) 在工具箱中单击【形状工具】按钮，调整文本框的节点，并使用【选择工具】调整文本框的位置，效果如图 15.32 所示。

(32) 在菜单栏中选择【文件】|【导入】命令，在弹出的【导入】对话框中导入随书附带光盘中的"条形码.png"文件，如图 15.33 所示。

图 15.31 选择【添加透视】命令　　　　图 15.32 调整节点　　　　图 15.33 选择素材

(33) 选中条码，调整其角度及位置，效果如图 15.34 所示。

(34) 选中文字"雀果咖啡"，在数字键盘中按+键复制，然后双击副本，调整其角度，效果如图 15.35 所示。

(35) 至此，咖啡包装设计就制作完成了，然后选择菜单栏中的【文件】|【保存】命令，如图 15.36 所示。

图 15.34 调整条码角度　　　　图 15.35 复制并调整文字　　　　图 15.36 选择【保存】命令

(36) 在弹出的【保存绘图】对话框中，输入文件名，单击【保存】按钮，将场景文件保存，如图 15.37 所示。

(37) 在菜单栏中选择【文件】|【导出】命令，如图 15.38 所示。

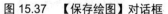

图 15.37 【保存绘图】对话框　　　　图 15.38 选择【导出】命令

(38) 在弹出的【导出】对话框中，输入文件名并将【保存类型】设置为 TIFF 格式，单击【导出】按钮，如图 15.39 所示。

(39) 在弹出的【转换为位图】对话框中，采用其默认值，单击【确定】按钮，将效果文件保存，如图 15.40 所示。

图 15.39　【导出】对话框

图 15.40　【转换为位图】对话框

15.2　酒瓶包装设计

本例介绍酒瓶包装的设计制作，主要用【钢笔工具】和【透明度工具】绘制瓶身和高光效果，用【矩形工具】和【文本工具】制作标签，然后导入背景图片，效果如图 15.41 所示。具体操作如下。

图 15.41　酒瓶包装设计

(1) 按 Ctrl+N 组合键弹出【创建新文档】对话框，在该对话框中将【名称】设置为"酒瓶包装设计"，将【宽度】和【高度】分别设置为 210mm 和 305mm，【渲染分辨率】设置为 300dpi，如图 15.42 所示。

(2) 设置完成后单击【确定】按钮，即可新建一个空白文档。在工具箱中选择【钢笔工具】，然后在绘图页中绘制瓶身轮廓，如图 15.43 所示。

(3) 确定新绘制的瓶身轮廓处于选择状态，按 Shift+F11 组合键弹出【编辑填充】对话框，在该对话框中将 CMYK 值设置为 85、85、78、100，如图 15.44 所示。

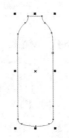

图 15.42　【创建新文档】对话框　　图 15.43　绘制瓶身轮廓　　　　图 15.44　设置颜色

(4) 单击【确定】按钮，然后在默认的 CMYK 调色板中右击⊠色块，取消轮廓线的填充，效果如图 15.45 所示。

(5) 在工具箱中选择【钢笔工具】，然后在绘图页中绘制图形，如图 15.46 所示。

(6) 确定新绘制的图形处于选择状态，按 F11 键弹出【编辑填充】对话框，将【类型】设置为【椭圆形渐变填充】，在【变换】选项组中将【填充宽度】设置为 692.538%，将【水平偏移】和【垂直偏移】分别设置为-3.048%和 0%，然后将位置 0 的 CMYK 值设置为 100、100、100、100；将位置 67 的 CMYK 值设置为 63、56、51、27，将位置 100 的 CMYK 值设置为 55、49、48、13，如图 15.47 所示。

图 15.45　取消轮廓填充颜色

图 15.46　绘制图形

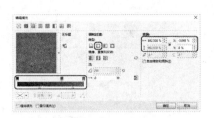

图 15.47　设置渐变颜色

(7) 单击【确定】按钮，然后在默认的 CMYK 调色板中右击⊠色块，取消轮廓线的填充，并在绘图页中调整图形的位置，效果如图 15.48 所示。

(8) 在工具箱中选择【钢笔工具】🖋️，然后在绘图页中绘制图形，如图 15.49 所示。

(9) 确定新绘制的图形处于选择状态，按 F11 键弹出【编辑填充】对话框，将【类型】设置为【线性渐变填充】，在【变换】选项组中将【填充宽度】和【旋转】分别设置为 65.66%和 141.8°，然后将位置 0 的 CMYK 值设置为 55、49、48、13，将位置 32 的 CMYK 值设置为 63、56、51、27，将位置 100 的 CMYK 值设置为 100、100、100、100，如图 15.50 所示。

图 15.48　调整位置

图 15.49　绘制图形

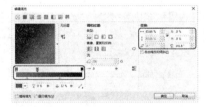

图 15.50　设置渐变颜色

(10) 单击【确定】按钮，然后在默认的 CMYK 调色板中右击⊠色块，取消轮廓线的填充，并在绘图页中调整图形的位置，效果如图 15.51 所示。

(11) 在工具箱中选择【钢笔工具】🖋️，然后在绘图页中绘制图形，如图 15.52 所示。

(12) 确定新绘制的图形处于选择状态，按 F11 键弹出【编辑填充】对话框，将【类型】设置为【线性渐变填充】，在【变换】选项组中将【填充宽度】、【水平偏移】和【旋转】分别设置为 31.586 %、-0.918 %和-72.2°，将 0 位置的 CMYK 值设置为 35、29、26、0，将 100 位置的 CMYK 值设置为 100、100、100、100，将节点位置设置为 65，如图 15.53 所示。

(13) 单击【确定】按钮，然后在默认的 CMYK 调色板中右击⊠色块，取消轮廓线的填充，并在绘图页中调整图形的位置，效果如图 15.54 所示。

(14) 使用同样的方法，绘制其他的高光图形，并为绘制的高光填充不同的颜色，效果如图 15.55 所示。

图 15.51　填充颜色并调整位置　　　图 15.52　绘制图形　　　　　　　图 15.53　设置颜色

(15) 在工具箱中选择【钢笔工具】，然后在绘图页中绘制图形，如图 15.56 所示。

图 15.54　填充颜色并调整位置　　　图 15.55　绘制其他高光图形　　　图 15.56　绘制图形

(16) 确定新绘制的图形处于选择状态，按 F11 键弹出【编辑填充】对话框，将【类型】设置为【线性渐变填充】，然后将位置 0 的 CMYK 值设置为 43、90、72、68，将位置 38 的 CMYK 值设置为 31、83、76、31，将位置 65 的 CMYK 值设置为 56、87、80、85，将位置 100 的 CMYK 值设置为 55、87、79、85，如图 15.57 所示。

(17) 单击【确定】按钮，然后在默认的 CMYK 调色板中右击⊠色块，取消轮廓线的填充，效果如图 15.58 所示。

(18) 在工具箱中选择【矩形工具】，然后在绘图页中绘制矩形，如图 15.59 所示。

图 15.57　设置渐变颜色　　　　图 15.58　取消轮廓线显示　　　图 15.59　绘制矩形

(19) 为绘制的矩形填充上面设置的渐变颜色，并在默认的 CMYK 调色板中右击⊠色块，取消轮廓线的填充，效果如图 15.60 所示。

(20) 使用同样的方法，继续绘制矩形，并为绘制的矩形填充渐变颜色，然后取消轮廓线的填充，效果如图 15.61 所示。

(21) 在工具箱中选择【钢笔工具】，在绘图页中绘制图形，并为其填充渐变颜色，然后取消轮廓线的填充，效果如图 15.62 所示。

图 15.60　填充颜色　　　　图 15.61　绘制矩形并填充颜色　　图 15.62　绘制图形并填充颜色

(22) 在工具箱中选择【矩形工具】□，然后在绘图页中绘制矩形，如图 15.63 所示。

(23) 确定新绘制的矩形处于选择状态，按 Shift+F11 组合键弹出【编辑填充】对话框，在该对话框中将 CMYK 值设置为 48、87、91、80，如图 15.64 所示。

(24) 单击【确定】按钮，然后在默认的 CMYK 调色板中右击⊠色块，取消轮廓线的填充，效果如图 15.65 所示。

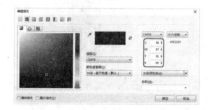

图 15.63　绘制矩形　　　　图 15.64　设置填充颜色　　　图 15.65　取消轮廓线的填充

(25) 使用同样的方法绘制其他矩形，并为绘制的矩形填充颜色，然后取消轮廓线的填充，效果如图 15.66 所示。

(26) 在工具箱中选择【矩形工具】□，然后在绘图页中绘制矩形，如图 15.67 所示。

(27) 确定新绘制的矩形处于选择状态，按 F11 键弹出【编辑填充】对话框，将【类型】设置为【线性渐变填充】，然后将位置 0 的 CMYK 值设置为 27、51、94、7，将位置 27 的 CMYK 值设置为 1、12、56、0，将位置 49 的 CMYK 值设置为 0、0、0、0，将位置 64 的 CMYK 值设置为 46、42、75、13，将位置 79 的 CMYK 值设置为 1、12、56、0，将位置 92 的 CMYK 值设置为 46、42、75、13，将位置 100 的 CMYK 值设置为 46、42、75、13，如图 15.68 所示。

图 15.66　绘制其他矩形并填充颜色　　　图 15.67　绘制矩形　　　图 15.68　为矩形设置渐变颜色

(28) 单击【确定】按钮，然后在默认的 CMYK 调色板中右击⊠色块，取消轮廓线的填充，效果如图 15.69 所示。

(29) 在工具箱中选择【矩形工具】□，然后在绘图页中绘制矩形，并将矩形的填充颜色设置为白色，将轮廓线填充设置为无，效果如图 15.70 所示。

(30) 确定新绘制的矩形处于选择状态，然后按小键盘上的+键复制。选择复制后的矩形，按 F11 键弹出【编辑填充】对话框，将【类型】设置为【线性渐变填充】，在【变换】选项组中取消选中【自由缩放和倾斜】复选框，然后将位置 0 的 CMYK 值设置为 0、0、0、50，将位置 50 的 CMYK 值设置为 0、0、0、0，将位置 100 的 CMYK 值设置为 0、0、0、50，如图 15.71 所示。

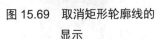

图 15.69　取消矩形轮廓线的
显示

图 15.70　绘制矩形并填充
颜色

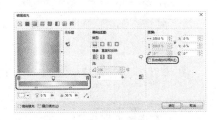

图 15.71　为复制的矩形设置
渐变颜色

(31) 单击【确定】按钮，然后在默认的 CMYK 调色板中右击⊠色块，取消轮廓线的填充，效果如图 15.72 所示。

(32) 在工具箱中选择【透明度工具】，在属性栏中将【透明度类型】设置为【均匀透明度】，将【透明度操作】设置为【常规】，将【透明度】设置为 50，效果如图 15.73 所示。

(33) 在工具箱中选择【矩形工具】，然后在绘图页中绘制矩形，如图 15.74 所示。

图 15.72　取消轮廓线的填充

图 15.73　添加透明度

图 15.74　绘制矩形

(34) 确定新绘制的矩形处于选择状态，按 F12 键弹出【轮廓笔】对话框，在该对话框中将【颜色】的 CMYK 值设置为 64、85、100、56，将【宽度】设置为 0.35mm，如图 15.75 所示。

(35) 设置完成后单击【确定】按钮，设置轮廓线后的效果如图 15.76 所示。

(36) 按 Ctrl+I 组合键弹出【导入】对话框，在该对话框中选择随书附带光盘中的"花纹.cdr"文件，单击【导入】按钮，然后按 Enter 键将选择的素材文件导入绘图页，并使用【选择工具】调整素材图片的位置，效果如图 15.77 所示。

(37) 继续导入素材文件"底纹.png"，然后在绘图页中调整素材图片的大小和位置，效果如图 15.78 所示。

(38) 在工具箱中选择【透明度工具】，在属性栏中将【透明度类型】设置为【均匀透明度】，将【透明度操作】设置为【常规】，将【透明度】设置为 70，效果如图 15.79 所示。

(39) 在工具箱中选择【文本工具】，然后在绘图页中输入文字。选择输入的文字，在属性栏中将字体设置为 Embassy BT，将字体大小设置为 22pt，效果如图 15.80 所示。

图 15.75　【轮廓笔】对话框　　图 15.76　设置轮廓线后的效果　　图 15.77　导入素材"花纹"

图 15.78　导入文件"底纹"　　　　图 15.79　添加透明度　　　　图 15.80　输入并设置文字

（40）按 Shift+F11 组合键弹出【编辑填充】对话框，在该对话框中将 CMYK 值设置为 53、100、100、44，如图 15.81 所示。

（41）单击【确定】按钮，即可为选择的文字填充该颜色，效果如图 15.82 所示。

（42）将文字的轮廓颜色也设置为该颜色，效果如图 15.83 所示。

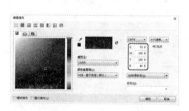

图 15.81　为文字设置颜色　　　图 15.82　为选择的文字填充　　图 15.83　设置文字的轮廓颜色
颜色后的效果

（43）继续使用【文本工具】在绘图页中输入文字，将【字体】设置为 Arial，将字体大小设置为 11pt，并将文字填充颜色的 CMYK 值设置为 53、100、100、44，如图 15.84 所示。

（44）在属性栏中单击【斜体】按钮 ，将文字更改为斜体，效果如图 15.85 所示。

（45）使用【文本工具】在绘图页中输入文字，将【字体】设置为 Stencil Std，将字体大小设置为 9pt，并将文字填充颜色的 CMYK 值设置为 53、100、100、44，如图 15.86 所示。

（46）按 Ctrl+I 组合键弹出【导入】对话框，在该对话框中选择随书附带光盘中的 CDROM\素材\第 15 章\图案.cdr 文件，单击【导入】按钮，然后按 Enter 键将选择的素材文件导入绘图页，之后用【选择工具】 调整素材图片的位置，效果如图 15.87 所示。

图 15.84　输入并设置文字

图 15.85　将文字更改为斜体

图 15.86　输入并设置文字

(47) 使用【文本工具】在绘图页中输入文字，将【字体】设置为 Chaparral Pro，将字体大小设置为 6pt，并将文字填充颜色的 CMYK 值设置为 53、100、100、44，如图 15.88 所示。

(48) 按 Ctrl+I 组合键弹出【导入】对话框，在该对话框中选择随书附带光盘中的 CDROM\素材\第 15 章\高脚杯.psd 文件，单击【导入】按钮，然后按 Enter 键将选择的素材文件导入绘图页，之后用【选择工具】调整素材文件的大小和位置，效果如图 15.89 所示。

图 15.87　导入素材"图案"

图 15.88　输入并设置文字

图 15.89　导入素材"高脚杯"

(49) 继续导入素材文件"酒瓶背景.jpg"，然后在绘图页中调整素材图片的大小和位置，效果如图 15.90 所示。

(50) 确定刚导入的素材图片处于选择状态，按 Shift+PgDn 组合键将其移至图层的后面，效果如图 15.91 所示。

(51) 在绘图页中选择除背景以外的所有对象，然后按 Ctrl+G 组合键将选择的对象成组，效果如图 15.92 所示。

图 15.90　导入素材"酒瓶背景"

图 15.91　将背景移至图层后面

图 15.92　群组对象

(52) 确定群组后的对象处于选择状态，按小键盘上的+键复制。在属性栏中单击【垂直镜像】按钮，然后调整镜像后的对象的位置，效果如图 15.93 所示。

(53) 确定垂直镜像后的对象处于选择状态，在菜单栏中选择【位图】|【转换为位图】命令，弹出【转换为位图】对话框，在该对话框中采用默认设置，单击【确定】按钮即可将选择的对象转换为位图，如图 15.94 所示。

图 15.93　复制并调整对象

图 15.94　【转换为位图】对话框

(54) 在工具箱中选择【透明度工具】，在转换的位图上单击并拖动鼠标指针，为位图添加线性透明度效果，如图 15.95 所示。

(55) 至此，酒瓶包装就制作完成了。在菜单栏中选择【文件】|【保存】命令，弹出【保存绘图】对话框，在该对话框中选择一个存储路径，并将【保存类型】设置为 CDR-CorelDRAW，然后单击【保存】按钮，如图 15.96 所示。

图 15.95　添加线性透明度效果

图 15.96　【保存绘图】对话框

(56) 保存完成后，按 Ctrl+E 组合键弹出【导出】对话框，在该对话框中选择一个导出路径，并将【保存类型】设置为【TIF-TIFF 位图】，然后单击【导出】按钮，如图 15.97 所示。

(57) 弹出【转换为位图】对话框，在该对话框中采用默认设置，直接单击【确定】按钮即可，如图 15.98 所示。

图 15.97　【导出】对话框

图 15.98　【转换为位图】对话框

第 16 章　项目指导——宣传海报设计

海报是最传统的平面广告之一，在现代广告中仍然具有举足轻重的地位。本章将以手机海报、房地产宣传海报为实例，介绍海报设计的方法和技巧。

16.1　手机海报设计

在日常生活中，手机海报随处可见，本节将详细介绍制作手机海报的方法，完成后的效果如图 16.1 所示。

图 16.1　手机海报

(1) 启动软件后，按 Ctrl+N 组合键，弹出【创建新文档】对话框，将【名称】设置为"手机海报"，将【宽度】和【高度】分别设置为 171mm、96mm，将【原色模式】设置为 CMYK，如图 16.2 所示。

(2) 在工具箱中双击【矩形工具】，创建一个和文档大小一样的矩形，如图 16.3 所示。

图 16.2　新建文档

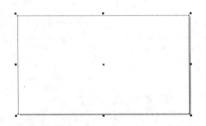

图 16.3　创建矩形

(3) 按 Ctrl+I 组合键，弹出【导入】对话框，选择随书附带光盘中的 CDROM\素材\第 16 章\g01.jpg 文件，单击【导入】按钮，如图 16.4 所示。

(4) 选择导入的素材图片，按住鼠标右键将其拖至矩形文档中，当鼠标指针变为准星时松开鼠标，在弹出的菜单中选择【图框精确剪裁内部】命令，如图 16.5 所示。

图 16.4　导入素材文件

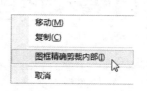

图 16.5　剪裁素材图片

(5) 按住 Ctrl 键单击矩形，图片将被提出并处于可编辑状态，如图 16.6 所示。

(6) 利用【选择工具】将素材进行拉伸放大，使其覆盖整个矩形，设置完成后，按住 Ctrl 键在场景的空白处单击鼠标，完成编辑操作，如图 16.7 所示。

图 16.6　提取图像

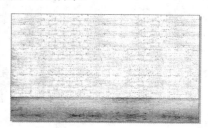

图 16.7　编辑完成后的效果

(7) 按 F8 键激活【文本工具】，在文档中输入 koobe，在属性栏中将字体设为 Arial，将字体大小设为 20pt，并单击【加粗】和【倾斜】按钮，设置其颜色和轮廓为青色，如图 16.8 所示。

(8) 按 Ctrl+I 组合键，弹出【导入】对话框，选择随书附带光盘中的 CDROM\素材\第 16 章\g03.png 文件，单击【导入】按钮，返回文档中按 Enter 键，在属性栏中确定图形大小处于锁定状态，将【缩放因子】设为 11.3，并调整位置，如图 16.9 所示。

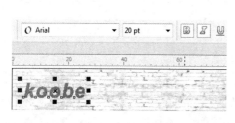

图 16.8　输入文字

图 16.9　导入素材 g03

(9) 继续导入素材文件，选择随书附带光盘中的 CDROM\素材\第 16 章\g02.png 文件，适当调整大小，放置到如图 16.10 所示的位置。

(10) 继续执行导入命令，选择随书附带光盘中的 CDROM\素材\第 16 章\g07.png 文件，将【缩放因子】设置为 4.2，并调整位置，如图 16.11 所示。

图 16.10　导入素材 g02

图 16.11　导入素材 g07

(11) 按 F8 键激活【文本工具】，输入 MUSIC，在属性栏中将字体设置为 Vineta BT，将字体大小设置为 20pt，并将其旋转 15°，之后调整位置，如图 16.12 所示。

(12) 按 F6 键激活【矩形工具】，绘制长和宽分别为 33mm、5mm 的矩形，如图 16.13 所示。

图 16.12　输入并设置文字

图 16.13　绘制矩形

(13) 确认矩形处于选择状态，双击状态栏中的 按钮，此时会弹出【编辑填充】对话框，选择【渐变填充】选项，将第一个色标的 CMYK 值设置为 95、60、32、0，将第二个色标的 CMYK 值设置为 53、15、0、0，如图 16.14 所示。

(14) 返回到场景中，将轮廓颜色设置为无，效果如图 16.15 所示。

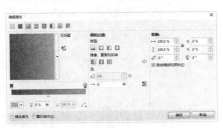

图 16.14　设置填充颜色

图 16.15　完成后的效果

(15) 在工具箱中选择【封套工具】，对上一步创建的矩形进行调整，如图 16.16 所示。

(16) 使用【选择工具】选择上一步调整的图形并复制，将填充颜色的 CMYK 值设置为 89、63、31、0，如图 16.17 所示。

图 16.16　调整形状

图 16.17　复制并修改颜色

(17) 调整图形的位置，使其呈现立体感，选择两个矩形，按 Ctrl+G 组合键，将其组合，如图 16.18 所示。

(18) 选择上一步创建的对象，复制三个，并调整位置和角度，如图 16.19 所示。

图 16.18 进行组合

图 16.19 复制对象

(19) 按 F8 键激活【文本工具】，输入"5 英寸超大屏幕"，在属性栏中将字体设置为【方正魏碑简体】，将字体大小设置为 10pt，并适当调整角度和位置，如图 16.20 所示。

(20) 使用同样的方法在其他矩形组合上输入文字，如图 16.21 所示。

图 16.20 输入文字

图 16.21 输入其他文字

(21) 按 Ctrl+I 组合键，弹出【导入】对话框，导入随书附带光盘中的 CDROM\素材\第 16 章\g04.png 文件，将其【缩放因子】设置为 9.8，并调整位置，如图 16.22 所示。

(22) 继续导入素材文件，按 Ctrl+I 组合键，导入随书附带光盘中的 CDROM\素材\第 16 章\g05.png 文件，在属性栏中将【缩放因子】设置为 41.4，然后调整位置，如图 16.23 所示。

图 16.22 导入素材 g04

图 16.23 导入素材 g05

(23) 按 F6 键激活【矩形工具】，利用矩形工具绘制长和宽分别为 27mm、10mm 的矩形，并将其轮廓和填充都设置为【青色】，如图 16.24 所示。

(24) 使用【选择工具】选择矩形，双击两次，使其出现旋转状态，调整中间的控制点，将其旋转 10°，效果如图 16.25 所示。

图 16.24　绘制 27×10 矩形

图 16.25　调整矩形

　　(25) 继续使用【矩形工具】绘制长和宽分别为 50mm 和 10mm 的矩形，并对其进行调整，如图 16.26 所示。

　　(26) 继续使用【矩形工具】绘制长和宽分别为 37mm 和 10mm 的矩形，并对其进行调整，如图 16.27 所示。

图 16.26　绘制 50×10 矩形

图 16.27　绘制 37×10 矩形

　　(27) 按 F8 键激活【文本工具】，输入 MUSE，在属性栏中将字体设置为 Bleeding Cowboys，将字体大小设置为 24pt，将旋转角度设置为 10°，将【填充颜色】设置为白色，效果如图 16.28 所示。

　　(28) 继续输入文字"你的移动音乐梦工厂"，在属性栏中将字体设置为【方正综艺简体】，将【字体大小】设置为 15pt，将【填充颜色】设置为白色，效果如图 16.29 所示。

图 16.28　输入文字

图 16.29　输入其他文字

　　(29) 使用【选择工具】选择输入的文字，将其宽度适当拉伸，在属性栏中将其【旋转】设置为 10°，效果如图 16.30 所示。

　　(30) 继续输入文字"前置双声道外放利器"，在属性栏中将字体设置为【方正综艺简体】，将字体大小设置为 11pt，并将其旋转 10°，完成后的效果如图 16.31 所示。

图 16.30　调整文字　　　　　　　　　　　图 16.31　继续输入文字

　　(31) 按 Ctrl+I 组合键，弹出【导入】对话框，选择随书附带光盘中的 CDROM\素材\第 16 章\g06.png 文件，在场景中将【缩放因子】设置为 48.3，完成后效果如图 16.32 所示。

　　(32) 在工具箱中选择【艺术画笔】工具，选择合适的喷溅效果，调整位置和颜色，最终效果如图 16.33 所示。

图 16.32　导入素材 g06　　　　　　　　　　图 16.33　最终效果

16.2　房地产海报设计

　　本节将介绍如何制作房地产宣传海报，效果如图 16.34 所示。

　　(1) 按 Ctrl+N 组合键，在弹出的【创建新文档】对话框中输入【名称】为"房地产海报"，将【宽度】设置为 219mm，将【高度】设置为 141mm，然后单击【确定】按钮，如图 16.35 所示。

图 16.34　房地产宣传海报　　　　　　　　　图 16.35　创建新文档

　　(2) 按 Ctrl+I 组合键，在弹出的对话框中选择 001.jpg 素材文件，如图 16.36 所示。

　　(3) 单击【导入】按钮，在绘图页中指定素材文件的位置，将【缩放因子】设置为 81.6%，如图 16.37 所示。

图 16.36　选择素材文件

图 16.37　设置缩放因子

(4) 在工具箱中选择【矩形工具】，在绘图页中绘制一个宽、高分别为 216mm、33mm 的矩形，并调整其位置，如图 16.38 所示。

(5) 按 F11 键，在弹出的【编辑填充】对话框中单击【均匀填充】按钮，将 CMYK 值设置为 0、20、100、0，如图 16.39 所示。

图 16.38　绘制矩形

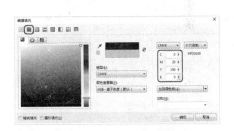

图 16.39　设置填充颜色

(6) 设置完成后，单击【确定】按钮，在默认的调色板中右击⊠按钮，取消轮廓线的填充，如图 16.40 所示。

(7) 在工具箱中选择【文本工具】字，在绘图页中输入文字。选择输入的文字，在属性栏中将字体设置为【微软雅黑(粗体)】，将字体大小设置为21pt，效果如图 16.41 所示。

图 16.40　填充颜色后的效果

图 16.41　设置字体和大小

(8) 继续选中该文字，按 F11 键弹出【编辑填充】对话框，在【调和过渡】选项组中单击【线性渐变填充】按钮，然后将左侧色标的 CMYK 值设置为 100、90、40、50，将右侧色标的 CMYK 值设置为 99、71、10、20，将中间色标的 CMYK 值设置为 42，将【填充宽度】、【填充高度】都设置为 91%，将 X、Y 分别设置为-11%、-0.77%，将【旋转角度】设置为 20°，如图 16.42 所示。

（9）设置完成后，单击【确定】按钮，在绘图页中调整该文字对象的位置，如图 16.43 所示。

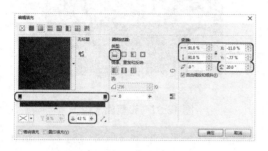

图 16.42　设置渐变填充颜色　　　　　　　图 16.43　填充颜色并调整位置后的效果

（10）继续选中该对象，在菜单栏中选择【编辑】|【再制】命令，如图 16.44 所示。

（11）在绘图页中调整复制文字的位置，在【文本属性】泊坞窗中将字体设置为【宋体】，将字体大小设置为 14pt，如图 16.45 所示。

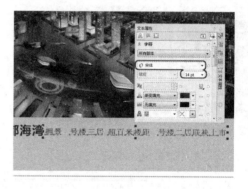

图 16.44　选择【再制】命令　　　　　　　图 16.45　设置文字参数

（12）再次对该文字进行复制，选中复制的文字，修改文字内容，并在【文本属性】泊坞窗中将字体设置为 Arial(粗体)，如图 16.46 所示。

（13）在工具箱中选择【2 点线工具】，在绘图页中绘制一条长为 162mm 的水平直线，并调整其位置，效果如图 16.47 所示。

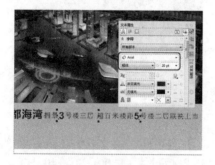

图 16.46　复制并修改文字　　　　　　　　图 16.47　绘制直线

（14）使用同样的方法输入其他文字并进行相应的设置，然后再绘制一条长 162mm 的水平直线，并调整其位置，效果如图 16.48 所示。

（15）在工具箱中选择【钢笔工具】，在绘图页中绘制如图 16.49 所示的图形。

图 16.48　输入其他文字并进行设置

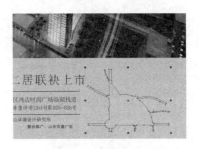

图 16.49　绘制图形

（16）选中该图形，按 F11 键，在弹出的对话框中单击【均匀填充】按钮，将 CMYK 值设置为 73、78、81、55，如图 16.50 所示。

（17）设置完成后，单击【确定】按钮，即可为选中的图形填充颜色，并为其取消轮廓颜色，效果如图 16.51 所示。

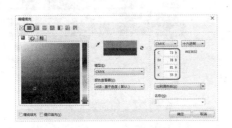

图 16.50　设置填充颜色

图 16.51　填充颜色后的效果

（18）使用【钢笔工具】在绘图页中绘制如图 16.52 所示的图形，为其填充任意一种颜色，并取消其轮廓颜色。

（19）在工具箱中选择【椭圆形工具】，在绘图页中绘制一个圆形，为其填充任意一种颜色，并取消其轮廓颜色，如图 16.53 所示。

图 16.52　绘制图形

图 16.53　绘制圆形

（20）在绘图页中选中所绘制的图形，右击鼠标，在弹出的快捷菜单中选择【合并】命令，如图 16.54 所示。

（21）执行该操作后，即可将选中的对象合并，效果如图 16.55 所示。

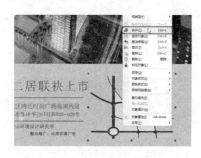

图 16.54　选择【合并】命令

图 16.55　合并后的效果

(22) 合并完成后，根据前面介绍的方法输入其他文字，效果如图 16.56 所示。

(23) 使用【矩形工具】在绘图页中绘制一个矩形，将其填充颜色的 CMYK 值设置为 73、78、81、55，取消其轮廓颜色，然后在矩形中输入文字，并进行相应的设置，效果如图 16.57 所示。

图 16.56　输入其他文字

图 16.57　绘制矩形并输入文字

(24) 使用【矩形工具】在绘图页中绘制一个宽、高分别为 215.5mm、136.5mm 的矩形，为其填充任意一种颜色，并取消其轮廓颜色，如图 16.58 所示。

(25) 在该矩形上右击鼠标，在弹出的快捷菜单中选择【顺序】|【到图层后面】命令，如图 16.59 所示。

图 16.58　绘制矩形并进行设置

图 16.59　选择【到图层后面】命令

(26) 执行该操作后，即可将选中的对象移至图层的后面，效果如图 16.60 所示。

(27) 继续选中该矩形，在工具箱中选择【阴影工具】，在工具属性栏中选择一种预设类型，将【阴影偏移】分别设置为 1.3mm、–1mm，将【阴影羽化】设置为 0，效果如图 16.61 所示。

图 16.60　调整对象的排放顺序

图 16.61　添加阴影

第 17 章 项目指导——网页设计

本章将介绍网页的制作，其中包括两个案例：一个是商用网页；另一个是个人博客网页。本章将重点介绍颜色的搭配。

17.1 家居网页设计

本节将讲解如何制作家居网页，本网页的主体为绿色，绿色代表健康活力，使用绿色可以塑造干净整洁的家居氛围，可以提高顾客在商品使用安全性方面的信赖度。本案例的具体操作如下，完成后的效果如图 17.1 所示。

图 17.1 家居网页

(1) 启动软件后，按 Ctrl+N 组合键，弹出【创建新文档】对话框，将【名称】设为"家居网"，将【宽度】和【高度】分别设置为 270mm、232mm，将【原色模式】设置为CMYK，如图 17.2 所示。

(2) 在工具箱中双击【矩形工具】，此时系统会创建一个和文档大小一样的矩形，如图 17.3 所示。

图 17.2 新建文档

图 17.3 创建矩形

(3) 选择上一步创建的矩形，将其【填充颜色】的 CMYK 值设为 18、7、24、0，将其【轮廓】设置为无，设置完成后将其锁定，如图 17.4 所示。

(4) 按 F6 键激活【矩形工具】，绘制长和宽分别为 19mm、4mm 的矩形，圆角半径设置为 5mm，并将其【填充颜色】和【轮廓颜色】的 CMYK 值设置为 76、44、100、5，如图 17.5 所示。

图 17.4　设置颜色　　　　　　　　　　　图 17.5　创建 19×4 矩形

(5) 按 F8 键激活【文本工具】，输入"电子杂志"，在属性栏中将【字体】设置为方正综艺简体，将【字体大小】设置为 10pt，将【填充颜色】设置为白色，完成后的效果如图 17.6 所示。

(6) 选择上一步创建的矩形和文字，复制两个，并修改文字和矩形的长度，完成后的效果如图 17.7 所示。

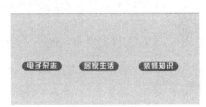

图 17.6　输入并设置文字　　　　　　　　图 17.7　创建其他菜单

(7) 继续输入文字"首页"，在属性栏中将【字体】设置为方正综艺简体，将【字体大小】设置为 16pt，将【填充颜色】的 CMYK 值设置为 75、60、79、28，如图 17.8 所示。

(8) 使用【矩形工具】绘制宽和高分别为 0.1mm、5mm 的矩形，将【填充颜色】和【轮廓】的 CMYK 值设为 75、60、79、28，如图 17.9 所示。

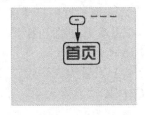

图 17.8　输入文字"首页"　　　　　　　　图 17.9　创建 0.1×5 矩形

(9) 使用相同的方法创建其他文字和矩形，如图 17.10 所示。

图 17.10　设置其他菜单文字

(10) 按 F8 键激活【文本工具】，输入"中国家居网"，在属性栏中将【字体】设置为【方正细珊瑚简体】，将【字体大小】设置为 48pt，将【填充颜色】和【轮廓】的 CMYK 值均设置为 76、44、100、5，并单击【下划线】按钮⬛，完成后的效果如图 17.11 所示。

(11) 按 Ctrl+I 组合键，弹出【导入】对话框，选择随书附带光盘中的 CDROM\素材\第 17 章\02.png 文件，如图 17.12 所示。

图 17.11　创建文字"中国家居网"

图 17.12　选择导入的素材

(12) 单击【导入】按钮，返回到场景中，按 Enter 键完成导入，调整位置后如图 17.13 所示。

(13) 继续导入素材文件 01.png，效果如图 17.14 所示。

图 17.13　导入文件 02

图 17.14　导入素材文件 01

(14) 按 F8 键，激活【文本工具】，输入"浏览指南"，在属性栏中将【字体】设置为【方正细等线简体】，将【字体大小】设置为 18pt，将【填充颜色】和【轮廓】的 CMYK 值均设置为 64、33、100、0，完成后的效果如图 17.15 所示。

(15) 继续输入文字 INTRODUCE，在属性栏中将【字体】设置为方正综艺简体，将【字体大小】设置为 24pt，将【填充颜色】和【轮廓】的 CMYK 值设置为 76、44、100、5，完成后的效果如图 17.16 所示。

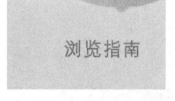

图 17.15　输入文字"浏览指南"

图 17.16　输入文字 INTRODUCE

(16) 使用【矩形工具】绘制宽和高分别为 32mm 和 6mm 的矩形，将其【填充颜色】

和【轮廓】的 CMYK 值均设置为 50、24、100、0，如图 17.17 所示。

(17) 按 F8 键激活【文本工具】，输入"家装"，在属性栏中将【字体】设置为方正综艺简体，将【字体大小】设置为 16，将【填充颜色】的 CMYK 值设置为 0、0、0、0，完成后的效果如图 17.18 所示。

图 17.17　绘制 32×6 矩形

图 17.18　输入文字"家装"

(18) 按 F6 键，在文档中绘制宽和高分别为 3mm 和 0.5mm 的矩形，将其【填充颜色】和【轮廓】的 CMYK 值均设置为 76、44、100、5，如图 17.19 所示。

(19) 再次输入"五金制品"，在属性栏中将【字体】设置为【方正综艺简体】，将【字体大小】设置为 11pt，将【填充颜色】和【轮廓】的 CMYK 值均设置为 76、44、100、5，完成后的效果如图 17.20 所示。

图 17.19　绘制 3×0.5 矩形

图 17.20　输入文字"五金制品"

(20) 选择上一步创建的矩形和文字，复制两次，然后修改文字，完成后的效果如图 17.21 所示。

(21) 选择上一步创建的文字和矩形，调整其位置，效果如图 17.22 所示。

图 17.21　复制并修改文字

图 17.22　调整位置

(22) 输入 PENSION PREVIEW，在属性栏中将【字体】设置为【方正综艺简体】，将【字体大小】设置为 16pt，将【填充颜色】和【轮廓】的 CMYK 值均设置为 51、35、49、0，完成后的效果如图 17.23 所示。

(23) 使用同样的方法输入其他文字，完成后的效果如图 17.24 所示。

图 17.23　输入文字 PENSION PREVIEW　　　　　　　图 17.24　输入其他文字

　　(24) 按 F6 键，绘制宽和高分别为 9mm 和 5mm 的矩形，并将其【填充颜色】和【轮廓】的 CMYK 值均设置为 31、45、100、0，如图 17.25 所示。

　　(25) 按 F8 键，输入"电话"，在属性栏中将【字体】设置为【方正综艺简体】，将【字体大小】设置为 11pt，将【填充颜色】的 CMYK 值设置为 0、0、0、0，完成后的效果如图 17.26 所示。

图 17.25　绘制 9×5 矩形　　　　　　　　　　图 17.26　输入文字"电话"

　　(26) 继续输入 12345678，在属性栏中将【字体】设置为【方正综艺简体】，将【字体大小】设置为 12，将【填充颜色】的 CMYK 值设置为 0、0、0、100，完成后的效果如图 17.27 所示。

　　(27) 选择上一步创建的矩形和文字并进行复制，修改矩形的长度和文字，完成后的效果如图 17.28 所示。

图 17.27　输入文字 12345678　　　　　　　　图 17.28　复制并修改矩形和文字

　　(28) 继续使用【矩形工具】绘制宽和高均为 1.5mm 的矩形，将其【填充颜色】和【轮廓】的 CMYK 值均设置为 0、78、91、0，完成后的效果如图 17.29 所示。

　　(29) 按 F8 键，输入文字 QQ:413447807，在属性栏中将【字体】设置为【方正综艺简体】，将【字体大小】设置为 11pt，将【填充颜色】和【轮廓】的 CMYK 值均设置为 69、58、67、12，完成后的效果如图 17.30 所示。

　　(30) 使用同样的方法制作其他文字，完成后的效果如图 17.31 所示。

　　(31) 使用前面讲过的方法导入 08.png 文件，并调整位置，如图 17.32 所示。

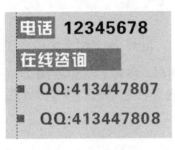

图 17.29 创建 1.5×1.5 矩形

图 17.30 输入文字 QQ:413447807

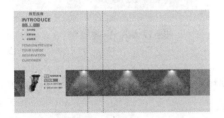

图 17.31 创建文字

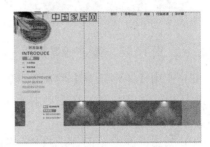

图 17.32 导入素材 08

(32) 继续导入素材文件 03.png，并调整位置，如图 17.33 所示。

(33) 使用【钢笔工具】绘制直线，在属性栏中将【轮廓宽度】设置为 0.75mm，将【轮廓颜色】的 CMYK 值设置为 67、25、100、0，完后的效果如图 17.34 所示。

图 17.33 导入素材 03

图 17.34 创建线条

(34) 按 F8 键激活【文本工具】，输入"家装指南"，在属性栏中将【字体】设置为【方正综艺简体】，将【字体大小】设置为 11pt，将【填充颜色】的 CMYK 值设置为 75、51、100、13，完成后的效果如图 17.35 所示。

(35) 选择【星形工具】，按住 Ctrl 键进行绘制，在属性栏中将宽和高分别设置为 3mm 和 3.5mm，将【旋转角度】设置为 270°。将【点数或边数】设置为 3，将【锐度】设置为 1，将【填充颜色】和【轮廓】的 CMYK 值均设置为 75、51、100、13，完后的效果如图 17.36 所示。

图 17.35 输入文字"家装指南"

图 17.36 创建星形

(36) 输入"世界杯激情在家绽放。"，在属性栏中将【字体】设置为 Adobe 仿宋 StdR，将【字体大小】设置为 12pt，将【填充颜色】的 CMYK 值设置为 0、0、0、80，完成后的效果如图 17.37 所示。

(37) 使用同样的方法创建其他文字，完成后的效果如图 17.38 所示。

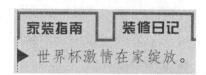

图 17.37　输入并设置文字

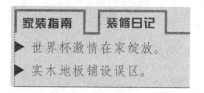

图 17.38　创建文字

(38) 使用【矩形工具】绘制宽和高均为 1.5mm 的矩形，将其【填充颜色】的 CMYK 值设置为 0、78、91、0，在矩形内输入文字 N 并设置颜色为白色，完成后的效果如图 17.39 所示。

(39) 利用前面介绍的方法绘制如图 17.40 所示的形状。

图 17.39　绘制 1.5×1.5 矩形

图 17.40　创建图形

(40) 调整图形的位置，效果如图 17.41 所示。

(41) 使用【矩形工具】绘制宽和高分别为 40mm 和 24mm、圆角半径为 2.7mm 的矩形，并为其填充黄色，如图 17.42 所示。

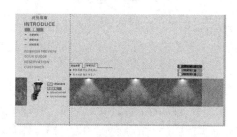

图 17.41　调整图形的位置

图 17.42　创建 40×24 矩形

(42) 导入 09.jpg 文件，将其剪切到上一步创建的矩形中，如图 17.43 所示。

(43) 输入文字"实木地板铺装"，在属性栏中将【字体】设置为【方正综艺体】，将【字体大小】设置为 14pt，将【填充颜色】设置为白色，完成后的效果如图 17.44 所示。

(44) 使用同样的方法制作出其他矩形图片，如图 17.45 所示。

图 17.43　剪切图形 09

图 17.44　输入文字

图 17.45　创建图片

(45) 使用【钢笔工具】绘制形状，并为其填充渐变色，设置渐变色的 CMYK 值为 55、0、89、0 到 39、0、96、0 的渐变，完成后的效果如图 17.46 所示。

(46) 使用相同的方法绘制出右侧的箭头，完成后的效果如图 17.47 所示。

图 17.46　绘制形状并填充渐变色

图 17.47　绘制右侧的箭头

(47) 使用【矩形工具】绘制宽和高分别为 363mm、1.5mm 的矩形，并将其【填充颜色】和【轮廓】的 CMYK 值均设置为 68、44、100、3，完成后的效果如图 17.48 所示。

图 17.48　绘制 363×1.5 矩形

(48) 复制上一步创建的矩形，将其颜色的 CMYK 值改为 67、25、100、0，并调整位置，使其具有立体感，完成后的效果如图 17.49 所示。

(49) 使用【矩形工具】绘制宽和高分别为 363mm、16mm 的矩形，并将其【填充颜色】和【轮廓】的 CMYK 值均设置为 67、25、100、0，完成后的效果如图 17.50 所示。

(50) 按 F8 键，输入"网站简介"，在属性栏中将【字体】设置为新宋体，将【字体大小】设置为 14pt，将【填充颜色】的 CMYK 值设置为 0、0、0、20，如图 17.51 所示。

(51) 使用【两点线】工具，绘制高度为 4.8mm、【轮廓宽度】为 0.5mm 的实线，将其【填充颜色】和【轮廓颜色】的 CMYK 值均设置为 0、0、0、90，如图 17.52 所示。

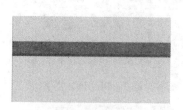

图 17.49   复制矩形

图 17.50   绘制 363×16 矩形

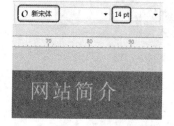

图 17.51   输入文字"网站简介"

图 17.52   绘制直线

(52) 使用同样的方法输入其他文字，完成后的效果如图 17.53 所示。

图 17.53   输入文字

(53) 导入 04.png 和 06.png 文件，并调整合适的位置和大小，完成后的效果如图 17.54 所示。

图 17.54   完成后的效果

17.2   个人主页设计

本节将介绍个人主页的设计，本网页的主体颜色是银灰色，具体操作步骤如下，完成后的效果如图 17.55 所示。

图 17.55　个人主页

(1) 启动软件后，在菜单栏中选择【文件】|【新建】命令，或按 Ctrl+N 组合键，打开【创建新文档】对话框，将【宽度】设置为 270mm，将【高度】设置为 232mm，设置完成后单击【确定】按钮，如图 17.56 所示。

(2) 在菜单栏中选择【文件】|【导入】命令，或按 Ctrl+I 组合键，在打开的【导入】对话框中，选择随书附带光盘中的 CDROM\素材\第 17 章\WY 4.jpg 文件，单击【打开】按钮，然后在绘图页中单击鼠标，即可将素材导入，效果如图 17.57 所示。

图 17.56　【创建新文档】对话框

图 17.57　导入素材 WY4

(3) 选中导入的素材，在属性栏中将 X 设置为 135mm、Y 设置为 116mm，如图 17.58 所示。

(4) 在工具箱中选择【艺术笔工具】 ，在属性栏中单击【笔刷】按钮 ，将类别设置为【飞溅】，选择第一种笔刷笔触，然后在绘图页中绘制飞溅效果，如图 17.59 所示。

图 17.58　设置对象位置

图 17.59　绘制飞溅效果

(5) 在工具箱中选择【文本工具】 字，在绘图页中单击并输入文字 JAMES。选中输入的文字，在属性栏中将 X 设置为 70.133mm、Y 设置为 189.159mm，在【字体列表】中选择 Lidia 字体样式，将【字体大小】设置为 48pt，并将其 CMYK 值设置为 81、76、67、43，如图 17.60 所示。

(6) 再次使用【文本工具】 字在绘图页中输入文字 personal portfolio gallery。选中输入的文字，在属性栏中将 X 设置为 60.49mm、Y 设置为 179.057mm，在【字体列表】中选择 Europe 字体样式，将【字体大小】设置为 10pt，并将其 CMYK 值设置为 81、76、67、43，如图 17.61 所示。

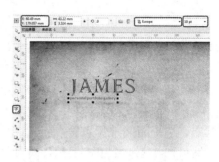

图 17.60　输入并设置文字 JAMES　　　　　　图 17.61　再次输入并设置文字

(7) 在工具箱中选择【2 点线工具】 ，在绘图页中拖动绘制垂直直线，在属性栏中将 X 设置为 114.189mm、Y 设置为 188.984mm，将对象大小的【宽度】设置为 0、【高度】设置为 15.478mm，将【轮廓宽度】设置为 0.2mm，将【线条样式】设置为第 2 种，如图 17.62 所示。

(8) 在工具箱中选择【文本工具】 字，在绘图页中单击并输入文字"主页"。选中输入的文字，在属性栏中将 X 设置为 121.667mm、Y 设置为 188.991mm，在【字体列表】中选择【方正宋黑简体】字体样式，将【字体大小】设置为 14pt，将其 CMYK 值设置为 81、76、67、43，如图 17.63 所示。

图 17.62　输入并设置直线　　　　　　　　图 17.63　输入并设置文字"主页"

(9) 使用相同的方法绘制其他的 2 点线，并输入相应的文字，完成后效果如图 17.64 所示。

(10) 再次使用【文本工具】 字在绘图页中单击并输入文字"我的日志："。选中输入的文字，在属性栏中将 X 设置为 113.216mm、Y 设置为 161.498mm，在【字体列表】中选择【方正细珊瑚简体】字体样式，将【字体大小】设置为 15pt，将其 CMYK 值设置为 70、62、70、20，如图 17.65 所示。

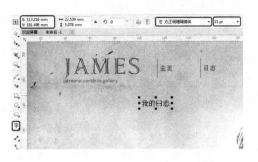

图 17.64　输入并设置其他文字　　　　　　图 17.65　输入并设置文字"我的日志："

(11) 在工具箱中选择【星形工具】，在绘图页中绘制一个多边形，然后在属性栏中将宽和高分别设置为 1.383mm、1.597mm，将 X 设置为 102.711mm、Y 设置为 153.185mm，将【旋转角度】设置为 270°，将【点数或边数】设置为 3，将【锐度】设置为 1，将其CMYK 值设置为 73、66、63、19，将轮廓设置为无，如图 17.66 所示。

(12) 在工具箱中选择【文本工具】，在绘图页中单击并输入文字"想你了，却不愿打扰你！"。选中输入的文字，在属性栏中将 X 设置为 123.692mm、Y 设置为153.137mm，在【字体列表】中选择【方正宋黑简体】字体样式，将【字体大小】设置为10pt，将其 CMYK 值设置为 63、55、61、4，如图 17.67 所示。

图 17.66　绘制多边形　　　　　　　　　图 17.67　输入并设置文字

(13) 使用相同的方法输入文字和绘制图形，效果如图 17.68 所示。

(14) 在工具箱中选择【矩形工具】，在绘图页中绘制一个矩形，在属性栏中将【对象大小】的宽度设置为 26.194mm、高度设置为 50.536mm，将 X 设置为 51.483mm、Y 设置为 137.786mm，单击【圆角】按钮，然后单击【同时编辑所有角】按钮，将【转角半径】设置为 1mm，如图 17.69 所示。

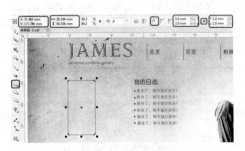

图 17.68　绘制图形并输入文字　　　　　　图 17.69　绘制矩形

（15）确认选中绘制的矩形，在菜单栏中选择【对象】|【转换为曲线】命令，或按 Ctrl+Q 组合键将矩形转换为曲线，如图 17.70 所示。

（16）使用【选择工具】选中矩形，在属性栏中单击【线条样式】按钮选择第三种线条，将其填充颜色的 CMYK 值设置为 13、11、21、0，效果如图 17.71 所示。

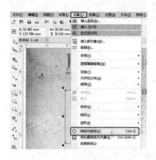

图 17.70　将矩形转换为曲线

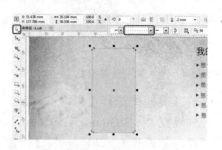

图 17.71　选择线条样式

（17）按 Ctrl+I 组合键，导入素材文件 WY 2.jpg。选中导入的素材，在属性栏中将【对象大小】的宽度设置为 63.054mm、高度设置为 42.069mm，如图 17.72 所示。

（18）按住右键，将刚导入的素材拖至转换为曲线的矩形上，如图 17.73 所示。

图 17.72　设置对象大小

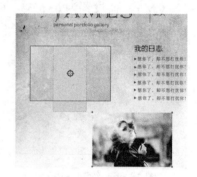

图 17.73　右键拖动素材

（19）调整好位置后松开鼠标右键，在弹出的快捷菜单中选择【图框精确剪裁内部】命令，如图 17.74 所示。

（20）如果对图片裁剪的效果不满意，可以选中裁剪后的图像，在图像下方的快捷按钮中单击【编辑 PowerClip】按钮，然后对图像位置进行调整即可，调整完成后单击【停止编辑内容】按钮，效果如图 17.75 所示。

图 17.74　选择【图框精确剪裁内部】命令

图 17.75　调整后的效果

(21) 在工具箱中使用【2 点线工具】，在如图 17.21 所示的位置绘制直线，在属性栏中将【对象大小】的宽度设置为 26.194mm、高度设置为 0mm，将 X 设置为 51.483mm、Y 设置为 120.685mm，单击【线条样式】按钮，选择第三种线条样式，如图 17.76 所示。

(22) 在工具箱中选择【文本工具】，在矩形曲线中输入文字 Martin。选中输入的文字，在属性栏中将 X 设置为 51.699mm、Y 设置为 117.148mm，在【字体列表】中选择 Europe 字体样式，将【字体大小】设置为 12pt，将其填充颜色的 CMYK 值设置为 81、76、67、43，如图 17.77 所示。

图 17.76 绘制直线

图 17.77 输入并设置文字

(23) 选中矩形曲线，在工具箱中选择【阴影工具】，然后在选中的矩形曲线上端按下鼠标并向下拖动至底端，如图 17.78 所示。

(24) 使用同样方法再次制作一个类似的对象，效果如图 17.79 所示。

图 17.78 拖出阴影

图 17.79 制作另一个对象

(25) 在工具箱中选择【文本工具】，在矩形曲线中输入文字"相册"。选中输入的文字，在属性栏中将 X 设置为 44.006mm、Y 设置为 100.263mm，在【字体列表】中选择【方正细珊瑚简体】字体样式，将【字体大小】设置为 15pt，将其填充颜色的 CMYK 值设置为 70、62、70、20，如图 17.80 所示。

(26) 在工具箱中选择【矩形工具】，在绘图页中绘制矩形，在属性栏中将【对象大小】的宽度设置为 23.151mm、高度设置为 17.727mm，将 X 设置为 49.981mm、Y 设置为 84.334mm，将其填充颜色的 CMYK 值设置为 0、0、0、40，如图 17.81 所示。

(27) 在工具箱中选择【阴影工具】，然后在选中的矩形中心按下鼠标并向下拖至右下端，如图 17.82 所示。

(28) 按+键复制矩形并清除阴影，在属性栏中将 X 设置为 49.581mm、Y 设置为 84.867mm，更改填充颜色的 CMYK 值为 27、21、20、0，效果如图 17.83 所示。

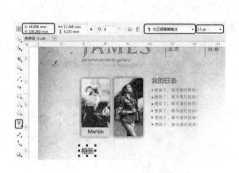

图 17.80　输入并设置文字

图 17.81　绘制矩形

图 17.82　拖出阴影

图 17.83　复制并设置矩形

(29) 使用前面介绍的方法将矩形转换为曲线，并导入素材，将导入的素材裁剪至曲线矩形中，如图 17.84 所示。

(30) 使用同样的方法制作其他对象，效果如图 17.85 所示。

图 17.84　使用矩形裁剪图片

图 17.85　制作其他对象

(31) 使用前面介绍的方法，输入文字并绘制图形，完成后的效果如图 17.86 所示。

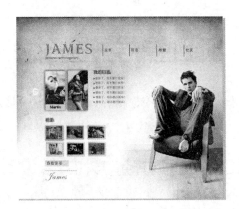

图 17.86　最终效果

第 18 章　项目指导——户外广告设计

户外广告包含的内容十分广泛，灯箱、路牌、橱窗、电子显示装置等都是比较常见的户外广告形式。本章将通过不同的户外广告形式，讲解它的设计和制作方法。

18.1　运动鞋户外广告设计

在日常生活中，户外广告随处可见，本节将详细介绍制作运动鞋户外广告的操作，完成后的效果如图 18.1 所示。

图 18.1　运动鞋户外广告

(1) 启动软件后，按 Ctrl+N 组合键，弹出【创建新文档】对话框，将【名称】设置"为运动鞋户外广告"，将【宽度】和【高度】分别设置为 1010mm、450mm，将【原色模式】设置为 CMYK，如图 18.2 所示。

(2) 在工具箱中双击【矩形工具】，创建一个和文档大小一样的矩形，如图 18.3 所示。

图 18.2　新建文档

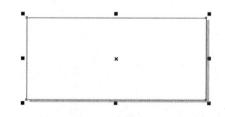

图 18.3　创建矩形

(3) 使用【选择工具】选择上一步创建的矩形，在状态栏中单击【填充】后面的⊠按钮。在【编辑填充】对话框中，单击【渐变填充】按钮▣，进入【渐变填充】选项，将第一个色标的 CMYK 值设置为 13、17、13、0，将第二个色标的 CMYK 值设置为 0、0、0、0，如图 18.4 所示。

(4) 设置完成后的效果如图 18.5 所示，将矩形锁定。

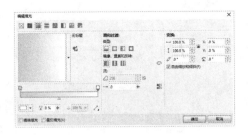

图 18.4　设置填充颜色

图 18.5　完成后的效果

（5）按 F6 键绘制高为 45mm 的矩形，并将其旋转 45°，设置【填充颜色】和【轮廓颜色】的 CMYK 值均为 0、60、100、0，如图 18.6 所示。

（6）在工具箱中选择【橡皮擦工具】，在属性栏中将【形状】设置为【方形笔尖】，在场景中选择上一步创建的矩形，如图 18.7 所示。

图 18.6　创建矩形

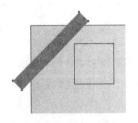

图 18.7　设置橡皮擦

（7）使用【橡皮擦工具】将多余的线条擦除，完成后的效果如图 18.8 所示。

（8）按 F6 键绘制高为 22mm 的矩形，并将其旋转 45°，设置【填充颜色】和【轮廓颜色】的 CMYK 值为 100、0、0、0，如图 18.9 所示。

图 18.8　擦除多余的部分

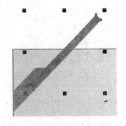

图 18.9　创建高为 22 的矩形

（9）使用前面的方法，对上一步创建的矩形进行修剪，完成后的效果如图 18.10 所示。

（10）在工具箱中选择【透明工具】，选择上一步创建的矩形，将滑块值设置为 35，如图 18.11 所示。

（11）按 F6 键绘制高为 80mm 的矩形，并将其旋转 45°，设置【填充颜色】和【轮廓颜色】的 CMYK 值均为 0、100、100、0，如图 18.12 所示。

（12）使用【橡皮擦工具】，对矩形进行擦除，完成后的效果如图 18.13 所示。

图 18.10 修剪矩形

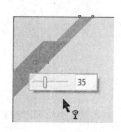

图 18.11 调整透明度

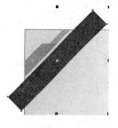

图 18.12 创建矩形

图 18.13 擦除部分矩形

(13) 按 F8 键激活【文本工具】，输入 DO，在属性栏中将【字体】设置为 Bernard MT Condensed，将【字体大小】设置为 150pt，如图 18.14 所示。

(14) 选择上一步创建的文字，将其旋转 45°，并将其【填充颜色】和【轮廓颜色】的 CMYK 值均设置为 100、0、0、0，如图 18.15 所示。

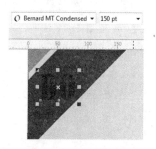

图 18.14 输入文字

图 18.15 修改文字

(15) 继续输入文字 The，在属性栏中将【字体】设置为 Bernard MT Condensed，将【字体大小】设置为 80pt，如图 18.16 所示。

(16) 选择上一步创建的文字，将其旋转 45°，并将其【填充颜色】和【轮廓颜色】的 CMYK 值均设置为 0、0、100、0，如图 18.17 所示。

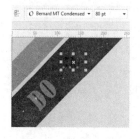

图 18.16 输入并设置文字

图 18.17 修改文字颜色

(17) 继续输入文字 Steamroller，设置与文字 The 相同的属性，并将其【填充颜色】和【轮廓颜色】的 CMYK 值均设置为 0、0、0、0，如图 18.18 所示。

(18) 按 F6 键绘制高为 55mm 的矩形，并将其旋转 45°，设置【填充颜色】和【轮廓颜色】的 CMYK 值均为 100、0、0、0，如图 18.19 所示。

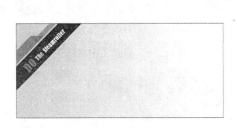

图 18.18　创建文字

图 18.19　创建高为 55 的矩形

(19) 使用【橡皮擦工具】对上一步创建的矩形进行修剪，完成后的效果如图 18.20 所示。

(20) 按 F6 键绘制高为 12mm 的矩形，并将其旋转 45°，设置【填充颜色】和【轮廓颜色】的 CMYK 值均为 100、0、100、0，如图 18.21 所示。

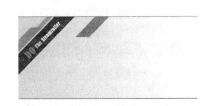

图 18.20　擦除多余的线条

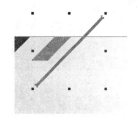

图 18.21　创建高为 12 的矩形

(21) 使用【橡皮擦工具】擦除多余部分，完成后的效果如图 18.22 所示。

(22) 选择上一步创建好的矩形，复制三次并调整位置，如图 18.23 所示。

图 18.22　擦除部分矩形

图 18.23　复制图形

(23) 按 F6 键绘制高为 40mm 的矩形，并将其旋转 45°，设置【填充颜色】和【轮廓颜色】的 CMYK 值均为 0、100、100、0，如图 18.24 所示。

(24) 使用【橡皮擦工具】对矩形进行擦除，完成后的效果如图 18.25 所示。

(25) 按 F6 键绘制高为 62mm 的矩形，并将其旋转 45°，设置【填充颜色】和【轮廓颜色】的 CMYK 值均为 24、82、0、0，如图 18.26 所示。

(26) 使用【橡皮擦工具】将多余的线条擦除，完成后的效果如图 18.27 所示。

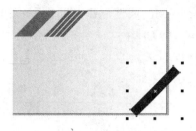

图 18.24　创建高为 40 的矩形

图 18.25　擦除多余的线条

图 18.26　创建高为 62 的矩形

图 18.27　擦除后的效果

(27) 按 F6 键绘制高为 48mm 的矩形，并将其旋转 45°，设置【填充颜色】和【轮廓颜色】的 CMYK 值均为 100、0、0、0，如图 18.28 所示。

(28) 使用【橡皮擦工具】将多余的线条擦除，完成后的效果如图 18.29 所示。

图 18.28　创建高为 48 的矩形

图 18.29　擦除部分图形

(29) 按 F6 键绘制高为 36mm 的矩形，设置【填充颜色】和【轮廓颜色】的 CMYK 值均为 0、0、100、0，如图 18.30 所示。

(30) 再次绘制任意大小、倾斜角度为 45° 的矩形，然后调整位置，如图 18.31 所示。

图 18.30　创建高为 36 的矩形

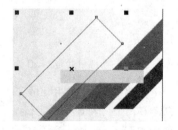

图 18.31　创建矩形并调整位置

(31) 使用【选择工具】选择上两步绘制的矩形，在属性栏中单击【移除前面】按钮 ，完成后的效果如图 18.32 所示。

(32) 对矩形进行修剪，完成后的效果如图 18.33 所示。

图 18.32　修剪对象

图 18.33　修剪后的效果

(33) 按 F8 键激活【文本工具】，输入"世界是我的"，在属性栏中将【字体】设置为【方正综艺简体】，将【字体大小】设置为 57pt，颜色设置为黑色，调整位置效果如图 18.34 所示。

(34) 按 Ctrl+I 组合键，弹出【导入】对话框，选择随书附带光盘中的 CDROM\素材\第 18 章\g02.png 文件，如图 18.35 所示。

图 18.34　输入文字

图 18.35　选择素材文件

(35) 单击【导入】对话框，按 Enter 键，在属性栏中将【缩放因子】设置为 13，调整位置，如图 18.36 所示。

(36) 使用同样的方法导入其他素材文件，并调整位置和大小，完成后的效果如图 18.37 所示。

图 18.36　导入素材文件 g02

图 18.37　导入素材后的效果

(37) 按 F8 键激活【文本工具】，输入"2014 新品上市"，在属性栏中将【字体】设置为【方正综艺简体】，将【字体大小】设置为 100pt，将其【填充颜色】的 CMYK 值设置为 100、0、0、0，最终效果如图 18.38 所示。

(38) 继续输入文字"喜形于色"，在属性栏中将【字体】设置为【方正综艺简体】，将【字体大小】设置为 150pt，将其填充颜色的 CMYK 值设置为 0、100、100、0，最终效果如图 10.39 所示。

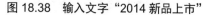

图 18.38　输入文字"2014 新品上市"　　　　　图 18.39　输入文字"喜形于色"

(39) 继续输入文字"撞色设计　两种搭配"，在属性栏中将【字体】设置为【方正综艺简体】，将【字体大小】设置为 45pt，将填充颜色的 CMYK 值设置为 60、0、20、20，最终效果如图 18.40 所示。

(40) 使用【选择工具】选择"喜形于色"文字，按 Ctrl+K 组合键，将文字分解，如图 18.41 所示。

图 18.40　输入文字"撞色设计　两种搭配"　　　　图 18.41　分解文字

(41) 继续选择"喜形于色"文本，按 Ctrl+Q 组合键，将其转换为曲线，按 F10 键激活【形状工具】，框选"喜"字的两个端点，如图 18.42 所示。

(42) 选择其中一个端点，按着鼠标左键向左水平拖动，完成后的效果如图 18.43 所示。

图 18.42　框选端点　　　　　　　　图 18.43　查看效果

(43) 使用同样的方法对其他文字进行修改，完成后的效果如图 18.44 所示。

(44) 对所有对象的位置做适当调整，完成后的效果如图 18.45 所示。

图 18.44　修改文字效果　　　　　　　图 18.45　调整对象位置

18.2　灯箱广告设计

本节将根据前面所介绍的知识来制作灯箱广告，效果如图 18.46 所示。

(1) 按 Ctrl+N 组合键，在弹出的【创建新文档】对话框中输入【名称】为"灯箱广告"，将【宽度】设置为 474mm，将【高度】设置为 324mm，然后单击【确定】按钮，如图 18.47 所示。

图 18.46　灯箱广告

图 18.47　创建新文档

(2) 按 Ctrl+I 组合键，在弹出的对话框中选择"背景.jpg"素材文件，如图 18.48 所示。

(3) 单击【导入】按钮，在绘图页中单击鼠标，将选中的素材文件导入绘图页中，并调整其位置，如图 18.49 所示。

图 18.48　选择素材文件

图 18.49　导入素材文件并调整其位置

(4) 选中导入的素材，右击鼠标，在弹出的快捷菜单中选择【锁定对象】命令，如图 18.50 所示。

(5) 在工具箱中单击【文本工具】字，在绘图页中单击鼠标并输入文字。选中输入的文字，在【文本属性】泊坞窗中将字体设置为【汉仪综艺体简】，将字体大小设置为 240pt，将【字符间距】设置为 0，如图 18.51 所示。

(6) 继续选中该文字，按数字键盘中的+键，复制选中的文字并调整其位置，然后对内容进行修改，效果如图 18.52 所示。

(7) 在工具箱中选择【文本工具】，在绘图页中单击鼠标并输入文字。选中输入的文字，在【文本属性】泊坞窗中将字体设置为【方正大黑简体】，将字体大小设置为 135pt，将【字符间距】设置为 3%，如图 18.53 所示。

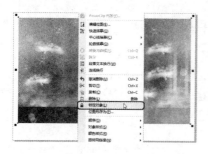

图 18.50　选择【锁定对象】命令

图 18.51　输入文字并进行设置(1)

图 18.52　复制文字并进行修改

图 18.53　输入文字并进行设置(2)

(8) 在绘图页中选中所有的文字，右击鼠标，在弹出的快捷菜单中选择【转换为曲线】命令，如图 18.54 所示。

(9) 继续选中转换为曲线的文字，右击鼠标，在弹出的快捷菜单中选择【合并】命令，如图 18.55 所示。

图 18.54　选择【转换为曲线】命令

图 18.55　选择【合并】命令

(10) 按数字键盘中的+键，复制选中的对象，在【对象管理器】泊坞窗中选中背景上方的曲线对象，右击鼠标，在弹出的快捷菜单中选择【锁定对象】命令，如图 18.56 所示。

(11) 选中最上方的文字曲线，在工具箱中选择【轮廓图工具】，在工具属性栏中选择【外向流动】类型，将【轮廓图步长】、【轮廓图偏移】分别设置为 1、3mm，如图 18.57 所示。

(12) 继续选中该对象，在菜单栏中选择【对象】|【拆分轮廓图群组】命令，如图 18.58 所示。

(13) 选中黑色文字曲线，将其删除。选中最上方的文字曲线，按 F11 键，在弹出的【编辑填充】对话框中单击【渐变填充】按钮，在【调和过渡】选项组中单击【线性渐变填充】类型按钮，然后将左侧色标的 CMYK 值设置为 100、80、0、0，将右侧色标的 CMYK 值设置为 100、20、0、0，选中【缠绕填充】复选框，取消选中【自由缩放和倾斜】复选框，将【填充宽度】设置为 181.6%，将 X、Y 都设置为 0，将【旋转角度】设置为-91°，如图 18.59 所示。

图 18.56　选择【锁定对象】命令

图 18.57　添加轮廓

图 18.58　选择【拆分轮廓图群组】命令

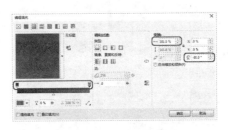

图 18.59　设置填充颜色

(14) 设置完成后，单击【确定】按钮，即可填充渐变颜色，效果如图 18.60 所示。

(15) 继续选中该曲线，在工具箱中选择【立体化工具】 ，在文字上拖动添加立体化效果。在工具属性栏中选择第一个立体化类型，将【灭点坐标】设置为 0、-142mm，将【深度】设置为 67，如图 18.61 所示。

图 18.60　填充渐变颜色后的效果

图 18.61　添加立体化效果

(16) 继续选中该对象，按数字键盘上的+键，在工具属性栏中单击【清除立体化】按钮❸。按 F11 键，在弹出的对话框中单击【均匀填充】按钮，将 CMYK 值设置为 60、0、0、0，如图 18.62 所示。

(17) 设置完成后，单击【确定】按钮，即可完成颜色填充，效果如图 18.63 所示。

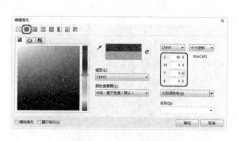

图 18.62　设置填充颜色　　　　　　　图 18.63　填充颜色后的效果

(18) 继续选中该对象，按数字键盘上的+键进行复制，在复制的对象上右击鼠标，在弹出的快捷菜单中选择【锁定对象】命令，如图 18.64 所示。

(19) 在【对象管理器】中选择"背景.jpg"上方的"锁定　曲线"对象，右击鼠标，在弹出的快捷菜单中选择【解锁对象】命令，如图 18.65 所示。

图 18.64　选择【锁定对象】命令　　　　图 18.65　选择【解锁对象】命令

(20) 在【对象管理器】泊坞窗中将上一步解锁的对象调整至最上方，调整后的效果如图 18.66 所示。

(21) 选中该对象，按 F11 键，在弹出的对话框中单击【渐变填充】按钮，在【调和过渡】选项组中单击【线性渐变填充】类型按钮。将左侧色标的 CMYK 值设置为 100、20、0、0，将右侧色标的 CMYK 值设置为 40、0、0、0，选中【缠绕填充】复选框，取消选中【自由缩放和倾斜】复选框，将【填充宽度】设置为 115.8%，将 X、Y 都设置为 0，将【旋转角度】设置为-36.6°，如图 18.67 所示。

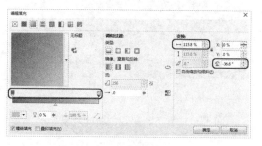

图 18.66　调整对象的排放顺序　　　　图 18.67　设置渐变填充颜色

(22) 设置完成后，单击【确定】按钮。在工具箱中选择【立体化工具】，在文字上拖动添加立体化效果，在工具属性栏中选择第一个立体化类型，将【灭点坐标】设置为 1.8mm、-161mm，将【深度】设置为 3。单击【立体化颜色】按钮，在弹出的面板中单击【使用递减的颜色】按钮，将【从】的 CMYK 值设置为 42、0、0、0，将【到】的 CMYK 值设置为 96、19、0、0，如图 18.68 所示。

(23) 在工具箱中选择【钢笔工具】，在绘图页中绘制一个如图 18.69 所示的图形。

图 18.68　添加立体化效果　　　　　　　　　图 18.69　绘制图形

(24) 选中绘制的图形，在默认调色板中为其填充白色，然后右键单击⊠按钮，取消轮廓颜色，效果如图 18.70 所示。

(25) 在工具箱中选择【透明度工具】，在工具属性栏中单击【渐变透明度】按钮，并进行调整，如图 18.71 所示。

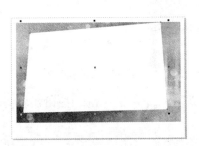

图 18.70　填充颜色并取消轮廓色　　　　　　图 18.71　添加透明渐变效果

(26) 在【对象管理器】泊坞窗中选中锁定的曲线，右击鼠标，在弹出的快捷菜单中选择【解锁对象】命令，如图 18.72 所示。

(27) 将其调整至最上方，在绘图页中选中透明渐变，右击鼠标，在弹出的快捷菜单中选择【PowerClip 内部】命令，如图 18.73 所示。

图 18.72　选择【解锁对象】命令　　　　　　图 18.73　选择【PowerClip 内部】命令

(28) 在场景中最上方的曲线上单击，将透明渐变置于曲线内，完成后的效果如图 18.74 所示。

(29) 继续选中该对象，在默认调色板中单击☒按钮，然后在绘图页中调整对象，效果如图 18.75 所示。

图 18.74　置于图框后的效果

图 18.75　取消填充并调整对象

(30) 在工具箱中选择【钢笔工具】，在绘图页中绘制如图 18.76 所示的图形。

(31) 确认该图形处于选中状态，按 F11 键，在弹出的对话框中单击【均匀填充】按钮，将 CMYK 值设置为 100、0、0、0，如图 18.77 所示。

图 18.76　绘制图形

图 18.77　设置均匀填充颜色

(32) 设置完成后，单击【确定】按钮。在默认调色板中右键单击☒按钮，取消轮廓颜色，效果如图 18.78 所示。

(33) 选中该图形，按数字键盘上的+键复制。选中复制的图形，按 F11 键，在弹出的对话框中单击【均匀填充】按钮，将 CMYK 值设置为 60、0、0、0，如图 18.79 所示。

图 18.78　填充颜色并取消轮廓色后的效果

图 18.79　设置填充颜色

(34) 设置完成后，单击【确定】按钮，即可填充颜色，效果如图 18.80 所示。

(35) 选中填充颜色的图形，按数字键盘上的+键复制。按 F11 键，在弹出的对话框中单击【渐变填充】按钮，将左侧色标的 CMYK 值设置为 80、0、0、0，在位置 69 处添加一个节点并将其 CMYK 值设置为 66、0、0、0，将右侧色标的 CMYK 值设置为 40、0、

0、0，取消选中【缠绕填充】复选框，取消选中【自由缩放和倾斜】复选框，将【填充宽度】设置为 148%，将 X、Y 都设置为 0，将【旋转角度】设置为 86.5°，如图 18.81 所示。

图 18.80　填充颜色后的效果

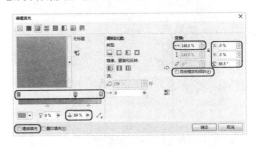

图 18.81　设置渐变填充

(36) 设置完成后，单击【确定】按钮，即可填充渐变颜色，效果如图 18.82 所示。

(37) 按 Ctrl+I 组合键，在弹出的对话框中选择"透明渐变.png"素材文件，如图 18.83 所示。

图 18.82　填充渐变颜色后的效果

图 18.83　选择素材文件

(38) 单击【导入】按钮，在绘图页中为其指定位置。选中该对象，右击鼠标，在弹出的快捷菜单中选择【顺序】|【向后一层】命令，如图 18.84 所示。

(39) 继续选中该对象，右击鼠标，在弹出的快捷菜单中选择【PowerClip 内部】命令，如图 18.85 所示。

图 18.84　选择【向后一层】命令

图 18.85　选择【PowerClip 内部】命令

(40) 在最上方的曲线上单击，将"透明渐变.png"素材置于曲线内，完成后的效果如图 18.86 所示。

(41) 按 Ctrl+I 组合键，在弹出的对话框中选择"云.png"素材文件，如图 18.87 所示。

图 18.86 置于图框后的效果

图 18.87 选择素材文件

(42) 单击【导入】按钮，在绘图页中指定该对象的位置，效果如图 18.88 所示。

(43) 在工具箱中选择【矩形工具】，在绘图页中绘制一个宽和高分别为 136mm、22mm 的矩形，如图 18.89 所示。

图 18.88 调整对象的位置

图 18.89 绘制矩形

(44) 继续选中该矩形，在工具属性栏中将其【旋转角度】设置为 35°，然后调整其位置。继续绘制两个矩形，如图 18.90 所示。

(45) 选中绘制的三个矩形，在菜单栏中选择【对象】|【造形】|【简化】命令，如图 18.91 所示。

图 18.90 绘制其他矩形

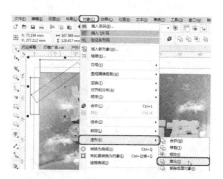

图 18.91 选择【简化】命令

(46) 在绘图页中将除旋转矩形外的其他矩形删除。选中旋转后的矩形，按 F11 键，在弹出的对话框中单击【均匀填充】按钮，将 CMYK 值设置为 0、0、60、0，如图 18.92 所示。

(47) 设置完成后，单击【确定】按钮。在默认调色板中右键单击⊠按钮，取消轮廓颜色，效果如图 18.93 所示。

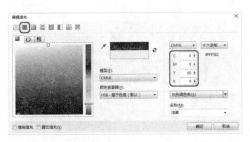

图 18.92　设置填充颜色

图 18.93　填充颜色并取消轮廓色

(48) 在工具箱中选择【文本工具】，在绘图页中单击鼠标并输入文字。选中输入的文字，在【文本属性】泊坞窗中将字体设置为【方正粗倩简体】，将字体大小设置为 61pt，将文本颜色的 CMYK 值设置为 60、0、0、0，如图 18.94 所示。

(49) 选中该文字，在工具属性栏中将其【旋转角度】设置为 36°，然后调整其位置，效果如图 18.95 所示。

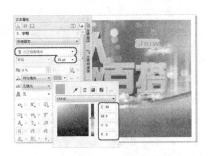

图 18.94　输入文字并进行设置

图 18.95　调整文字的角度和位置

(50) 在工具箱中选择【文本工具】，在绘图页中单击鼠标并输入文字。选中输入的文字，在【文本属性】泊坞窗中将字体设置为【方正粗倩简体】，将字体大小设置为 84pt，将填充颜色设置为白色，将【字符间距】、【字间距】分别设置为 87%、167%，如图 18.96 所示。

(51) 使用同样的方法添加其他对象，并对添加的对象进行相应的设置，效果如图 18.97 所示。

图 18.96　输入文字

图 18.97　添加其他对象后的效果

(52) 在工具箱中选择【矩形工具】，在绘图页中绘制一个宽和高分别为 450mm、

300mm 的矩形，然后为其填充任意一种颜色，并取消轮廓色，如图 18.98 所示。

(53) 在该矩形上右击鼠标，在弹出的快捷菜单中选择【顺序】|【到图层后面】命令，如图 18.99 所示。执行该操作后，即可将该矩形移至图层的后面，效果如图 18.100 所示。

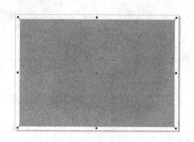

图 18.98　绘制矩形并进行设置

图 18.99　选择【到图层后面】命令

(54) 继续选中该矩形，在工具箱中选择【阴影工具】，在【预设列表】中选择【小型辉光】，将【阴影的不透明度】和【阴影羽化】分别设置为 80、8，将阴影颜色设置为黑色，效果如图 18.101 所示。

图 18.100　调整排放顺序后的效果

图 18.101　设置阴影参数